国家自然科学基金项目：管理单元与历史城镇的有机更新（批准号51678241）

城市形态研究丛书

U0173960

市场化背景下城市更新
政策演变的实证研究
——以广州为例

EMPIRICAL STUDY ON THE EVOLUTION OF URBAN RENEWAL
POLICY UNDER THE BACKGROUND OF MARKETIZATION
——A CASE STUDY OF GUANGZHOU

刘垚 著

中国建筑工业出版社

图书在版编目（CIP）数据

市场化背景下城市更新政策演变的实证研究：以广州为例 = Empirical Study on the Evolution of Urban Renewal Policy under the Background of Marketization -- A Case Study of Guangzhou / 刘垚著 .—北京：中国建筑工业出版社，2021.6

（城市形态研究丛书）

ISBN 978-7-112-25817-8

Ⅰ. ①市… Ⅱ. ①刘… Ⅲ. ①城市规划—研究—广州 Ⅳ. ① TU984.265.1

中国版本图书馆 CIP 数据核字（2021）第 001255 号

本书希望通过对广州城市更新政策形成与变化、典型案例的实证研究，探寻城市更新政策变迁的动因，总结城市更新实践活动阶段性的目标、方式、代表性的典型模式，剖析更新的主体力量（国家、市场、社会）以何种资源、如何介入城市更新，以及政府作为无法取代的重要力量在城市更新活动中所起到的作用。

全书可供广大城乡规划师、城乡规划管理者、高等院校城乡规划专业师生等学习参考。

责任编辑：吴宇江
责任校对：焦　乐

城市形态研究丛书

市场化背景下城市更新政策演变的实证研究——以广州为例
EMPIRICAL STUDY ON THE EVOLUTION OF URBAN RENEWAL POLICY UNDER THE BACKGROUND OF MARKETIZATION —— A CASE STUDY OF GUANGZHOU
刘垚　著

＊

中国建筑工业出版社出版、发行（北京海淀三里河路9号）
各地新华书店、建筑书店经销
北京点击世代文化传媒有限公司制版
北京建筑工业印刷厂印刷

＊

开本：787 毫米 ×1092 毫米　1/16　印张：17¼　字数：362 千字
2021 年 7 月第一版　2021 年 7 月第一次印刷
定价：68.00 元

ISBN 978-7-112-25817-8

（37064）

前　言

近年来，在社会经济发展影响、国家政策的指引下，城市更新的工作愈加重要与紧迫，城市更新的作用也日益显著。中国 40 年来的快速城镇化发展和城市扩张建设取得了巨大成就，但在生态环境、基础设施、公共服务、城市文化、城市品质等方面存在大量需要提升的空间。从国家顶层设计到地方落实，城市更新承载着转变经济发展方式的需要、集约节约用地的要求，成为实现高质量发展的有效途径。

在中央政策和精神的指导下，作为国家中心城市的广州坚持改革创新，经过多年的实践探索，广州城市更新形成了自身的特点。例如，注重协调保护与发展的矛盾、重视民生议题，将市民的获得感与幸福感放在首位；注重"从实践中来，到实践中去"，一切从实际出发，总结实践经验并制定政策，再由政策指导实践；注重政府统筹，有序系统地推动城市更新。基于城市等级与定位，广州城市建设活动既有代表性又有地方性，因此，市场化进程中的城市更新政策演变是治理视角下城市更新研究的较好样本。

从国家到基层社区，城市更新与各个维度的治理议题密切相关。本书记录并探析了 1988—2015 年广州城市更新政策的变迁、动力机制，以及其影响下的典型案例，从"城市更新"这一政府、市场、社会力量参与的复杂集体行动出发，探究我国市场化转型期如何与世界接轨，实现城市建设现代化、地方化的城市更新方式如何进行。我国改革开放以计划经济向市场经济转轨为中心，在市场机制、要素、主体逐渐建立的过程中，政府、市场、社会的资源、能力、关系变化如何影响城市更新？城市建设与发展的目标、城市更新政策制定受哪些内外因素影响？城市更新实施过程又需要怎样的背景机制、相关主体联合、权利赋予、资本支持？本书从观察城市更新中的政府角色作为切入视角，恰好契合党中央提出的"国家治理体系与能力现代化"发展方向，注重梳理国外城市更新政策演变与相关理论观点，希望从国际对比研究中寻找本国特征。

狭义的城市更新概念诞生于欧美发达国家，被认为是政府对"市场"与"社会"力量的干预，其决策过程实际上是政府运用公权力对空间改变的积极介入。对包括中国在内的当代大多数国家来说，城市更新已经成为城市发展的主要政策。本书将城市更新政策形成看作政府应对发展条件变化，根据其可利用的资源（资金、制度与政策观念），推出有利于土地获取与资本进入的激励政策，促成合作联盟以推动实施的过程。

我国 1978 年以来的经济体制转型，简而言之是一个市场化过程，引发了大规模城市更新现象。尽管发展模式与市场经济国家存在相似性，我国仍具有转型国家特征，市场化改革是承认既有利益格局的增量式变革，受历史路径影响。一方面，政府保持权力和资源的垄断，对市场有强大的干预能力；另一方面，其治理方式、制度建设需要根据社会发展趋势不断调整。本书希望通过对广州城市更新政策形成与变化、典型案例的实证研究，探寻城市更新政策变迁的动因，总结城市更新实践活动阶段性的目标、方式、代表性的典型模式，剖析更新的主体力量（国家、市场、社会）以何种资源、如何介入城市更新，以及政府作为无法取代的重要力量在城市更新活动中所起到的作用。

本书由国家自然科学基金项目：管理单元与历史城镇的有机更新（批准号：51678241）资助完成，同时感谢国家自然科学基金项目（批准号：41871154）、广东省哲学社会科学规划项目（GD20YYS08）对本书的支持与帮助。

目　录

第1章 绪 论

1.1 相关概念界定

1.1.1 城市更新

自城市诞生之日起，广义的城市更新作为城市的自我调节机制就存在于城市发展历程中，它既是对城市社会经济变化的响应，也是对多样变化的生活方式的适应（Couch，1990）。处理已经存在或潜在的过时，从不同程度的改善到完全的拆除代替活动，称之为城市更新（Gibson et al.，1982）。狭义的城市更新概念诞生于欧美发达国家，因内城衰败而产生，核心目标在于让衰败地区重新吸引投资（Couch，1990）。城市更新理念在全球化与去工业化的背景下广泛传播，其概念也随之变得更为宽泛。罗伯茨（Roberts，2000）采用特征描述的方法对其定义，认为旧城更新是跨越公共、私人和社区的活动，对于现有制度框架进行调整以应对经济、社会、环境和政治情况变化（Porter et al.，2013）。由概念缘起与变化可见，在西方国家城市更新被认为是政府对市场与社会力量的干预（Couch et al.，2008），其决策过程实际上是公共权力的行使过程。我国与西方发达国家的城市更新，面临不同的发展背景与问题，在城市更新概念、城市更新理论方面缺乏自我建构。之所以造成此现象，一方面在实践领域，城市更新被当作建设活动，并未上升至公共政策层面；另一方面在学术研究中，城市更新概念本身就是"舶来品"，我国把城市更新局限地理解为解决实际问题的实践活动，在一定程度上限制了本土创新。

包括我国在内的当代大多数国家，城市更新已经成为城市发展主要政策，具有调整产业与用地结构、市容改造与环境提升的作用。尽管资本不需国家力量的介入也可以重塑城市环境，但是大规模的城市更新项目，需要国家政治力量与资本力量的结合。城市更新与城市发展密切相关，是利益重新分配的过程，决定了政府在其中必然扮演重要角色，这是城市更新在全世界范围体现的共性，因此城市更新的"公权力行使过程"定义也适用于我国。欧美国家政府将城市更新政策看作是重要的公共政策，根据阶段性的社会经济问题变化、新的城市发展理念，及时调整政策方向。城市更新的特殊性在我国并没有被完全认识，相对于其他建设活动，其更依赖于公权力的介入，因此对于城市更新中公权力应如何介入、介入到何种程度并没有充分的讨论。

1.1.2 介入更新的主体与力量

在有关城市更新的研究中，社会、国家、市场、资本、公共部门与私人部门经常指代介入主体；资本、权力、产权被认为是参与主体所拥有的主要能力与资源。这几个关键词较为抽象且涵盖面极广，有必要对其概念进行简要辨析。

1. 公共部门与私人部门

参与城市更新的主体通常是政府、企业、既有产权使用者，三者也是参与主体的最常规分类，他们凭借各自所拥有的能力与资源介入更新。政府具有公权力、资本、土地等资源；企业具有工人、建材等生产资料与生产技术，这些都可以在市场获得，可以抽象为资本。既有产权主体拥有土地及其上建筑的使用权或所有权。从参与主体的动机角度可以分为公共与私人部门❶，企业、个人（居民）都是私人部门，他们的活动依赖个人收入与个人资产，其活动目标是自身利益，追求个人或家庭效用最大化、利润最大化。政府、非营利组织属于公共部门，目标是谋求公共利益，不以营利为目的。拥有资源的主体通过交换获利，进而促进更新（图 1-1）。

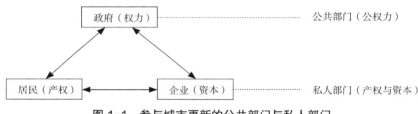

图 1-1　参与城市更新的公共部门与私人部门

从行动目标以及社会对其要求而言，公共部门与私人部门的概念是相对且边界清晰的。私人部门与公共部门介入城市更新的目的与手段不同，拥有的能力与资源也不同。

2. 国家、社会与市场

在我国的经济改革转型期，许多研究从国家、市场、社会三个要素出发探讨城市空间生产机制，国家 - 市场的关系以及他们对城市空间的影响是讨论最为激烈的。在城市更新活动中，三者并不能直接取代更新主体描述，因为其体现三种抽象且复杂的并存力量，并不能完全等同于现实中的实践主体。例如国家并不等同于政府、开发商

---

❶ 私人部门（Private Sector）是公共部门的对称，是指个人、家庭和私人所拥有的企事业单位。这些经济行为主体的共同特点是它们的活动依赖于个人的收入、个人所有的资产，并且以自身利益为活动的宗旨。私人部门可以分为两类：家庭部门与私人企业部门。前者是从事个人消费活动的，而后者则从事私人投资的生产；前者的行为目标是个人或家庭效用最大化，而后者的行为目标是利润最大化。公共部门（Public Sector）是指负责提供公共产品或进行公共管理，致力于增进公共利益的各种组织和机构，最典型的公共部门是政府部门，它以公共权力为基础，具有明显的强制性，依法管理社会公共事务，其目标是谋求社会的公共利益，对社会与公众负责，不以营利为根本目的，不偏向于任何集团的私利公共部门包括政府、非营利组织、国有企业。

与私人部门与市场也不是同一概念，市场的性质是社会成员协作与获取资源的平台，政府作为规则与指令的下达者也不能脱离市场，而是市场的一部分。社会力量则可以看作国家之外的社会组织力（由关系网络、信任等社会资本支持），在城市更新活动中一方面体现为公民权利，另一方面抽象为价值观念。

（1）国家（State）

这里的国家（State）有别于国土（Country）与民族（Nation），是与政治、权力密切相关的统治力量。古典社会学家马克思·韦伯认为民族国家和大规模资本不可能没有层级化的官僚组织进行规划与控制。国家都具有代理人特性❶，正如制度主义范式的国家概念所言，代理人有其自身利益，他们不仅仅是社会群体的代言人，而且还是引导社会群体偏好、实现自身利益的主体。国家与政府并不是同一概念，前者强调抽象的权力与政治意味，相对于市场、社会的独立力量，政府是可清晰辨别的行为主体，其行动体现国家力量。

（2）社会（民间）（Society）

"社会力量"❷当作为与国家力量相对的概念时，"社会"即"民间"，代表独立于国家之外的组织和动员能力（表1-1），"非营利组织""第三方""志愿组织""慈善组织"等都属于民间力量。

中英文对"民间"的表达 表1-1

汉语	英语
老百姓、人民	Folk/popular/among the people
非政府的	Non-governmental
民间团体	Voluntary

城市更新研究中所指的社会力量，通常包含居民、社区（直接利益相关主体）对更新的抵制或推动；市民及民间团体对"公共领域"（Public Sphere）（Habermas，1989）的介入，参与处理公共事务的过程。关注社会力量是对城市更新活动的自下而上观察，涉及社区权利、公民社会、社会资本（关系网络、组织能力）等议题。

（3）市场（Market）

在现代社会，市场是支持社会协作的有效联系方式，可以取代统治者的中心指令。市场让个人从家庭走出，依靠分工进入更广泛的协作体系，这种社会功能之前由政府机构与习惯性的行为来完成。现代社会的许多形式的协作如果只依靠中心部门，例如

❶ 多元主义（Pluralism）强调"国家是自由人的契约，多元的利益主体通过代理人实现其利益"；批判性的马克思主义（Marxism）认为国家其实质是代表统治阶级利益。
❷ 社会力量指能够参与、作用于社会发展的基本单元，包括自然人、法人（社会组织、党政机关事业单位、非政府组织、党群社团、非营利机构、企业等）。

政府下达规则、指令已经变得没有弹性并且低效。然而市场体系的运行不能离开政府，尤其是在"法律制度、设施、国内外安全"方面。在西方，政府日益成为市场体系的最大买家与关键支持者，然而随着 20 世纪政府的扩张，人们开始思考"政府"（国家）与"市场"的关系，是否政府的介入影响到市场的有效作用。

市场是一种基于个体需求组织社会的力量，有别于政府基于权力调节社会关系的指令性与强制性。但同时市场没有主体性，实质上市场是社会中主体（政府与民间）皆可利用的平台，国内学者将市场等同于"私人部门""企业"，容易造成混淆。市场也不等同于"资本"，资本有追求积累的强烈动机，国家与资本存在相互依赖的共生庇护关系。基于这样的定义可以更清晰地讨论市场的出现对于民间力量与政府力量的影响。根据对市场的理解，市场的出现可以增强国家之外（非政府）的组织力这一假设可以成立（Nee，1989），但更接近中国现实的更全面的推测应该是市场同时增强了两者的力量。

3. 产权

（1）财产权决定个人权益

在诸多权利中，财产权（Property Rights）是最为有力的，可以看作借助国家暴力的已有之权，是排外且确定的。在市场经济条件下，个人权益是由个人拥有的财产界定和保护的（张维迎，2013）。

财产所有权指完全（或近乎完全）的权利，"控制、使用、管理、让与、转移，从财产获得收益"（Christman，1994）。新古典经济学家用名义上的所有权（财产所有主体）给产权分类：私人财产由控制其使用的个人拥有；共同财产由群体所有，管理制度决定集体中的个体如何使用；国家财产以公民名义所有，它的使用由政府机构决定（Bromley，1991）。

产权实质上是人与人之间关于使用事物的关系约定。产权不是无限的，会受到法律的限制，例如业主拥有房屋使用和售卖的权利，但是法规会对个人房产更新、用途、出租进行限制，可见产权获益与变更的可行性与期望依赖于各种制度。当法律制度较弱或不完善的时候，财产权是非正式的，但是非正式的财产权有可能转变为正式的。例如非法建设并不合法，当建设与使用行为已经成为既定事实，这种"实际产权"可能会被合法化。

（2）基于产权权能划分的利益主体

基于产权权能划分，城市更新中涉及利益主体包括实施者、"产权所有者"或"权利变换关系人"、其他权利人（如租赁权）。土地所有权最为完整，包括占有、使用、收益和处分的权利，占有权是基础，而处分权则意味着土地所有权人可以参与产权交易与再分配。土地所有权在大多数情况下是完整的，只有出于公共利益需要的土地征收，是一种公权力强制介入的特殊情况，世界多数国家法律支持政府"征收私人土地并给予合理赔偿"。

合法建筑物所有权人、租赁权人看作"权利变换关系人"，他们没有土地完整产权。由于我国实行城市土地国有，土地使用者多数情况下其实是"权利变换关系人"，并不具备交易、处分土地的权利，而作为权利代理的政府是法理上的"土地所有权人"。除政府之外，村民、村集体所占用的集体土地拥有一定程度上的土地所有权权能，在"三旧"改造中集体物业与复建房补偿就是这种"准土地所有权"的体现。

根据以上对于相关概念与惯常说法，从公共部门与私人部门性质；国家、社会、市场力量；城市更新利益主体产权权能划分，可以将我国介入更新的主体进行分类，如图 1-2 所示。

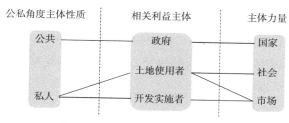

图 1-2　介入更新的主体与力量

1.1.3　制度

广义来讲，制度也就是正式与非正式的社会规则，人为设计并限制、塑造人的互动（North，1990）；狭义来说公共政策是强加的规则即制度。制度是观念的产物并将观念成文；制度有限制人行为的功能，同时也赋权给个体与组织。从经济学视角来说制度通过减少交易成本和不确定性提高社会福利。

1. 制度设计的逻辑是规范决策、去除任意性和个人因素

制度超越个人存在于群体当中、具有一段时间内的稳定性、约束个人行为，几乎所有制度研究都关注个人与群体，个人决策与制度形成的相互关系。历史制度主义认为历史决定现在，早期的政策选择决定着后来的决策，提出政策的"路径依赖"（Path Dependent），只有强大力量干涉才会走向制度转向；新制度主义承认个体选择对制度的决定性影响，同时强调制度对个人决策起关键作用。其最初倡导者马奇和奥尔森提出应该将"集体行动"作为分析核心，并且"政治集体行为"和社会经济背景之间的关系是互相影响和塑造的。任何集体的特性都来源于个体的选择；个体被规范、规则所影响（彼得斯 等，2011）。个体的选择并不是完全基于"理性选择理论"所说的"获得自我利益最大化"，在未来不确定的情况下，依据事先决定的制度是最为理性的。

2. 制度（政策）是政府介入城市更新的主要途径

从制度变迁角度来看，制度类似一种需要供给的公共产品，并非自发生产，而是由出于特定目标的生产者有目的的供给（奥尔森，1993），而政府几乎是公共政策的唯一供给方。本书认为，制度是政府介入城市更新的主要资源、途径，决定其达成诉求的能力，例如，国家土地与财税制度从根本上支配了政府的行为逻辑。

"当现有制度不能满足社会需求时就会诱发制度变迁，制度变迁可以提高经济效率、增加净社会所得"（诺斯，1991）。制度变迁有着 3 个层级，国家政策层次的制度——法规体系；政府行政机关在组织层次上的行政规则；以上两者为企业、家庭提供操作层次上的选择集，这一层次改变制度安排的努力会产生上层次的制度变化（图 1-3）（布罗姆利 等，2006）。国家政策决定市场、非市场界限以及收益分配，与行政规则一起增加权利持有者的产权和经济收益。

改革开放后的我国制度变革实质是一种确权过程，权利确定后有了预期收益，同时建立了市场体系，决定了城市更新的基本动力机制。这里所指的制度（政策），包括国家、地方正式法规（法律、条例、办法），同时还有政府发出的文件方案（"意见""通知""决定"等）。由于我国政府既是"规则的制定者、裁决者，又是执行者与参与者"，一些重大项目是以领导决策、政府内部执行方式进行，因此城市更新政策的另一种体现形式是项目决策结果累加集合。

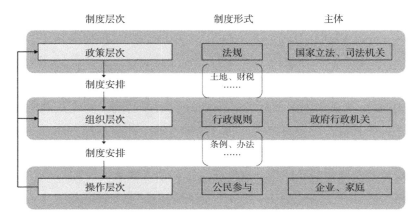

图 1-3 制度层次及其变化过程

1.2 国内外城市更新政策演变回顾

历程研究可以完整呈现某事物一定时期内的变化、变化的动因与结果，本书从制度变迁视角进行广州城市更新历程回顾。制度变化在推动城市更新的众多因素中最为显著，同时制度变化本身也有其内在动力，是社会需求的反映。城市更新历程研究多将制度变化作为分析的切入点，分析政策背景与实施机制变化，解释城市发展（Adams，1994；Healey，1992；Healey et al., 1990）。政策背景是形成更新计划的外部环境；政策的实施通过组织实施主体，赋予其资金与法律资源完成。

城市更新是各个国家都存在的普遍现象，本书希望从国际对比中寻找本国特征。国际对比研究能够让我们跳出自身的制度与背景，与其他国家比较后再审视自己国家，就会有新的视角，有助于清晰认识本国的特征。城市更新与每个国家的社会、经济、政治背景密切相关，这部分选取欧美发达国家与亚洲发达地区，从目标、实施机制、结果三方面对各个国家城市更新政策的演变进行梳理。城市更新政策从目标与层次来说包含发展地区经济、提升城市竞争力；改善居住环境、提供社区援助两个层面，具有尺度、目标、时代背景的不同，由于两个主题互相关联、重叠，因此在这里不做特殊区分。

1.2.1　欧美国家城市更新政策演变及动因

西方资本主义国家最早的城市更新源于工业革命后的城市改良运动。因工业革命巨变导致原有的城市结构难以适应新的经济与社会需求，在近代很多大城市都进行了拓宽道路、建设交通和市政设施、景观美化等一系列的改建（于涛方 等，2001）。从19世纪开始，欧美政府开始有意识的介入，通过政策、法律、设置专门机构来引导控制城市发展、解决发展过程中的问题，城市更新就是这一过程的典型体现。现代意义上的城市更新在欧美国家有着一个多世纪的发展历程，因此许多研究从历史演进的角度回顾城市更新的政策、理念、方式变化。国内学者对欧美国家城市更新机制与组织形式的引介，已经将公共政策视为研究城市更新的重要路径。

城市更新在英文中有多种表达，从侧面反映出城市更新政策的演变。第二次世界大战之后的"城市重建"（Urban Reconstruction）或称"贫民窟清除与重建"（Slum Clearance and Redevelopment）延续了19世纪开始的贫民窟清除与城市美化运动。"城市复兴"（或称"城市再生"）概念在20世纪70年代取代了"城市重建"，在英国和其他国家城市"复兴"（Urban Revitalization）的目标是吸引更多私人投资参与内城发展，与之前的大规模拆建不同，方式上更倾向于住房与环境的改善以及渐进式更新。"城市复兴"强调激发内城活力，例如将商业活动与社会组织重新带入衰退的地区，这种再生不一定是物质更新（Temelova，2009）。在20世纪中叶的北美城市，"城市更新"（Urban Renewal）这个概念代表着完全的物质改变，例如密度、建筑风格、土地使用（Gibson et al.，1982；Couch，1990；Roberts，2000）。在实践中，经常意味着取代低收入人群，为更有收益的办公、商业、高档居住、交通设施创造空间。城市更新（Urban Renewal）这一术语有时有着更为广泛的含义，例如 Jones & Evans 认为一些社区主导的政策超越了物质问题的范畴而延伸到了社会层面。"城市再生"（Urban Regeneration）概念起源于20世纪80年代的英国，含义不仅限于简单的拆除与再造，以社会、经济提升为目标。"城市再生"与"城市再开发"（Urban Redevelopment）不同，目标更加多元与综合，将城市当作有机体，衰退地区是病痛，需要治疗活动使其再生（Furbey，1999）。旧的说法不一定是理念上的过时，而是口号上的过时，政府靠提出新的、原创的说法来吸引大众目光。

1. 城市更新政策演变

娜奥米·卡门（Naomi Carmon）认为第二次世界大战之后至今欧美国家的城市更新

经历了 3 个阶段：推土机时代——物质决定论强调建成环境；邻里修复（Neighborhood Rehabilitation）——强调社会问题的综合方法；城市中心复兴（Revitalization）——强调经济发展的商业化方式，由此可见其城市更新政策的目标、理念、更新对象都发生了变化。

英国作为最早工业化的国家，城市更新政策与实践较为系统和清晰（易晓峰，2009），更新政策与方式受执政党的意识形态影响较大，并体现出强烈的问题导向性。英国的旧城更新起源于政府对内城工人阶层较差的住房条件与卫生条件的干预，政府通过拆除贫民窟、提供各种设施与保障房、给房主资助来改善内城的居住状况，后来城市更新加入了复兴经济、增加就业的目标（Couch，1990）。第二次世界大战之后英国城市更新组织形式经历了政府主导的城市更新——基于"公私伙伴关系"的城市更新——"公、私、社区伙伴关系"三个阶段（张更立，2005）。

法国城市更新面临的主要问题是郊区贫困社区，贫困社区集中反映了法国社会问题，城市更新政策演变受到社会运动的强烈影响，随着政党轮替，其目标在发展经济与解决社会问题之间摇摆，有城市改造、贫困社区政策两种方式，城市改造强调物质更新、贫困社区政策试图解决社会问题（Hall et al.，2002）。

德国在 20 世纪 60 年代与 20 世纪 70 年代以综合再开发的方式进行城市更新，拆除战前老住宅、代之以现代街区。20 世纪 70 年代中期，越来越多的居民开始抵制离开自己熟悉的社区，20 世纪 80 年代开始，柏林市政府转向谨慎更新策略，禁止投资工人阶层区域，防止绅士化。20 世纪 90 年代东西德的合并，德国的区域发展不平衡问题越发严重，从 1989 年开始，德国的老工业区开始利用工业遗产进行文化导向型城市更新项目。进入 21 世纪联邦政府认识到大都市是增长极和发展引擎，因此需要结束提供平等机会的旧原则，强调地方与中央、不同部门之间的整合；激励私人部门加入城市发展与更新，并给予更多责任。

与欧洲国家不同，美国国家一般不直接干预地方，然而 20 世纪 30 年代到 20 世纪 70 年代中期试图提升城市与区域经济的清除贫民窟运动是例外，联邦政府承担了这一时期城市更新计划的大部分资金（Hall et al.，1990）。除了联邦政府发起并资助的"城市更新"与"社区发展"计划，大部分更新行动是地方化、商业化的。美国的部分城市比英国更早经历城市衰落，也更早引入公私合作伙伴（Shaw，2010），20 世纪 70 年代的旧城开发中就率先尝试了这种政府和开发商合作的模式，为了吸引投资，城市政府采取税金减免、直接补贴、投资基础设施建设等方式。

在对英国、美国、法国、德国的城市更新政策进行回顾后发现，其目标、更新对象、实施主体发生了演变。就目标变化来说，战后初期西方的城市更新是为了修复战争创伤、解决人口膨胀带来的居住问题；其后地产与文化导向的城市更新是为了解决郊区化和产业转移导致的内城区衰败问题，以发展地方经济为目标的城市营销。目标类型大体分为重振城市竞争力及提供社区援助两个方面，演化趋势走向兼顾空间效能和社会民生（Shaw，2010）。更新理念趋向人本主义，关注点从物质扩展至社会、经济层面；可持续发展思想成为共识。更新对象开始以贫民住宅区为主，后来则多是工业废弃地、滨水地段（张乃戈 等，2007）。从实施主体来说，从政府主导的大规模推倒重建，到中产阶级主导的"绅士化"现象、私人部门的加入、社区与第三方组织发挥作用。第二次世界大战之后的大规模城市重建中以政府单一主体为主，中央政府提供大量资金，地方政府负责前期所有工作；20 世纪后期，伴随着产业转型与"绅士化"进程，实施主体开始多样，从开始的"公共—私人"合作发展为更为广泛的公共、私人、非营利组织、社区居民共同形成合作伙伴关系。

2. 演变动因解析

（1）经济发展背景

20 世纪 50 年代到 60 年代欧美工业国家的经济迅速恢复与增长，政府有足够资金进行针对内城劳工住区的大规模重建。然而从 20 世纪 70 年代开始，由于跨国公司希望降低生产成本，资本投资与制造业开始向发展中国家转移。西方国家不得不进入产业转型的进程，进入后工业化社会，"第三产业比重上升，城市功能由生产向服务转变"（Graham et al.，1995）。在这个过程中，传统工业区域和城市的部分地区由于产业和人口的流失面临快速的衰退，通过城市更新完成产业转型与地区复兴，成为西方发达国家的主流趋势。

（2）政府治理方式

第二次世界大战之后到 20 世纪 70 年代，西方发达国家的城市政策以提供福利与服务为目标。20 世纪 70 年代的经济危机使得西方工业国家经济遭受挫折，为了应对危机，20 世纪 80 到 90 年代多数发达资本主义国家从第二次世界大战之后的"福利型国家"转变为"发展型国家"，最为典型的是英国与美国的"新自由主义"及其在城市政策中的体现（Brenner et al.，2002）。首先是国家与地方政府的角色转变，其次是私人部门开始承担公共职能。国家从一些经济领域退出，地方政府从仅仅负责公共管理（学校、医院、防火、慈善、地方交通等）转而更多涉入经济发展活动；原先由政府承担的部分社会或公共事务，则转移至家庭或者非营利组织，社区成为提供社会服务的基本单元（住房、医疗、幼儿看护、未成年人教育）（Beider，2007）。城市更新的发起与决策主体变得更加多元，从战后初期的政府主导（State-Directed Redevelopment）转变为公共发起（Public Sponsorship）。例如在英美，许多更新动议与规划由民间组织提出，政府通过建立一些非政府组织推动片区更新。这些组织从政府那里获得资金，建立社区组织并资助他们实施房屋更新与经济提升活动。

由于经济资源集中于私人部门，地方政府积极与之合作，以吸引、聚集私人资源完成增长策略。同时，欧美国家尤其是欧洲国家的中央政府依然保留提供福利的传统，通过提供资金与优惠政策整体上引导城市更新行为的发展方向，保障城市更新在促进经济发展的同时能够不妨害社会公平，以防城市更新利益被少数群体占有，希望弱势群体能够在更新中获益。

（3）社会与住房状况变化

欧美国家的内城住房问题（短缺—衰败—绅士化）及其背后的社会需求变化（住房需求旺盛—逃离城市—回归城市）转变成政治力量，很大程度上影响了城市更新政策。第二次世界大战之后的欧美国家的住房问题经历了住房短缺到内城街区衰败再到"绅士化"现象，与此紧密相关的是社会需求的变化，从战争结束之后的住房需求旺盛到郊区化现象，中产阶级离开城市，再到由产业转型等多种原因引发中产阶级回归。在20世纪50年代，城市人口增加带来了大量住房需求，这也是当时城市更新的主要动因之一。然而之后随着郊区居住的兴起，引发了内城街区衰败的问题。从20世纪80年代开始，这种内城人口下降的趋势开始逆转，引发了新一轮的城市更新，滨水地区成为首选。

根据住房问题和社会需求变化，欧美国家的住区更新政策经历了从物质环境改善到提升公共服务的过程。在战后初期，欧美发达国家都面临战争带来的破坏与战后人口的增加，此时住房短缺与大量存在的低标准住房是亟须解决的问题，采取拆除低标准住房，建设公共住房的措施。随着去工业化过程，收入两极分化明显，一方面工人阶层住区衰败，另一方面对高档住宅的需求增加。为了应对这种变化，欧美国家开始国家主导的住房更新活动，其主旨是复兴衰败社区、扶助弱势群体、防止社会隔离。由于面临的问题变化，更新方式从之前的物质更新发展为兼顾社会资源的投入。例如1998年英国工党政府提出社区新政（The New Deal for Communities，NDC），目标是让衰败社区在经济、社会、物质环境方面得到综合提升，预计花费20亿英镑。法国2007年之后在社区项目的财政支持方面，更加注重就业与经济发展、住房与环境提升、教育平等、防止犯罪、提供医疗服务。

1.2.2 亚洲发达地区的更新政策演变及动因

亚洲发达地区在文化、物质环境、经济发展路径方面与我国类似，城市规模与城市问题与我国大城市相近，在中微观的城市层面具有吸取经验的意义。与欧美国家不同，东亚发展中国家与地区的经济发展牺牲了社会福利与社会政策。这些地区的住房问题经历了从低标准住房到城市中心"绅士化"，更新方式从政府投入到地产导向的更新。

东亚国家与地区在第二次世界大战之后才进入工业化与城市化进程，在起初阶段都因大量新增移民经历过严重的棚户区、贫民窟问题。20世纪60年代到70年代，这些低成本、不合标准的住房区被认为是阻碍城市发展的障碍，政府开始直接介入，进行清除与改善的计划，试图通过更新解决住房问题、提升城市的物质环境，但受制于有限的资金、发展导向而不是福利导向的政策目标，居住环境改善缓慢。进入20世纪80年代后，这些地区受经济危机及全球化日趋深入的影响面临产业转型，政府开始与私人部门合作，通过一系列政策加速更新进程。地产导向的更新成功解决了棚户区与贫民窟问题，同时也带来了负面的物质环境与社会结构问题，例如居住密度过高、中产阶级取代原有居民、低收入群体的利益受到损害。

1. 城市更新政策演变

这些地区的城市更新政策明显体现出向欧美发达国家学习的政策转移过程，借鉴欧美的城市更新理念与运作形式，基于本地制度背景进行调整。在更新目标方面，开始限于解决不合标准住房、完善基础设施建设、改善城市形象。随着城市化、全球化进程进一步深入，更新目标转为释放土地潜在价值、实现产业结构升级、提升城市竞争力，更新对象也由棚户区、贫民窟转向具有开发价值的地区。在实施主体方面，这些国家更多依靠市场力量。尽管在解决贫民窟问题、"公共－私人"部门合作方面，这些地区的更新政策都有与西方国家的类似之处，但能够用于福利的财政有限，很少以国家基金、津贴的形式直接投入城市更新。同时，与欧美城市的内城衰败不同，这些地区的更新对象是物质衰败但经济活动活跃、住房需求旺盛的区域。因此更新的共同特征是市场导向型，市场导向的更新可以用最少的公共投入加快更新速度、提高居住质量、促进经济发展，同时也会带来城市物质形态、社会结构方面的消极作用，例如过高人口密度加重公共设施负担、高层建筑影响城市景观、原有居民被中产阶级取代的"绅士化"过程破坏了原有社会网络、损害低收入家庭与租房者利益。

2. 演变动因解析

（1）经济发展背景

这些地区的城市更新政策演变具有共同动因——从快速城市化到产业结构转型。他们的城市化过程依赖于外部的全球产业重构，其中心城市在进一步发展中将第三产业作为发展重心，房地产业都经历了兴旺阶段，地产导向的城市更新成为主要方式。

这些地区在第二次世界大战之后的迅速城市化阶段需要完成城市空间的现代化过程，人口压力和基础设施建设成为城市更新的主要动力。但是在 20 世纪前半段，这些地区的政府和市场都没有足够的资金投入住房改善和城市建设；直到完成工业化之后，随着全球化的日趋深入，都寻求提升城市环境以加入更高能级的竞争，与之相伴的是依靠市场机制的更新。

（2）政府治理方式

受发展型政府角色的影响，政府财政多用于促进生产，能够用于福利的财政有限，因此面临住房短缺与旧城问题，很少直接投入。新加坡因其特殊的国家政策，似乎是政府介入最为成功的案例，并且自殖民政府时期就始终强调公共与私人部门的合作。

与我国不同的是，这些地区的土地产权私有，一直在市场经济的运行模式中。城市更新是公权力介入的过程，在保护私有财产的前提下，政府要行使公权力就必须通过颁布一系列的法案与政策，以确定其合法性。例如实施租金控制、土地征收条例等强制方式都是以提供廉价住房、实现公共利益的名义。由于市场经济发展较为成熟，政府更多采用提供低息贷款、税金减免、容积率奖励、房屋预授权等方式鼓励更新。

（3）社会与住房状况变化

这些国家与地区在 20 世纪 50 年代普遍面临住房短缺、拥挤、没有产权的非法住宅的问题，而后在政府与市场的共同作用下，低收入住宅逐步减少，城市中心"绅士化"。为解决战后的城市移民潮，住房短缺、过度拥挤、棚户区现象，国家和地方政府也曾尝试政府主导的贫民窟清除项目，但因为资金不足存在进展缓慢、小规模高强度、无法推广等问题。

随着这些地区的经济发展，土地投机与房价上涨普遍产生，同时地方政府也希望在全球竞争中胜出，高档住房的需求与政府提升城市形象的愿望一致，更新的区域已经不仅限于棚户区和贫民窟，更新后的住宅多提供给中产阶级以上人群。旧城更新已经从试图解决住房问题的政府行动，变成参与者共同获利、驱逐低收入者的"绅士化"过程。

1.2.3 我国城市更新政策演变及动因

尽管从 20 世纪初期我国城市就走入现代化进程，开始兴建马路、火车站等基础设施，但城市建设仍是以民间力量为主，政府很少介入。中华人民共和国成立之后直到 20 世纪 70 年代，城市建设并非经济发展重心，对于旧城以利用为主。因此完全意义上的城市更新产生于改革开放之后，基于政治经济体制转型、城市化、土地资源稀缺三大背景，城市化的完成与城市更新相伴（姜杰 等，2009），因此城市更新集中体现了各种矛盾程度激化，具有区别于其他国家的自身特征。对于我国旧城更新历程描述，学者存在相当程度的共识，多数学者认为伴随着经济体制深入展开，20 世纪 90 年代是我国城市更新的转折点（李建波 等，2004），多种动力机制下大大加速了更新进程：首先是居住条件亟须改善、基础设施匮乏等历史遗留问题；其次受世界经济发展趋势影响，我国城市也面临经济结构调整，城市中心区成为发展第三产业的首选；20 世纪 90 年代初开始的大量新区建设为旧城更新创造了条件；中央对增量土地供给的限制，刺激了对存量土地的需求；最后也是最重要的是，伴随着地方拥有更多自主发展权、土地使用与住房制度改革，推动城市建设的市场机制形成，成为城市更新的主要动力。

1. 城市更新政策演变

城市更新作为城市发展大的重要组成部分，其发展历程是城市发展的映射，随着社会背景、政策目标、城市问题的变化而变化。中华人民共和国成立初期到 20 世纪 70 年代后期，我国以工业建设为中心，较少资金投入城市建设，我国对旧城实施充分利用的策略；20 世纪 1978 年到 20 世纪 1980 年代末，我国刚进入经济体制改革初期，城市更新处于小规模试验阶段，逐步恢复城市规划，在筹措资金方面进行多种尝试；进入 20 世纪 90 年代，随着市场经济配套体制逐渐完善，开始了地产开发主导的城市改造，更新速度加快，取得了积极成果，也出现了种种问题；2000 年后伴随快速城市化的多元化，进入综合化更新时期（翟斌庆 等，2009）。

就更新目标来讲，改革开放初期主要解决住房短缺、危旧房问题，以提升居住质量为目标；随着经济体制改革的深入，在地租洼地与住房需求的推动下产生了地产导向的城市更新，城市更新成为片区与城市谋求经济发展、完善基础设施建设的途径；随着全球化日趋深入，城市间的竞争日趋激烈，城市更新成为提升城市形象、促进产业转型的方式，主要通过改变原有土地功能实现。在这个过程中更新对象不断扩展，起初针对危破房（类似于国外的贫民窟与棚户区概念），其后具有开发潜力的地块都有可能成为目标。同时，随着历史文化资源受到重视，拥有特殊历史、文化价值的地区受到青睐，改造方式不只限于拆除重建。实施主体方面，在市场经济配套体制改革没有完成之前，各种更新方式的实施主体包括单位、居民、房管部门等。随着土地有偿使用改革，旧城更新一般在区政府组织协调下，外资公司、政府背景的企业（类似于国外的半公共、半私人部门，例如城市建设投资公司、城建开发公司、国内私营房地产公司）成为投资主体。这种依靠外部资金与社会资金的方式加快了更新进程，负面影响是原有社区利益受损、单纯追求经济效益的开发导致容积率过高、巨大利益空间引发拆迁矛盾与寻租行为、大拆大建对旧城历史文化造成建设性破坏等。鉴于以上问题，城市更新区分出公益与商业项目，政府从商业项目退出。2000 年以后，随着政府机构改革与企业改制深入，原政府下属企业与政府之间的关系改变、事业单位代替部分政府机构职能并走向市场主体角色，政府逐步退出具体项目实施（居民动迁），企业成为投资与实施主体。

2. 演变动因解析

（1）经济发展背景

中华人民共和国成立后，我国的经济发展历程经历了由发展工业为主的备战经济向满足民生需求，融入全球经济体系转变。中华人民共和国成立之初随着"转变消费性城市为生产型城市"的提出，满足工业生产需求成为城市建设目标。尽管中华人民共和国成立后的恢复时期与"一五"计划时期，配合重点工业项目布局，我国的住宅、交通、大型公共设施有了一定发展（张平宇，2004），但是相对于住房需求，住房供给是不足的，因此对已存在的住房以充分利用为主。

1978 年十一届三中全会提出满足人民日益增长的物质和文化需要的任务，经济发展成为首要目标（Lu et al.，1997）。为达成这一目标我国通过改革开放与经济体制转型融入全球经济，全球化与市场化对我国城市物质空间施加了巨大影响（Ma et al.，2013），最初体现为外资的进入。由于地方政府对经济资源的直接控制非常有限，除了中央政府的直接投资，来自市场的资金成为地方竞相追逐的对象，在缺乏资金是更新最大瓶颈的时期，改革开放带来的外来资本对城市更新进程起到关键作用。

进入 21 世纪，随着改革开放的深入、我国加入 WTO，城市间的竞争升级——吸引资本的方式从起初的提供各种税收减免、土地供给优惠政策，发展为城市吸引力也成为角逐中的影响因素。而城市魅力的提升在可见的物质环境层面很大程度上依赖城市更新，因此经济发展竞争使得政府与资本对于城市更新产生了更高要求。

（2）政府治理方式

中华人民共和国成立后我国的政治经济转型体现在由国家统包的计划经济模式走向激励地方与民间力量的市场经济模式。在 20 世纪 50 年代完成资本主义工商业改造建立公有制后，政府通过管理全民所有制企业、土地，成为公共利益的唯一代表。政府必须解决一切问题，其中包括公共事务和之前由市场活动完成的部分。政府通过提供工作机会（单位）将个人纳入与政府机构对应的管理体系，同时负责住房、日常生活供给、教育、医疗等职能（Bray，2005）（图 1-4）。

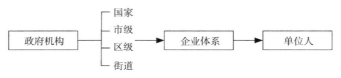

图 1-4 计划经济时期社会组织方式

中华人民共和国成立后建立起来的"全能政府"治理方式在改革开放后逐渐发生变化，改革主要体现在分权化与市场化。政治经济改革对城市建设的直接影响由财税体制、住房制度、土地制度，这些变革直接调动了政府、市场参与城市更新的积极性。土地与住房市场的建立使得政府、私人资本具有了参与旧城重建的极大动力，同时住房市场化也刺激了住房需求。城市更新的规模越来越大，目的也越来越市场导向（He et al.，2005）。

（3）社会与住房状况变化

中华人民共和国成立后影响我国社会与住房问题的主要因素的产权变化，从社会主义改造时期的消灭私有制、建立公有制到改革开放后恢复土地市场与住房的私有制。20 世纪 50 年代我国完成了对私产的社会主义改造，建立了公有制体系，采用住房公有化和福利分房制度。除了单位与政府建房，在公房的构成中还包括中华人民共和国成立前的原私有房屋、社会主义改造后国有土地上的自建房。住房短缺、住房供给无法满足需求问题一直存在。

为了配套经济体制改革，我国住房逐渐向市场化、私有化发展。1993 年开始公房出售政策完成了相当比例的公房私有化。市场代替单位与政府成为住房的供给力量，社区代替单位成为居住组织形式。然而单位的社会职能还未能由社区取代，与单位相比，我国的社区自治力不足、缺失共同利益维系、社区组织关系松散。住房私有化增加了大规模更新的成本，而社区的缺乏组织又使得自我更新很难实现。

1.2.4 我国与发达国家及地区的差异

由国内外城市更新政策演变回顾可知，我国的城市更新所体现出的动力条件并非特例。与发达国家一样，我国政府治理方式转变类似西方的新自由主义，核心是国家权力下放，地方政府更多涉入经济活动；私人部门开始承担公共服务职能。同时，我国的发展路径与亚洲发达地区相近，都是发展导向而不是福利导向型政府，经济发展为先，城市更新主要依靠房地产市场。与发达国家与地区一样，我国同样受到全球化影响，从产业经济到政府治理方式都发生了深刻变革。

我国也体现出发展中国家、转型国家的特征，发展阶段落后于发达国家，政治经济制度差异较大。我国在 20 世纪 90 年代开始如火如荼进行大规模城市更新之时，发达国家甚至是发展中国家曾经盛行的由权力和资本主导、以空间效益为目标的更新模式已经受到广泛的质疑，我国的城市化进程迟于发达国家，形成了明显的时间差（Time Gap）。随着全球化深入，我国与欧美国家的城市更新在目标方面越发类似（易晓峰，2013），但在城市更新目标、实施方式的差异及其原因更值得关注。

1. 社会经济背景差异

（1）城市问题不同

我国与发达国家的城市化、现代化过程是不同步的。欧美国家在第一次和第二次产业革命当中基本完成了城市物质空间的现代化进程，亚洲发达国家和地区虽晚于欧美，但在第二次世界大战之后的经济发展机遇中也完成了城市化与现代化。第二次世界大战后欧美发达国家的城市更新是在城市化进程基本完成的基础上进行的完善与提升（李建波 等，2004），主要面临的问题是产业外迁与郊区化导致的内城衰败。

我国的城市化进程始于清末、民国时期，受政局动荡、战乱影响，城市能够平稳建设、发展时间较短。中华人民共和国成立后我国长期推行计划经济体制，具有独特的历史特征（阳建强，2000）。受计划经济时期重工业生产轻城市建设的影响，我国改革开放之初面对的是城市建设滞后的历史问题，城市更新与快速城市化同步，更新的目的是处理旧城区物质老化、用地结构不合理、土地效益未充分发挥的问题，因此城市更新以大规模的物质更新为主，以提高居住水平、完成城市空间的现代化、转换用地结构、发展第三产业为目的。

因发展阶段与面临的问题不同，导致城市更新理念存在差异。欧美发达国家城市更新理念呈现出注重弱势群体就业、生活服务的提升、社会公平，经济、社会、环境三个维度的可持续发展成为主流。我国工业化时代城市更新任务尚未完成，又要满足后工业时代的新需求（陈则明，2000），城市更新政策理念一直停留于物质形象，在改善居住条件、促进经济发展方面取得了成就。

（2）产权状况不同

欧美国家进行大规模贫民窟清理时期，清理区域的居民多以租赁为主，有房屋产权的居民比例较低，土地属于有限数量的地主。我国改革开放之后通过住房制度变革完成了住房公有、福利分房向住房私有、市场化供给的转变，制度转变使得我国居民并不用很高的成本就可得到私有产权住房，在全世界范围来看，我国的自有住房比率高于大部分发达国家，与经历转型过程的中东欧国家类似（王保安，2013）。

土地私有制国家政府基于土地产生的政府收入以房产税等各种税收为主，而我国土地国有，土地出让金相当于一定时期内房产税的一次性收取，是地方财政收入的重要构成。我国政府对城市更新的主导很大程度上是由土地产权决定的，这种土地制度设定降低了土地征收的成本，在20世纪90年代的开发潮中政府可以凭借土地资源，少投入甚至零投入换取开发商的资金。

2. 实施主体差异

根据国内外实践历程，介入城市更新的力量主要是政府、市场、社会（社区），就第二次世界大战后的国际发展趋势而言，早期主要依靠公共财政的政府实施，后期则向公私合作、社区参与决策并自主实施发展，整体呈现市场主导与权力分散化，政府直接实施已非主流。无论实施主体与运作方式如何变化，国家（政府）与资本是城市更新的主要发起力量，资本不需国家力量的介入也可以重塑城市环境，因此市场因素本身也可以对内城进行再造。但是如果进行大规模的城市更新项目，需要国家政治力量与资本力量的结合。在资本主义社会，统治阶级不信任国家政府，并努力限制其活动（Crouch，1979），政府通过规划与投资政策对私人部门的干预总是受到抵制。政府的介入需要内部与外部经济与政治力量的结合，依赖国家基金支持与实施城市更新的管理结构的建立。

（1）中央政府作用

欧美国家中央政府在城市更新中具有强有力的控制、引导作用，通过立法、制定政策、拨款、审核，控制地方城市更新，制度建构与资金提供权力都在中央政府，地方政府主要负责具体实施。除非有潜藏的获利可能，地方政府没有能力在塑造城市方面处于主导角色（Fainstein，1986）。第二次世界大战后欧美国家的大规模城市重建项目，更新成本的最大支出来自土地征收（图1-5），这部分成本大部分由国家支出，土地出售收益无法填补成本❶。后来这种国家出资并由政府主导实施的方式，转变为政府以专项基金作为诱导的多方合作，城市更新基金以竞标的方式获得，鼓励地方发展清晰且有创新性的城市更新方式❷。我国中央政府并不通过专项政策、拨款来引导城市更新，而是通过制度构建明确中央与地方政府的权力与责任，将城市更新作为具体城市

---

❶ 美国1954年开始的清除衰败地区的城市更新（Urban Renewal）计划，由政府设立类似于房地产开发公司的半官方机构——地方更新机构负责实施。该机构负责与联邦政府签订协议并从联邦政府得到资金、征收土地、重新安置居民、拆除房屋、建设市政与公共设施，然后出售或出租给私人发展商。城市更新项目的成本2/3的由联邦政府承担，另外1/3由城市更新机构支付（来自地方政府或州政府），土地与房产的收购占到成本的最大比例（约67%），根据项目商业价值的不同出售土地收入大概能填补建设之前花费成本的10%~40%。截至1960年有200亿美元私人资金投入更新项目，政府投入几乎与私人投入持平。
❷ 例如英国1992年设立的城市挑战基金（City Challenge Fund）；在联邦城市更新计划停止后，美国1974年设立的社区发展基金（Community Development Block Grant），1977年为振兴地方经济启动城市发展行动基金（Urban Development Action Grant），城市之间通过竞争获得资助。

建设任务由地方政府完成。中央政府允许地方政府有更多的财政自主权，利用各种渠道筹措资金投资建设，只是通过收紧或放宽土地供给指标、银行贷款来控制城市建设速度，并不直接介入城市更新。

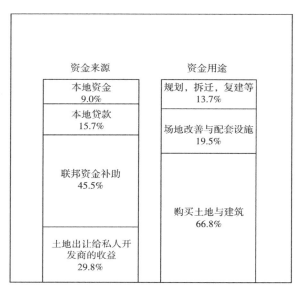

图 1-5 美国联邦发起的贫民窟清除项目资金来源与使用情况

来源：Eichler E P, Anderson M. The Federal bulldozer: a critical analysis of urban renewal, 1949—1962[J].
Journal of Comparative Neurology, 1964, 195(2):567–584.

（2）政府与社会的关系

欧美国家政府将城市更新政策看作是重要的公共政策，根据阶段性的社会经济问题变化、新的城市发展理念，及时调整政策方向。我国政府并没有充分意识到城市更新的特殊性，城市更新相对于其他建设活动，更依赖于公权力的介入，因此对于城市更新中公权力应如何介入、介入到何种程度、公共财政用在哪里、如何使用并没有充分的讨论和监督。

一是主体的多元性。欧美国家与东亚发达国家在城市更新中注重区分公共部门与私人部门的角色与责任，充分利用政府、企业、社会组织拥有的资源。政府不直接参与更新，起到制定规则、提供资金与政策支持、组织各方参与者的作用。在一些国家，独立机构代替政府实施更新，政府是隐藏其后的影响力量。由于旧城更新涉及多元主体利益、历史文化保护等议题，政府能够代表公共利益，具有利益再分配与社会服务职责，其主导或引导的角色是不可或缺的。但政府主导在我国普遍体现为一元决策的模式，采用自上而下的操作程序，政府发起并实施更新，既是规则的制定者又是直接参与者，过程中缺乏居民、社区、第三方组织的合作。

二是社区居民与组织作用。欧美国家在 20 世纪 80 年代之后，公众参与规划在思想与实践中开始被广泛接受与实施，政府推动地方利益相关者与社区更深层次的介入更新的决策过程。社区居民组织起来建立实施与管理主体，通过与私人部门、公共部门、其他民间组织合作，发起并参与更新。我国的更新过程中的社区参与一直处于被动状态，公众参与处于告知阶段，地方居民与组织发挥作用有限。

三是政府与市场的关系。地方政府介入的财政与政治动机都来自获得更多税收、吸引投资促进经济发展，不同点在于财产税是欧美国家地方政府的主要税收来源之一，为了保证税收就必须吸引投资以维持并提高地产价值。由于低收入人群税收贡献少于其对公共服务的消费，地方政府非常希望高收入阶层能够置换低收入阶层。

首先，城市更新同样需要吸引私人投资，英美中央政府需要大量前期投入，其最大困难在于面对衰败的趋势，资本不愿进入。我国中央与地方政府的资金有限，同样需要私人投资注入，其困难在于改革开放之初资金短缺、市场处于初步形成阶段，而机遇在于转型中的制度红利、城市化进程的推进以及土地征收与建设的相对低成本。与中国类似，亚洲国家和地区的政府投入相对较少，城市更新有赖于全球化、城市化、自身经济起飞。但相对我国，其市场经济体制已经建立，在制定法律程序、保障程序合法性、开发管控方面已经相对成熟。

其次，为加快城市更新实施，各个国家都有成立专门的半公共半私人实施机构的举措。半公共半私人机构既有政府权力，又可作为独立法人融资进行经济活动，本质是公权力与市场力的联合体。英美认为这种机构比在官僚体制内运作更有效率，因借助公权力使用公共投资，因此不以营利为目的。我国在转型期实施城市更新的类似机构，实质是计划经济向市场经济过渡的需要，介于政企分家的中间产物，此类机构利用较易获得土地的优势与外资进行交换，并非不以营利为目的，其本质是对国有资产的运营管理。

1.2.5 影响城市更新政策变化的因素

1. 政治、经济、社会要素对政策演变的影响

通过以上回顾可以发现，经济发展背景、政府治理方式、社会与住房状况变化是推动城市更新政策变化的共同动力。每个国家与地区的城市更新政策演变都受到当时的经济、社会、政治影响。对于大多数国家，尤其是发展中国家与地区，经济要素是决策过程最先考虑的，但是最为直接和重要的是政治因素，例如欧美国家战后初期的福利主义色彩倾向与后来的新自由主义转变，亚洲后起国家将经济发展作为政策的首要目标。每一任政府的政策倾向决定了城市更新的方向，执政党的政治倾向决定了更新政策是注重福利还是依赖市场，行政权力交替可以成为更新历程的阶段性节点，具体到城市与地区层面也是如此。

反之，政治因素对更新政策影响虽然最为直接，但其形成来自经济、社会压力，即实质性的改变来自经济形势、社会结构，政府政策只是对于大事件的节点性变化及

社会、经济阶段性变化的响应。以城市更新中的政府角色为例，因在经济恢复阶段，政府的作用无可取代，战后欧美资本主义国家的城市更新政策延续了战争状态中政府的强势角色；而 20 世纪 70 年代的经济危机使得政府角色转变，城市更新转为"公共－私人"合作阶段。产业外迁、郊区化等社会经济因素是导致欧美国家内城衰败的直接原因，政府针对这些现象而颁布的一系列城市更新政策是对问题的回应；而后来的"绅士化"过程与内城复兴，也是源于个体选择与社会资本的偏好变化，政府的作用是推动或者控制这种变化倾向。具体到国家与地区而言，政治、社会领域的大事件，例如东德西德合并、法国的贫民区暴乱、奥运会也会对城市更新政策产生直接影响。

2. 不同国家与地区之间的路径学习

由于国际政治、经济背景影响，各个国家与地区政策演变有一定相似性，只是因其自身制度、历史、具体问题的不同而体现出地方差异与时间差。国家之间存在一种政策转移与政策学习，尤其体现在相似政治体制国家、发达国家与发展中国家之间，但即使是出于同一目标与理念的更新政策，在融入自身制度的过程中发展出不同的实施机制与实施结果。欧美国家都经历了第二次世界大战之后的大规模拆除重建阶段，因其面临问题与政治体制背景相似，在更新过程中都采取了国家主导的具有福利主义色彩的实施方式，其结果都极大改变城市面貌，同时也遭到针对物质更新方式的质疑。其后欧洲国家逐渐融入欧洲一体化趋势，其城市更新越来越受到欧盟政策影响。亚洲发达地区和国家几乎都向英美学习了"公共－私人"部门合作的更新方式，例如成立类似于英国的城市更新机构市区重建局。

1.3 制度变迁视角的国内外城市更新研究综述

1.3.1 国外相关研究

在很多国家，更新项目与更广泛的政策变化关系越发密切（Bull et al.，2006），因而一些研究以政治经济视角解释旧城更新现象，理解包括决策主体、制度条件在内的更新政策（Couch et al.，2011）。第二次世界大战后至今主流政府治理模式发生了变化，这种变化对城市更新的动力与运行机制产生了巨大影响，城市更新理念、方式也随之变迁。在学术研究领域产生了借用政治经济学相关理论与概念解释、剖析、总结这些变化的成果。这些理论虽源自英美背景，在全球化浪潮与国家之间互相学习的背景下具有普遍适用性，被应用于解析不同国家不同阶段的城市更新政策与具体案例，例如管治理论、房地产导向的城市更新模式、合作伙伴概念、城市政体理论等。

1. 城市治理（Governance）

从 20 世纪 80 年代开始，西方发达国家的决策体系发生了变化，官僚管理形式已经被更加弹性的管治模式取代（Jackson et al.，2000），经历了政府直接管理到纳入私人部门、非营利性组织等多元主体的过程（Davies，2001）。管治概念可以描述为特定制度与组织引导下的治理模式，与多元利益主体相关，包含"公共-私人"合作，各种组织化的策略联盟自治但互相依赖（Jessop，1998）。政府管理是最为直接的模式，政府的目标直接由政府来完成。

管治概念可以看作一种体现政府与社会合作及其关系的机制，因此管治理论适用于涉及多元利益主体，包含多元目标的城市更新研究，借用此概念的城市更新研究出现在较早引入合作伙伴关系的英国（Davies，2002）。英国学者提出管治模式有政府管治、合作伙伴管治、政体管治（Davies，2001）、网络管治（Rhodes，1997）几种类型。政府管治是最为直接的方式，政府目标直接由政府传递。在西方，这种模式在战后早期的恢复建设与城市再开发时期广泛运用。合作伙伴管治指政府之外的主体被当作合作伙伴，共同参与决策。网络管治意味着管治是一个自组织的体系，每个参与主体都是独立的，政府不再控制整个过程。政体管治起源于美国，通过政客与商业精英之间在旧城更新领域的长期合作进行。由此可见管治是一个复杂的制度与参与系统，由政府发起但又超越政府，可能在没有政府参与下达成政府目标。

西方发达的旧城更新有较长时期的发展历程，其更新政策的关注点普遍经历了单纯的物质环境更新到关注社会问题、接纳多元化主体加入的过程，管治模式的演变体现了这一趋势。从战后的政府直接管理的政府管治模式到 20 世纪 80 年代的公私伙伴关系，从 20 世纪 90 年代纳入非营利性第三方组织（张更立，2004）到 20 世纪 90 年代中期出现的网络式管治，体现了这一趋势。有学者认为合作伙伴管治与网络管治打破了管理的层级制度，是一种更好的参与形式，可以有效组织公共、私人、第三方的合作（Roberts et al.，2000）。

2. 地产导向的城市更新（Property-led Urban Regeneration）

20 世纪 80 年代后英美进入了新自由主义时期，国家自上而下发起变革，通过制度重塑激励市场因素发挥作用（Lovering，1998）。有学者认为在城市层面新自由主义对每个人的生活具有重要的经济、社会、政治影响（Jessop，2002）。在论及新自由与城市更新的关系时，史密斯认为新自由主义在城市维度的目标是吸引中产阶级，在 20 世纪 50 年代"绅士化"是城市改造的结果，在新自由主义的时代"绅士化"是城市更新的直接动力（Smith，2002）。城市政策越来越依赖私人投资作为发展动力，在这种背景下产生了"地产导向的城市更新"（Property-Led Urban Regeneration）。地产导向的城市更新往往选择城市中心或滨水区位，能够带来明显的物质改变、提升城市形象，因此在英国和一些西方国家成为受欢迎的方式（He et al.，2005）。为了吸引私人投资，更新过程中有各种形式的公共投入，私人部门紧随其后（Healey，1992），因此地产导向的重建其实是公共与私人部门间的联盟，地产利益是联盟形成的核心要素（Harding，1991）。尽管地产导向的城市更新对城市经济有一系列正面作用——直接提供与建设相关的就业、吸引外部投资、刺激本地企业的扩张、复兴衰败邻里、引发区域性的经济转型（Turok，1992），学者的质疑主要集中在社会目标缺失与项目的高风险，例如无法惠及本地居民、推高地产价格、占用公共财政等。

地产导向的更新虽然产生于英国的实践和学术研究，也有学者用这一概念分析本国案例。何深静以上海新天地项目为例，揭示地产导向的城市重建如何运行。她指出在这个过程中形成了地方政府与开发商的发展联盟，作为资本提供者，开发商仍在政府控制之下，政府通过政策介入、金融、土地出让管理等方式控制城市重建的方向与速度，由于利益驱动，尚有活力的邻里被更高价值的地产开发取代。有学者认为在地产导向城市更新中，社区被排斥决策过程之外。私人部门在更新私人住宅方面发挥了重要作用，而政府只是扮演了边缘角色（Ngm，2002）。

3. 合作伙伴关系（Partnership）

欧美第二次世界大战之后的恢复建设时期，旧城更新以政府管理模式为主导，地方政府在决策与资金筹备方面享有自主决定的权力。伴随非政府组织（私人与非营利机构）被纳入城市更新的参与主体，政府作为引导者的角色，在城市更新中给予政策与财政支持。政府的角色在表面上退居幕后，其实是从直接控制模式到间接控制的转换；许多独立机构代替政府行使管理，政府是隐藏其后的影响力量（Racom et al.，2000）。以英国为例，城市更新政策经历了 20 世纪 80 年代的"公共－私人"合作到 20 世纪 90 年代的纳入非营利机构。在 20 世纪 90 年代工党政府将提升多主体合作当作处理城市问题的方式，地方公共与私人部门、社区组织结成合作伙伴，合作伙伴关系成为得到中央政府城市更新基金的前提（Hastings，1996）。这一政策的目的是修正 20 世纪 80 年代的城市更新政策，赋权给包括社区在内的更多地方组织（Atkinson，1999）。合作伙伴的概念不仅限于英国，自 20 世纪 90 年代开始已经成为欧美广泛流行的城市更新政策。

一些学者使用"公共－私人"合作伙伴关系这一概念分析欧美国家以外的案例，以体现这个源自欧美的理念在不同地区所体现的独特性。亚当斯认为在应用西方经验时，充分考虑地方状况和限制是非常必要的（Adams et al.，2001）。尽管利用私人部门追求更广泛的社会目标在旧城更新中被广泛采用，但是缺失对社区利益和社会公平的考虑，基于私人导向的合作伙伴方式显然有其局限性。合作伙伴的关系不仅强调协同合作的潜能，其本质是整合伙伴之间的关系以达到综合的社会与经济策略（Ng，1998）。俄罗斯学者通过研究 20 世纪 90 年代莫斯科的城市更新项目，分析俄罗斯政府机构与私人部门之间的关系。研究表明这是一种不同于西方城市的"公共－私人"合作，市场作用局限而市长控制着决策，公共参与与介入很少；公共介入围绕着市长的偏好，市长利用城市更新项目增加其声望和权力基础。

4. 城市政体与增长机器（Urban Regime）

美国第二次世界大战后的城市改造和重建项目被认为是受到普遍的追求增长的意识形态影响，并且明显体现在地方政策与决策之中。为了研究城市重建的结果与城市治理的关系，城市政体理论在 20 世纪 70—80 年代的美国出现，旨在研究政府、企业、社会力量如何共同参与城市治理（Zhang，2002）。政体分析被广泛地应用于研究北美及之外的城市，试图探讨在什么情况下不同类型的治理联盟如何出现、联合、取得支配地位或者转移并改变（Lauriam，1996）。城市政体理论比其他美国模型更多地用于跨国研究，尤其是与城市政体理论具有关联性的"增长机器"（Growth Machines）概念，或称"增长联盟"（Pro-Growth Coalition），因为其适用于各种不同类型的政体（Harding，1996）。一些学者借用增长联盟概念分析本国的城市重建，德国学者通过分析柏林的城市重建案例认为一个国家的政治与文化特征深刻影响了地方联盟形成的本质，塑造了城市重建的方式（Strom，1996）。英国学者认为政体理论是一种美国治理（Amerian Theory of Governance）模式，将其总结为"政体管治"（Regime Governance），用政体理论描述城市更新单独预算的竞争过程，认为该政策并没有达到其预先设定的目标。已有学者将增长联盟概念应用于解释中国的城市重建现象。张庭伟认为增长联盟概念也可解释社会主义国家的城市重建过程，他以上海为例区分了联盟形成的两个维度（政治维度与经济维度），总结出转型期上海增长联盟的特征是强大的地方政府有非公共部门紧随其后，而社区组织被排除在外。还有学者通过对上海太平桥城市重建项目的分析，提出寻找租隙政体模型解释中国城市重建的机制，认为在城市重建过程中形成了区政府与国外资本联合而成的增长联盟（Yang et al.，2007）。

1.3.2 国内相关研究

我国改革开放后的旧城更新与经济体制转型背景下市场因素的介入密不可分。旧城更新的许多问题来自转型过程中一系列新的制度仍处于不断完善之中，而计划经济时期的遗留因素仍产生影响。在制度变迁背景下的城市更新研究中，有两种叙述方式，一种强调市场经济中利益主体的多元性，认为我国的城市更新是市场导向的，政府、市民、企业以各自的权力与资源参与其中，通过博弈、利益联盟的形式影响更新进程；另一种强调城市更新是政府行为，政府是联系商业利益与社会利益的纽带，代表追求最大收益的商业力量与追求公平的社会力量，探究政府在城市更新过程中应扮演的角色。

1. 相关利益主体博弈——对市场经济背景下城市更新参与主体的思考

在市场机制影响下，越来越多学者认识到旧城更新是利益重新分配的过程，将更新过程看作市场交易行为，借用经济学理论将博弈主体作为有限理性经济人看待，追逐自身利益或效用最大化（包括财富与非财富）。有学者认为"我国现阶段的城市更新具有市场化加深了博弈的复杂性、博弈主体越发多元化、博弈缺乏制度保障的特征"（谢涤湘 等，2013）。早在2001年张庭伟就建立简约化模型，将影响城市发展的要素归纳为政府力、市场力、社会力，自此三种力量博弈成为研究城市更新相关利益主体博弈的基本框架。姜紫莹基于城市政体理论，从政府、市场、社会三方力量博弈角度对改革开放以来旧城改造类型演进进行总结，认为"我国旧城改造已经从政府一元结构转向政府—市场二元，并开始出现政府—市场—公民三元结构，政府力不断改变、市场力日趋理性、社会力有了较强增长"。

（1）博弈基础

产权可以界定人与人之间的权利与责任，用来约束、激励人的经济行为。土地产权制度是土地制度的基础，产权结构在市场力量主导的更新中具有重要意义。私房土地在土地产权制度变迁中成为没有所有权的财产权，私房土地问题是转型期旧城更新的矛盾焦点。在土地制度渐进式演变中的行政划拨、协议出让、竞争出让的并存；政府在土地征收与供给的威权垄断地位导致博弈的不公平（张杰，2007）。除土地权利的分离，房屋产权的情况更为复杂。在旧城，尤其是历史街区，通常处于公产、私产、单位管理产权混合的状态，公有产权与私有产权的比例，直接影响到更新方式，公有产权更有利于大规模拆除重建。住房使用权与产权的分离导致旧城住房缺乏修缮、自我更新动力（吴昊天，2007）。尽管产权模糊不利于建立激励机制，但产权私有化也有其问题。从产权制度设计要兼顾公平与效率出发，房屋产权私有化会固化资源、不利于保障弱势群体利益（郭湘闽，2007）。黄慧明发现，广州以现有产权地块为单位进行的小规模更新改造出现的种种问题，基于创造更好城市环境的目标，提出产权地块重组、产权地块层面的设计控制。唐艳从产权视角对我国台湾地区都市更新实施方法进行介绍，以高效交易、公平配置两个维度比较旧城改造策略，并提出建议。

（2）博弈焦点

由于地方政府与资本联合进行的基于土地征收的再城市化，对土地使用者的权利造成剥夺，因此城市更新中的博弈行为主要体现在房屋征收与拆迁、土地再开发，博弈焦点在于利益分配。张杰利用新制度经济学中的交易理论，分析旧城更新拆迁中的利益博弈，指出我国的拆迁博弈结果不是双方获益而是一方利益受损的非合作博弈，利益受损的原因是"政府角色错位、补偿标准的不科学和拆迁过程的不合理"（张杰等，2008）。

也有学者从土地再开发机制（土地收购储备制度、土地交易制度）角度进行研究，认为在现行土地制度在旧城应用体现出明显的经济利益驱动与利益冲突（黄晓燕 等，2011）。郭湘闽对旧城更新中的土地再开发市场机制与土地发展权与进行思考。他提出谋求土地价值最大化的土地再开发市场运行机制，是导致旧城改造大拆大建的原因，旧城的历史文化资源具有公共物品属性，不应完全采用市场机制追求有形价值（郭湘闽，2006）。土地再开发机制在旧城体现的矛盾根源在于土地发展权概念的缺失。他敏锐指出旧城更新土地再开发中土地性质改变、开发强度提高、投入的增加都会产生利益增量，产生这种增量的权利被定义为土地发展权，而土地发展权和利益增量被少数利益集团获得，从而引发矛盾冲突（郭湘闽，2008）。

（3）博弈主体与博弈机制

利益主体的利益需求是博弈行为的出发点，政府、投资者、居民的利益需求来自经济发展和政绩、最大化收益、寻求拆迁补偿与居住条件改善等个人福利。博弈主体通过表达、协调、保障机制实现主体利益。在目前的城市更新博弈中，政府、市场、公众的地位并不平等，存在公权异化、市场膨胀、私权得不到保护的现象。在博弈中，政府和开发商多采用合法或使之合法的方式，民众则因为表达利益诉求渠道狭窄多采用非法方式，通过非正规的行动获得城市空间的建设权利。制度弊端导致的三方力量失衡加剧了旧城区和城中村的非正规空间特征，正规性规划在杜绝违规违法建设方面完全失效（陈煊，2009）。

城市更新的实施主体决定了利益主体格局，一般主要资本投入方与拆迁安置责任方为实施主体，利益博弈首先体现为占主导地位的利益主体与相关者的利益博弈。根据实施主体的不同，城市更新可以分为政府主导、市场主导、自主更新和混合主体更新。任绍斌对不同类型城市更新中的更新主体及其利益冲突进行研究，认为城市更新中的利益主体由政府、开发商、产权人（产权单位、产权个人、产权代理人）构成，政府与开发商在开发条件上博弈，体现为规则冲突；政府与产权人冲突焦点在全局利益与局部利益；产权人与开发商的博弈属于市场交易范畴（任绍斌，2011），政府往往代表公共利益与开发商、产权人进行博弈。另一种观点认为，政府与资本集团的结构性联盟、市民缺少作用方式、公共利益代表方的缺失导致城市空间再开发的非均衡博弈。非均衡博弈机制提高了效率和资本回报率，但其代价是居民利益与社区的可持续发展（陈浩，2011）。随着对居民利益、社会效益的关注度不断提高，城市更新尤其是历史街区更新的参与主体越发多元。根据主导方的不同，陈舒将历史街区更新模式分为六类，指出利益相关者的权重决定了更新的价值取向。

2. 思考政府角色定位——基于制度设计的政府管理模式调整

政府作为公共利益的代言人，许多研究探讨政府在城市更新中的角色作用，探索如何避免政府行政权力的无效或者滥用（陈磊，2010）。城市更新管理的核心问题是界定公共服务与企业行为的边界，政府的过度干预会扭曲市场化运作，而放任市场则会导致经济人行为不受约束，可能损害公共利益。城市更新一直是公平和效率的矛盾集中点，城市治理既要实现资源的有效利用又要兼顾分配的社会公平。现阶段的城市更新相关制度是在转型之前的体制上建立起来的，受原有"全能政府"的影响深远（陈映芳，2008）。研究认为城市更新中政府存在垄断土地供给获利、对市场行为缺乏控制、拆迁中过于追求效率忽视公平等问题（朱洪波，2006）。

学者对于政府角色的观点可以总结为有所为有所不为。强调划定政府行为边界的学者认为政府是市场的一部分，理性而自利，认为政府不是公共利益的唯一代表，而应该成为仲裁组织和监督组织，反对政府对土地再开发权的完全控制、更新决策的一元主导，提倡更多主体，尤其是居民、第三方组织参与城市更新。而有学者充分认识到政府行使公共干预的职责正是其存在与行动的合理性所在，关注政府角色的重新定位，研究探索在市场经济条件下，政府应该如何行使公共干预的职责，完善制度建构，在保障公共利益的前提下引导控制市场力量、业主积极参与更新。

（1）打破政府决策垄断，从完全控制走向多方参与

韩明清、张越探讨了面向城市有机更新的行政管理方法，强调其目标在于促进城市理性、低成本的经济增长（韩明清，2011）。谢国权认为，作为一种公共政策，我国的城市更新丧失了公共政策保护公共利益的核心价值，应通过扩大公众参与、建立问责制度、完善法律法规对政府行为予以监督和纠正（谢国权，2008）。姜杰从行政管理角度出发，认为我国城市更新诸多问题产生的根源在于强制性为主的管制型政府治理模式（姜杰 等，2005）。宋立燊指出我国城市更新存在信息不透明；政府成为"超级企业"、企业对于利益的过度追求；公众参与程度较弱等问题。杨开丽在分析我国城市更新机制的缺陷及其导致的问题基础上，从城市规划、程序、评价、监管体制方面提出相关的改进策略（杨开丽，2007）。卢源认为，我国旧城改造普遍体现为"一元决策"的规划模式，采用"自上而下"的操作程序，这种方式不足在于："价值取向标准单一且取决于上层；程序上决策简单化，将多元主体及其价值取向排除在外"（卢源，2005）。

从城市更新方式来看，在快速城市化背景下，对经济利益的追求使得地方政府偏爱大规模激进式更新。张杰指出，尽管大规模激进式更新存在诸多问题，小规模渐进式更新具有许多优点，在盈利与政绩的需求下地方政府无法摆脱对大规模更新的路径依赖，因此建议优化两种更新模式，提倡以社区为单位的更新，改变由政府或者政府与开发商单一驱动的方式（张杰 等，2009）。在市场经济背景下，我国旧城历史地段体现出动态化和多元化特征，完全依靠政府的保护机制已经无法适应新的变化。柳秋英指出，随着保护范围与规模的扩大，单纯的政府投入已经无法满足历史文化遗产保护的需要。她借助新制度经济学产权理论，认为政府并非代表公共利益的唯一主体（柳秋英，2008），应放权转变为监督者，探索在清晰界定产权的基础上，通过一系列市场调节手段，激励产权所有者投入历史文化遗产保护。

在制度与政府角色的研究中，有学者专注于决策研究。胡娟认为旧城更新中的规划决策过程往往受政策环境、制度、权力关系、信息等因素深刻影响，是利益主体博弈的结果（胡娟，2010）。田丽娜从公共管理角度对我国城市更新的决策机制进行研究，提出我国城市更新决策存在"决策主体单一、政府垄断；监督体系不完善；决策的相关制度与法律基础缺失等问题"（田丽娜，2009）。

（2）多方参与机制的建立

一是研究对于公私合作关系的讨论。城市更新是耗资巨大的系统工程，单靠政府力量无法完成，借助私营部门进行投资开发成为常用的手段。合作伙伴关系中的主体通常为政府、社区以及开发公司，他们在合作过程中共同承担责任与风险，目前政府与私人部门合作主要有组建半官方性质的开发公司、特许经营、政府与私人机构合作、政府与民间组织合作、私人机构与政府合约经营等方式（于立 等，2008）。董奇以伦敦城市更新发展过程中不同阶段的伙伴合作机制为例，阐述英国政府角色的不断转变——"提供福利的主导者、吸引与支持私人资本的合作者、多方利益与多种目标的

协调引导者"（董奇，2005）。张更立认为，西方城市更新从政府主导到市场主导，再到决策的自下而上，更加趋于民主、透明、各方权利平衡（张更立，2004）。于立针对我国城市更新还停留在政府与开发商合作阶段的现实，认为应该建立常设的专责结构负责城市更新的组织、协调、监督。一些研究借鉴西方理论与实践经验，对我国城市更新实践中的政府与私人部门进行研究，如增长联盟（Growth Coalition）、城市政体理论（Urban Regime）。严华鸣借用上海"新天地"项目进行研究，认为政府与开发商在该项目中形成了类似增长联盟的运作机制，但增长联盟中政府与私营部门强弱失衡、居民被排斥在外等问题（严华鸣，2012）。李楚婷从城市政体理论出发，认为改革开放以来广州市城市更新演变经历了维持型城市政体（20世纪80年代至2006年）、发展型城市政体（2007—2014）（李楚婷，2014），并倡导建立公众参与型城市政体。

二是学者对公众参与的探讨。在城市更新管理的研究中多倡导建立公众参与机制，为相关主体利益博弈提供平台，让公众参与决策、将公众纳入旧城更新的全过程（周安远，2009）。也有一些研究强调第三方组织的重要性，认为非政府组织（NGO）不仅仅是政府的合作伙伴和民间的维权力量，还能填补政府职能空缺（龙腾飞 等，2008）。民间组织、社区团体已经成为一些西方国家城市建设管理不可或缺的成员（洪文迁 等，2004），"这些机构工作的重点在于提供支持与协调，扩大政府与民间的合作"（程大林 等，2004）。然而长期以来我国民间组织作为第三部门的发育还不够成熟，并未能在旧城更新中发挥应有作用（郭湘闽 等，2007）。更为具体的，有学者倡导在旧城更新中建立第三方评估机制，监管利益主体、确保城市规划主导（姜杰 等，2009）。

公众参与在历史保护领域中的作用更加突出。沈海虹借助"集体选择"理论，借鉴西方国家遗产保护的成功经验，认为公众参与、公益组织、社区营造是自下而上的保护力量（沈海虹，2006）。张松从文化与政治的角度出发，提出市民社会应该是历史遗产保护的主体，在我国以市民为主体的保护运动还处于萌芽状态，没有形成巨大的推动力量（张松 等，2007）。汪丽君等分析了公众参与在美国历史遗产保护运动中的作用（汪丽君 等，2011）。覃莺强调公众参与历史遗产保护的基础是政府重视、民间组织与专家的参与、立法保障。

（3）加强政府对市场的引导与干预

一是从利益共享走向责任共担。由于旧城更新涉及多元主体利益、历史文化保护等议题，政府能够代表公共利益，具有利益再分配与社会服务职责，其主导或引导的角色是不可或缺的。刘昕从政府、市场、业主三方角色关系出发，认为充分市场化情况下的三方利益共享虽推动了城市更新活动，其负面作用也非常突出，体现为公共利益难落实、政府主导难以实施、市场主导零散开发、容积率补偿过度使用、社会公平问题层出不穷。基于此认为"城市更新应从利益共享走向责任共担，建议强化政府对城市更新的干涉引导力"（刘昕，2011）。针对深圳城市更新中实践中体现出的政府缺位，吕晓蓓从政策依据、宏观引导、空间范围整合、管理组织方面对城市更新中的政府作为提出建议（吕晓蓓 等，2008）。王桢桢以广州旧城更新为例，提出开发企业与政府作为单一改造主体，都会出现改造的外部性问题，建议在旧城改造中政府应构建利益共同体治理模式，使政府、开发商、和居民组成成本同担、利益共享的共同体，将改造成本内部化（王桢桢，2010）。

二是从公益出发干预建设活动。城市规划可以抽象为"政府干预城市建设活动的制度"。对于旧城改造城市规划管理的研究认为，"一方面要扫除旧城更新的推进障碍、减少交易成本；一方面需要维护公共利益、对于市场机制的外部性进行干预，维护公平公正的准则"。为了达到上述目标需要在城市规划角色、公共干预机制、具体技术手段方面进行调整。潘悦认为作为旧城改造的主要实施纲领，我国城市规划存在角色错位、规划理论与方法落后问题，借鉴合作规划理论中对城市规划本质是创造过程、搭建平台，而非政府"代言人"的认定（潘悦 等，2013）。

与欧美国家为解决内城衰退、提供社区援助的城市更新不同，我国现阶段的城市更新更大程度上是为了配合经济发展而提高土地的利用效率，促进土地循环使用。开发控制是城市规划的重要公共干预职能。魏良借鉴新制度经济学理论，认为我国城市规划公共干预不利的原因在于土地发展权界定模糊、公共干预的政府垄断，具体体现为"容积率突破、公共利益无法保障、公众参与权缺失等问题"（魏良，2011）。随着我国市场体制的不断完善，城市开发管理也需要调整政策、技术标准、程序以适应新的问题。在此方面，深圳市走在了前列。吕晓蓓在《对深圳市城市更新制度建设的几点思考》中，对深圳市城市更新规划体系的调整进行研究，"建议设立更新专职机构、对涉及公共利益的因素作出强制性规划控制要求、根据城市更新的特征对规划编制标准进行调整"（吕晓蓓 等，2009）。单皓从土地开发权角度对深圳城市更新中的开发控制进行研究，认为"我国城市规划只服务于具有土地开发支配权的政府、对非正规渠道的开发行为不作为"。《深圳市城市更新办法》扩大了开发主体的授权范围、为开发权定价，扩大了城市规划的服务主体与对象（单皓，2013）。刘昕详细介绍了"深圳城市更新年度计划"，认为年度计划的创新性在于强化城市总体发展需求的引导作用、将公共利益落实作为准入门槛（刘昕，2011）。

除了对于拆除重建类更新的开发控制，各种对历史地段与建筑的保护控制是典型的公共干预。有学者指出，历史地段规划管理模式存在滞后问题，无法体现多元化的利益需求；保护规划仅限于技术手段、缺乏社会与经济功能的考量。因此，需要建立与市场机制相适应的规划管理体系（郭湘闽，2008）。

1.3.3　总结

制度变迁视角是研究城市更新历程的传统途径。就其研究对象来说，对于城市更新政策、城市更新中的相关主体角色的研究较多。我国对于城市更新制度与参与主体已有研究，一种着眼于市场化催生多元利益主体，从城市更新相关利益主体博弈角度，提出产权是博弈基础、利益分配是博弈焦点、实施主体决定了利益格局；另一种视角强调城市更新活动中政府角色的重要性，探索如何避免政府行政权力的无效或滥用，提出政府应有所为有所不为，反对政府对土地再开发权的完全控制，同时应行使公共干预职责，引导市场、业主力量积极参与更新。

由于全球化进程，我国社会经济发展趋势与其他国家存在一定程度的相似性，因此一些源于国外的理论对研究我国的城市更新政策及相关介入主体研究具有借鉴意义。但我国的自身特征决定了借用国外理论观察本国现象，一定会发现不同的结论。国内的研究也是如此，尽管地方实践一定存在极大的相似性，但国内城市在经济发展水平、社会文化方面也具有很大程度的差异。因此，用已有的框架进行地方的实证研究，不仅能检验某种假设是否有普遍适用性，还能得出不同于已有研究的案例独特性。广州是我国一线城市，走在改革开放前沿，而制度变迁视角的广州城市更新研究仍然欠缺。本书希望透过对广州一座城市、一种复杂的集体行动的观察与分析，理解在转型背景下国家与地方选择了怎样的路径，当下的进程中体现出何种趋势，以及广州案例更多体现已有研究所体现出的共性，还是地方的独特个性。

1.4 市场经济背景下政策选择相关理论与观点

1.4.1 政府与市场的关系

现代国家的政府角色是什么？在新古典经济学框架里，政府是市场的对立面，这是市场经济制度的逻辑起点。然而现实世界的政府不仅为规范经济活动而制定、实施规则的"仲裁者"角色，多数情况下政府是经济活动的参与者，对于我国这样的转型国家而言，甚至是主要参与者。经济学家张维迎曾提出"政府是市场的一部分"，亲历我国城市建设的专家学者认为我国政府具有准企业化特征，从政府提供公共产品角度，甚至提出"政府就是企业"（赵燕菁，2009）。

1. 从私人利益与公共利益关系理解公权力

资本不需国家力量的介入也可以重塑城市环境，那么国家（政府）为何要干预市场、介入私人领域，这是首先需要探讨的。我国的公私关系相比其他国家更为复杂，导致对公权力的认知模糊。以产权界定来看，改革开放是一个重新界定私产和公权力的过程（周其仁，2008）。从公共与私人这两个基本概念出发，有助于脱离特定某国的社会政治制度背景，解释政府权力与角色。

公共利益是公权力的来源和基础，也是政府行动目的合理性的标准（马德普，2004）。公共利益是公民最基本的共同需求，但不是个人利益的集合，可能与私人利益存在矛盾；固然反映了社群的整体利益及长远利益，但也可能损害特定社会成员之利益（许国贤，2011）。公共利益与公共物品相同，具有开放性和非排他性，体现为社会共享（周义程，2007）。我国的公共利益（Public Interest）在"五四运动"后以"公益"

的说法出现，意指一般大众的福利或福祉❶。

相对于公共利益，私利指私人的利益，在我国的语境中具有道德判断性❷。私人与公共是相互依存的，在古汉语中"私"与财产所有相关，"公"具有均分的含义，"公共"的概念，源于群体对个人施加的影响力。

当私人利益与公共利益一致时，政府被定位于"守夜人"职能；而若公共利益在私人利益之上，政府则能够直接干预市场，因被赋予代表公共利益的职责而拥有无限权威；如果同时承认私人利益与公共利益某些情况下的不一致性及其正当性，那么限制私人权利与国家权力的需求就同时存在（表1-2）。公共利益的存在以及市场失灵现象❸是公共机构限制私人权利的合理性所在，但政府介入也会带来新的问题，如政府失灵❹的情况。

私人利益与公共利益理解的观点演进　　　　表 1-2

理论	古典自由主义	社会主义与社群主义	"理性自利"观点
对私人利益的看法	在自由竞争的市场环境中，追求自利是必要且合理的	出于资本积累的需求而产生的私人利益是没有意义的。个人隶属于社群，个人利益与社群利益需要达成一致	个体的理性行为一定是利己行为，承认追求私利在市场经济中的正当性
对公共利益的看法	公共利益由私人利益构成	公共利益高于私人利益	公共利益与个人利益分离但不矛盾
当两者冲突时的观点	关系到他人与社会的自由或行为，需要加以限制	将公共利益置于私人利益之上，要实现公益就必须压抑个人对私利的追求	调整公共利益与私人利益的矛盾，纠正损失公共利益或者牺牲私人利益的偏差
对两者关系的认知	个人利益如果能够被充分满足，公共利益也随之实现	公共利益与个人利益是一个整体，个人利益的获得依赖于公共利益的实现	在市场有效的情况下人们在追求利己的过程中也会包含利他行为
对政府的看法	政府只要提供自由竞争的环境。国家只需维持秩序与安全，以确保个人在追求利益时不受到外力侵害	由群体来集中分配财富以达成社会和经济的平等目的，应有强而有力的政府来制定公共利益政策	政府部门的介入在市场失灵的领域是有必要的，但是也会产生政府失灵的情况
政府对市场的干预	政府是市场自由竞争的"守夜人"，不应对市场进行过多干预	国家不仅是经济活动仲裁者而且是主要参与者，提倡政府主动干预市场	政府对市场的干预退回到规则制定、监管、执行；提供公共服务的主体从单一的政府主体扩展至自治管理机构

❶ 我国对于"公益"最早的大家用例见于鲁迅的文章。鲁迅《准风月谈·外国也有》："只有外国人说我们不问公益，只知自利，爱金钱，却还是没法辩解。"
❷ 《管子·禁藏》："民多私利者，其国贫。"《史记·日者列传》："事私利，枉主法，猎农民。"徐特立《致廖局新的信》："足下既不为私利，当然更能尽职。"
❸ 市场失灵用来描述非市场机构较有效率且创造财富的能力较私人选择为佳，以及市场力量无法满足公共利益的状况。
❹ 指政府为弥补市场失灵而对经济、社会生活进行干预的过程中，由于政府行为自身的局限性和其他客观因素的制约而产生的新的缺陷，进而无法使社会资源配置效率达到最佳的情景。

从公共、私人利益角度看，政府权力可以缩至很小也可无限放大，这取决于社会背景与意识形态，当今社会普遍选择折中方案，限定公共干预施用范围，防止公权或私权的膨胀（麻宝斌，2004）；政府职能对市场干预减少，提供公共服务的主体从单一的政府主体扩展至自治管理机构。上文对于国内外城市更新政策演变回顾可以发现城市治理方式的变化，在英国，政府将其权责部分授权给地方与民间（Cochrane，1993）；美国的政府角色被重塑，政府从直接提供者变为起到催化剂的作用；我国从中央集权的计划经济体制向以分权、放权为核心的市场经济体制转变，正是这种趋势的体现。

2. 政府行使公共权力干预市场的权力范围

主流国家治理理念的转变，并非国家权力的退缩，而是介入方式的转变。以城市更新为例，从政府的基本职责出发，其介入的领域范围非常有限；而现实情况则是，地方政府对于公共政策的调整、给予更新参与者激励，构建了公共与私人的共同利益，对于推动城市更新起到至关重要的作用。

首先，政府作为"守夜人"角色——维护公共利益与防止外部性。根据以上基于"公－私"关系的政府角色辨析可以得出，政府的基本职责在于维护公共利益与防止外部性产生。萨缪尔森在《经济学》中将"公共物品"定义为每个人的消费都不会导致其他人对其消费减少的商品，公共物品具有非竞争性和非排他性，增加一个消费者的边际成本为零，一旦提供给某些社会成员，就无法排斥其他成员的消费。"市场不能有效提供公共物品，经济活动会产生外部性"❶ 意味着市场不能解决所有问题，需要政府提供公共物品并维护公共利益。例如城市更新就是与公共利益密切相关，需要政府干预的领域。旧城的历史文化价值（显在的物质空间与隐性的文化），道路、绿地、市政设施等具有公共物品属性可被大众共享，超出单个产权地块范围、涉及公共设施建设与历史文化保护等公共利益时，需要公权力介入。

其次，政府也承担促进经济发展的角色，实现方式从直接干预间接推动。通过国家所有制建立国家经济、政府自上而下的直接提供服务，这种"凯恩斯国家"（福利国家）已经不是主流形态，但政府不再被看作仲裁人和裁判，而是资源的调动与协调者；虽然不能自己实现经济绩效，却可以通过政策诱导实现。政府依然需要通过间接干预推动公共与私人部门的合作实现增长与发展，尤其当城市间为吸引投资展开竞争成为普遍现象。以城市更新这一集体行动为例，追求增长与资源分散体现的极为突出，这使得政府必然要清除政治、市场力量的阻碍，一方面说服、联合社会，另一方面与资

---

❶ 经济外部性是经济主体的经济活动对他人和社会造成的影响不完全由该行为人承担。分为正外部性（Positive Externality）和负外部性（Negative Externality）。正外部性是某个经济行为个体的活动使他人或社会受益，而受益者无须花费代价。经济活动的负外部性（Externalities）是市场机制的故障，是指个人或企业的行为直接地影响了他人而又不需要为此影响付出代价或给予补偿的情况。当有害外部性存在时市场配置是无效的。个人或企业对历史文物的处理不当、旧城改造的负面效应都可以算是经济活动的外部性。

本合作，在相关利益主体之间搭建"桥梁"（戴维斯，2013）。尽管追求经济发展的需求相对挤压了政府承担资源的再分配、保障公众参与等民主活动的政策空间，但政府财政提供社会福利、救济也是政府的主要职责之一，这些行为体现了政府区别于市场主体的存在合理性。施行社会再分配政策、控制与限制增长是政府作为公共部门在促进经济发展之外的角色需求。

3. 我国城市更新中政府与市场的关系

与基于公权力介入合理性的政府角色定位不同，现实中政府"应然非必然"代表公共利益。按照公共选择理论（Public Choice Theory）的观点，政府也是"理性经济人"，也会追求自身利益最大化。该理论推翻了政府行为基于公共利益的假设，认为政府由"理性经济人"官员组成，政治行动者与市场中的"经济人"没有本质区别，具有追求自身利益的动机，并非公共利益的先天维护者（Buchanan et al.，1984）。

地方政府行为的企业化倾向，已经成为全球趋势，在发展地方经济的强烈冲动下政府角色更多体现为追求经济增长的企业（张京祥 等，2006；易晓峰，2013），而不是资源再分配政策的施行者（何艳玲 等，2014），这是城市间竞争日趋激烈的普遍现象。市场化、分权化的制度转型促使我国政府具有强烈的发展动机，地方政府成为城市更新的主要推动力量，已经成为学者研究的共识（殷洁 等，2006）。

社会对公、私部门的要求不同，两者的资源也不同。我国政府构成本身就具有复杂性，国有资产与国企的存在、隶属于政府部门的社会组织，使得政府成为集合国家、社会、市场三种力量，横跨公私部门（图1-6）。过去的计划经济体制以及渐进式市场化改革，使得政府既有公权力又有垄断性资源，在市场的平台上更容易完成资本与权力的合体（孙立平，2006）。正是这种超出一般市场经济国家的资源拥有与权力集中，使得我国地方政府又是特殊的企业化形式。

图 1-6 政府构成及其相关企事业单位

公共部门的合法性在我国由绩效达成，其中经济绩效是主要指标（杨宏星 等，2013）。地方政府追求土地租金增长以维持财政支出的土地财政是达成经济绩效的重要途径（李鹏，2013）。土地财政由税收性收入与资产性收入（称财产性收入）构成❶，土地资产性收入（土地出让金、土地融资）是典型的私人部门资源与利益。政府的许

---

❶ 土地直接税收包括耕地占用税、土地使用税、土地增值税、房产税等。

多发展意图，例如提升城市形象、改善基础设施与服务水平、调整产业结构，与吸引投资、增加土地财政收入体现出相互促进的关系。

我国地方政府对城市更新的诉求源自公共部门与私人部门的双重属性，城市更新活动结合了政府对于经济利益与政治利益的双重需求（表1-3），不但可以依赖市场投入提高居民福利，也可以通过城市更新寻求土地财政收入、城市形象提升、发展高附加值产业。

我国政府对于城市更新的诉求与项目性质 表 1-3

	经济利益（作为私人部门） ←————————→ 政治利益（作为公共部门）				
政府诉求	土地出让金	为投资创造条件	发展高附加值产业	面子工程	提供福利
项目性质	普通房地产开发	政府主导的重大项目	文化创意产业园	城市形象工程	民生工程

1.4.2 公共政策选择

1. 城市政体（机制）理论

（1）达成目标的权力而非控制的权力

城市更新是如何形成的可以看作一个关乎权力的政治问题，若非处于权力系统之内，对于权力运作过程充分了解，则很难解答。但是如果把公共政策的形成看作一个多种力量共同作用的机制，权力施行并非为了控制社会，而是提供途径达成目标的能力，那么就能有效解释政策为了达到什么目的，由怎样的共同体联盟，利用什么样的资源塑造，这正是源于美国的政体（机制）理论想要说明的[1]，即政策是社会"生产"出来的，而非权力掌控者强加的。政体理论意识到在经济和社会挑战下，"政府制定政策的能力与市场经济创造财富的能力、政府与非政府力量是相互依存的"，简单而言城市政体概念就是描述"城市公共部门与私营部门正式与非正式的合作模式"（贾奇，2009），"政体克服了集体行动的问题，保障参与主体都能从中获益"。

（2）城市政策受政治经济影响，地方政府追求发展

政体理论认为，城市政治权利既非多元主义者认为的流动与开放，也非精英主导，而是受政治和经济的影响（戴维斯，2013）。因为城市间为争取投资而展开竞争、国家分权与政府职能转变、金融约束的增多已经成为发展的全球趋势。城市想要存活，就必须吸引具有流动性的企业、居民、投资，在这种环境下城市政策必然追求经济发展，经济限制（经济与财政结构）很大程度上决定了城市公共政策与地方政治模式。政体理论很好地解释了为何地方政府追求经济发展而忽视其本应承担的再分配职责，偏向于弱化社会政策、促进商业发展、提高消费水平（Peterson，1981）。因为这一倾向背

---

[1] 该理论源于美国，20世纪80年代成为城市政治研究的前沿，"Regime"在国内翻译为"机制"或"政体"。

后的逻辑是"整个城市都能从发展获益",满足了公共部门与私人部门的共同诉求——经济发展带来公民财产增值巩固了个人权利,同时也实现了社会共同体的目标(Elkin,1987)。由于经济发展符合市民利益与资本利益,作为公共服务的提供者,政府必然制定驱动城市增长的政策。

（3）政体的形成以及对公共政策的影响

政体可以定义为"一个能够得到制度性资源的团体,在政府决策中非正式却相对稳定地发挥作用"。"政府为达成一定范围内的政策目标,会与那些掌握资源的集团进行合作"(贾奇,2009),合作联盟的参与者通常能够对共同目标作出贡献,拥有关键知识与行动能力,或者控制资源。美国的政体通常包括两个主要参与者,官员和商业界,权钱联盟成为自然选择(周恺 等,2007)。此外还有居民、社区、民间团体;拥有知识与经济地位的群体,这些可视为政商联盟之外的社会力。政体的构建是为了在特定政府项目领域取得成功,公众是否同意并知晓决策行动并不重要,虽然政体有排除某些利益方参与决策的基因,但终究无法脱离民主政治环境,认可公众参与并回应公众的反对。

政体理论认为公共政策由三个因素决定,"共同体联盟的组成、联盟中的成员关系、成员带给联盟的资源"(Stone,1993)。该理论所指的联盟是一个长期的合作模式,而不是暂时的联合,这是区别于增长联盟（或增长机器）理论(Harvey et al.,1976)的。政体理论是描述权力的城市政治学理论中,适合解释公共政策的有力工具。

（4）政体理论在我国的适应性

尽管政体理论源于地方政府高度分权的背景,基于民选政府与市场经济的权力划分,但国家与社会发展趋势决定政体理论可以推广应用——"国家作为权威控制机构不再被看作仲裁人和裁判,政府成为资源的调动与协调者(Stone,1986);政府官员无法通过命令实现经济绩效,只能对资源掌控者进行诱导"(Elkin,1987)。改革开放之后我国开始支持私有化、市场机制、公共与私人部门的合作,政体理论的两个基本假设,"城市追求增长""城市利益群体的多元性",符合向市场经济转型中的我国国情。我国与美国类似,地方政府严重依赖自有财政,城市对资本流动非常敏感,这为政体理论的应用创造了条件。

西方的政体理论不完全适合我国情景。首先,斯通的权力概念强调政体中的参与者运用资源的能力,可以理解为行为力而非压倒性的控制权,而中国强大的政府具有直接的控制力(Zhang,2002)。其次,正如上文所提到的,我国政府兼具公共部门与私人部门双重属性,其本身接近于企业。在我国城市政体的模式是以政府为核心的,政体对于这种形式的权力描述为系统权力与指挥权力,"引导共同体对社会变化作出政策回应,改变社会合作条件"(Stone,1988),为了致力于共同目标,政体内促成合作的主要方式是提供选择性的激励机制。

2. 政体理论在城市更新研究中的应用

由于政体理论致力于解释政府行为与社会政治决策,案例研究尺度多在城市层面,关注地方政府、企业、社会组织三方利益的视角对于研究作为集体行动的城市更新具有借鉴意义。

（1）以政府为核心的政体结构

改革开放后进行的所有制改革使得我国的财产所有制从单一的公有制发展为混合所有制 ❶，在原有公有制企业之外，非公有企业数量迅速增长。此外，随着大中型企业体制改革，原公有制经济中的企业拥有了经营自主权。地方政府可以从非公有部门，以及拥有经营自主权的国有企业中寻求发展伙伴。改革开放后发展经济成为地方政府的主要目标，政府利用行政权力与垄断资源（如城市规划编制与管理、土地征收与供给）为开发实施主体提供便利，以土地换资本谋求经济增长，与开发商形成政商联盟成为普遍现象。

社会力量本是政体模型中的重要组成（叶林，2013），社会力（社区力）在我国是否存在并具有多大程度的话语权决定了该理论的适用性。从已有实践来看，社会力在城市更新中以价值观念、原产权主体的权利体现，两者对增长联盟的形成起到推动或制约。在广东省的"三旧"改造，尤其是旧村改造中，掌握集体用地的村集体组织开始体现"社区力"推动改造（袁奇峰 等，2015）。

市场化进程中，从广州已有的城市更新活动来看，政府、开发实施主体、原产权所有者能否结成增长联盟决定了更新计划能否顺利实施。政府通常是联盟的发起者，通过支出公共财政与提供政策促成联盟的形成，实现资本与土地的合体（图1-7）——与开发商合作引入市场资金；以增加原产权主体收益分成的方式降低土地获取难度。政府与开发实施主体的合作体现了更新运作方式；与社会力量的合作以提出更新理念（强调对城市整体发展有利）、放弃部分土地出让收益（给予原产权主体利益）、提供公共财政补贴非营利性项目达成。

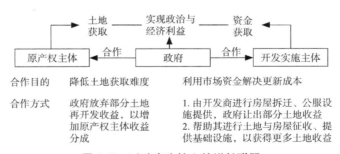

图1-7 以政府为核心的增长联盟

（2）可行性选择的构成决定公共政策变化

政体研究关注导致政体变化与延续的动因，认识到外生条件变化的影响，认可社

---

❶ 既有国有、集体等公有制经济，也有个体、私营、外资等非公有制经济，还包括拥有国有和集体成分的合资、合作经济。

会政治、经济环境决定了政府联盟的可能性选择。地方政体的能力很大程度上取决于非地方的权力和资源，外部力量限制或鼓励地方政体，例如中央政府权力、政策观念、区域竞争、市场环境。中央政府的行动可能对地方造成限制，也可能提供新的资源，使地方逃脱依赖束缚；特定时间阶段的主导性政策观念，极大程度影响阶段性的政策制定（Jones et al.，1993）。

政体理论对公共政策变化的解释也适用于我国。现实中的政府虽拥有垄断性的权力与资源，但面对多元分散的利益主体，单靠其自身无力也无法进行市场活动、实施发展意图。此外，地方政府处于国家权力系统与市场经济背景中，受到来自中央权力、金融、竞争、市场的各种约束，必须利用其本身具有的以及政府之外的资源创造发展条件。政府通过财政资金的使用、制定地方制度（法规、政策）的权力，建立激励机制；以公共部门的角色提出议程与目标，这一过程既构建了利益共同体联盟，也完成了城市公共政策的选择。

3. 增长联盟与反增长联盟

比政体理论出现更早的增长联盟（或增长机器）理论（Harvey，1976）从精英理论范式探讨权力，同属美国主导的城市政治经济学，增长联盟（Growth Coalition）理论强调企业家、"食利者"（获取租金收益的群体）在城市发展中的作用，两者是增长联盟的主要成员（Longan et al.，1987）。由于增长联盟揭示了开发行为的推动机制，因此被广泛运用于城市更新研究。

虽然增长联盟建立在获得直接分配收益，而非长久的合作关系，这一点不同于政体理论，但两者具备关联并互相印证。Stone 提出四种城市政体类型（图1-8），其中发展型政体、中产阶级改革型政体，可以理解为分别对应增长联盟与反增长联盟。至今我国的城市更新中主要体现的是发展型政体（增长联盟），某些特殊案例则具有改革型政体（反增长联盟）的特征。在增长联盟理论中，受益于土地价值增长的群体（土地所有者、开发商、金融机构、政府）追求土地与空间的交换价值易结成增长联盟，而社区居民重视土地使用价值，主要诉求在于环境品质与生活质量，不同价值的追求常会使双方形成对立（Logan et al.，2007）。反增长联盟在西方国家广泛存在，其目的是环境保护与社区利益，参与者主要由热衷社会活动的青年及专业人士构成（陈浩 等，2015）（图1-9）。

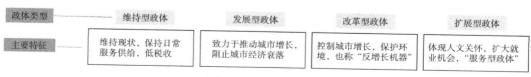

图1-8 四种政体类型

来源：姜紫莹，张翔，徐建刚.改革开放以来我国城市旧城改造的进化序列与相关探讨——基于城市政体动态演进的视角 [J]. 现代城市研究，2014（4）：80-86.

主要出发点	联盟构成	作用方式	规模与效力
反对增长项目对环境的破坏、威胁社区利益	热衷社会活动的青年、中产阶级专业人士	通过正式形成影响政府决策，如影响地方政府的区划（Zoning）的制定	小范围、碎片化的地方性活动

图 1-9　西方反增长联盟的特征

来源：陈浩，张京祥，林存松.城市空间开发中的"反增长政治"研究——基于南京"老城南事件"的实证 [J]. 城市规划，2015（4）：19-26.

1.5　研究方法与内容框架

1.5.1　社会科学质性研究方法

研究设计需要采用合适的方法解答研究问题，本书需要大量细节且深入的信息，因此适合采用质性研究方法。在研究中关注的是与城市更新政策的形成与变化动因、项目的运作模式（实施目的、资金来源、实施主体）、典型案例中政府、开发实施主体、原产权所有者的资源与行动，这些可以通过收集文献资料、半结构式访谈获得。

质性研究需要根据分析议题，寻找具有时间、空间、社会特征适宜性的研究案例。北京、上海、广州等大都市都是分析改革开放后城市更新历程的典型案例，首先高层级的城市是独立的管理单元，具有地方立法权；其次这些城市是区域经济中心，吸引更多资本投资，在规模、速度上加速城市更新。广州作为我国的一线城市，不但可以体现市场化过程中发达地区城市发展的共性，同时具有鲜明的自身特征，如变革先驱、民间力量较强、发展与保护矛盾突出，具有研究价值。

1. 案例选择

（1）选择广州的原因

广州自近代以来一直是中国城市变革的先驱，在改革开放进程中依然如此。广东省由于远离政治中心、历史上具有商贸传统，在改革开放中成为先驱角色，为中国其他城市提供效仿的经验。同时广州作为传统区域中心，集中了大量国有企业、国有经济，相比在市场化进程中成长起来的珠三角其他地区，受计划经济影响较大，因此其转型过程也更具有研究价值。

广州商贸传统使得个人、集体的发展与维权意识强，尤其是媒体产业发达、重视民生议题。相对而言，广州城市建设体现出"弱政府""强社会"的态势，政府较少提出完整的城市更新政策，也极少发起政府主导的成片更新改造行动；在个案的利益博弈中，政府较少使用强制性手段、谈判和妥协是对待相关利益主体的常见方式。

广州是拥有千年历史的古城，全国第一批历史文化名城。经历了改革开放后的大规模更新，旧城街巷肌理与空间布局尚存，一些历史文化街区完整保存了晚清、民国时期的景观风貌。因此历史保护、景观风貌控制问题成为旧城更新的首要考虑因素和最大障碍。

（2）时间选择

广州大规模旧城更新始于 1988 年土地可以有偿出让以后，土地制度变革通过赋权调动了政府与企业的积极性，是撬动旧城更新的最初动力。开发商以资金投入换取土地的开发权，并从中获益；政府通过垄断一级供应市场获得直接受益，或者将旧城改造的前期成本转嫁给开发商，获得税收、土地价格上涨的间接收益。土地进入市场以及 1998 年的住房商品化改革解决了一直阻碍更新的资金问题，使得社会需求通过市场交易成为推动旧城更新的动力。

2. 数据收集

本书通过观察、访谈、官方数据与历史文献，搜集资料与数据。为了能够充分体现每个阶段的城市更新政策及运行机制特征，样本案例选择具有典型性。

（1）访谈与观察

本书主要的访谈对象是城市更新项目的主要决策与参与者（如政府官员、公务员、开发商、居民、规划师、学者、记者与 NGO 组织成员），以获得城市更新政策特征与变化、更新项目运作模式、相关主体对于该项目的态度等信息。对于本书中出现的典型案例，采用实地调查的方式收集资料，通过非参与式观察或参与式观察、结构化的深入访谈，了解项目背景与基本信息、实施进程、相关利益主体的态度，以获得政策变化原因与目标、城市更新项目的成本与收益、利益主体间协商过程、如何平衡不同社会群体的诉求、利益群体间关系等信息。

（2）文献资料

本书采用的文献资料包括政府文件、规划文本、开发商文件、新闻、研究报告与论文，运用文献资料建立研究背景、发现研究问题、形成分析基础。主要资料包括相关统计年鉴，如《广州市统计年鉴》《广州市志》《广州市年鉴》《广州房地产志》《广州房地产年鉴》《广州建设年鉴》等；法律法规与政策文件；规划文本，本书收集的规划文本资料主要是广州市整体性的规划指引、典型案例的法定规划。针对广州市的总体指引类，其中有些规划具有法律效力，如广州市改革开放以来历年总规，《广州市历史文化名城保护规划》《广州市旧城更新规划纲要》《广州市"三旧"改造规划纲要》及旧城、旧厂、旧村专项规划指引。除此之外，每个阶段具有典型价值的城市更新项目规划文本，其中大部分是已通过规委会批准，具有法律效力的控制性详细规划、修建性详细规划；此外，从新闻报道中获取过去以及最新的政策与实施状况、执政者与项目决策者的正式意见表达；还有政府官方建设管理记录，如广州市规划局颁布的规划许可、广州市国土房管局出具的土地使用许可与拆迁公告、房屋权属等；地形图与历史地图，用以分析典型案例的特征、实施进程与效果。

1.5.2　内容框架

从研究目标出发，研究内容主要分为 4 个部分（图 1-10）。绪论部分由国内外城市更新历程提炼影响政策变化的主要因素，为广州的实证研究提供结构框架，提出借鉴政治经济学相关理论、社会科学质性研究方法作为理论与方法支撑；第 2 章至第 5 章依据城市主要领导人任期、对城市建设产生决定性作用的外部事件将广州城市更新历程分为 4 个阶段，对给个阶段城市更新政策形成、实施、阶段性特征进行总结；第 6 章选取两个不同时期政府发起的典型代表性案例，深入观察介入其中的相关利益关系的合作与冲突；第 7 章从权力运行视角分析政府如何根据内外发展条件变化，通过可利用的资源制定城市更新政策，并以土地产权所有者身份介入实施；最后对新的城市更新操作机制下，政府干预的方式方法提出发展建议。

1. 政策阶段划分及其形成、实施、特征

1987 年中国共产党第十三次全国代表大会就提出，"城市政府主要职能是规划、建设和管理城市，城市规划与建设由市长负责"（仇保兴，2004）。因此，本书根据主要领导人任期、城市建设产生决定性作用的外部事件，将历程回顾的不同阶段划分为四个时期：市场化初期市场导向的快速推进、城市整体发展战略之下的调整、亚运会驱动下政府主导引入社会资金、后亚运时代制度化的公私合作阶段。

首先是影响更新政策的因素。通过以上对国内外城市更新历程回顾可以发现，经济发展背景、政府治理方式、社会与住房状况变化是推动城市更新政策变化的共同动力。根据我国与广州的实际情况以及研究重点，采用"发展条件变化与城市建设策略"的叙述逻辑，即在发展条件变化下，城市建设策略显示了地方政府的应对与诉求，并直接影响城市更新政策。

对于城市更新有直接影响的发展条件包括中央宏观经济政策、上层制度变革、城市间竞争、国内主流发展理念、市场环境，这些因素决定了阶段性的发展目标，为达成这一目标政府对城市建设策略进行调整，包含城市发展主题、资金筹措与土地供给方式的城市建设策略对于城市更新政策具有决定性作用。

其次是更新政策的提出。在一系列因素影响下，城市更新政策最终以阶段性的目标诉求、实现方式体现，是政府利用财政与制度资源促成合作联盟的过程。具体方式包括提出引领更新行动的理念（共同目标的提出），每个阶段的目标设定都是对发展条件变化的应对，受阶段性发展理念的影响；建立激励机制——提供财政支持、担当实施主体（官僚组织内部动员、组建代其行动的市场主体）、赋权给相关参与主体、选定重点项目保障开发收益并促成拆迁。

最后是更新政策的实施和阶段特征总结。各个阶段实施的代表性项目及其模式、各类项目的实施数量与进程，体现了更新政策的实施情况。政府为推动城市更新而制定的政策在实施中得到检验，其意图或遭遇抵制、或顺利完成但无法达到预期目标。实施的更新项目按照更新对象分类包括基础设施建设、危破房（旧城）改造、工业企业改造、景观环境整治、城中村改造等；按照政府在实施中的作用分为政府主导、政府支持下开发商与企业或村集体合作、政府与开发商合作等。

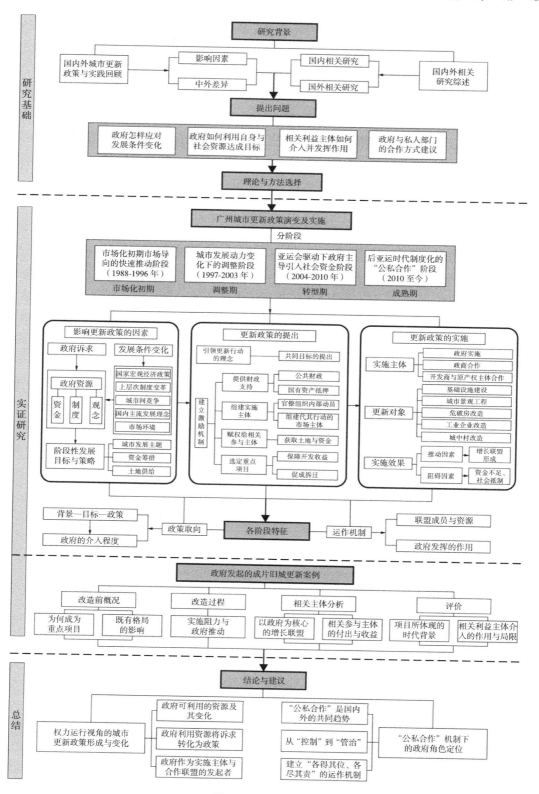

图 1-10　本章框架

阶段特征总结从城市更新政策取向（背景、目标）、运作机制（合作联盟成员、资源、达成目标方式）、政策实施结果及影响三方面进行阶段性总结。

2. 政府主导的典型案例

本书选择不同时期两个由政府主导的典型案例，用质性研究方法进行深入研究，采用项目发起、实施过程、相关主体作用的叙述框架，阐释更新改造发起的条件；各利益相关主体拥有什么样的资源（资金、权力），以什么样的角色参与其中，付出的成本与获得的收益，项目过程中多方利益主体的联合与冲突；最后从案例性质、能够实施的原因、案例的意义及缺憾、相关主体介入的作用及局限对典型案例进行评价与对比。

3. 权力运行视角的城市更新政策形成与变化

这一章节对广州政府如何将资源变为有效行动力推动城市更新进行归纳总结。政府可利用的稳定资源——相关法规制度、公共财政与市场资金、政策观念，受什么力量支配、有过怎样的变化，对更新政策产生了哪些影响；政府根据内外发展条件变化，如何利用资源将诉求转化为政策；政府作为更新实施主体，受其属性及组织机制影响，实施城市更新的优势、限制，行为特征；政府作为合作联盟的发起者，基于产权与相关利益主体的合作方式、已有公私合作的特征。

4. 城市更新政策走向公私合作

伴随市场化过程产生的国家、社会、市场变化给城市更新带来新的挑战，城市更新政策需要适应市场化带来的社会各方角色转变。在公私合作已经成为城市更新主要方式的情况下，有必要重新探讨政府对市场、社会的干预方式。本书提出顺应社会发展趋势，完成从控制到管治的治理方式转变，用激励的方式传达目标、利用政府之外的组织与资源。政府角色调整的最终目的，是在城市更新中让政府、开发商、社区、社会团体各得其位、各尽其责，实现权利共享与责任共担。

第2章 变革初期市场导向的快速推动阶段
（1988—1996 年）

2.1 影响更新政策的因素

2.1.1 发展条件变化

1. 制度变革给予城市建设动力

20 世纪 80 年代末、1990 年代初，我国启动了一系列自上而下的制度变革，这些变革以引入市场因素和分权为核心，激发地方政府投入城市建设的主动性同时，解决了旧城更新的资金问题。

（1）分权改革使得地方政府具有介入城市建设的条件和动力

1978 年十一届三中全会后，中央政府开始经济管理与财政的分权改革，财政的支配由过去的经济主管部门转至地方，地方政府有了自主的经济管理权，投资权限越来越大，成为地区经济发展主体❶。地方政府变成了一个"公司"，展开了地区间发展经济的竞争（张维迎，2013）。在 1992 年十四大确定建立市场经济体制背景下，1994 年的分税制改革，以制度化形式划分了中央与地方的事权与财权，中央政府获得大部分税收，地方政府具有相对自主的经济决策权，同时也承担了更多社会服务责任。地方政府作为经济发展主体需要大量资金，在税收与中央分享的情况下必然寻找新的财政资源。市场化改革为地方政府解决财政压力提供了新的途径，招商引资模式成为可供选择的新方式，而招商引资依靠地方政府的公共投入以改善当地的投资环境。在资金不足的情况下，利用土地资源融资支持公共投入成为普遍现象。

改革开放之前，地方政府在城市发展决策方面权力有限。在中央与地方的分权之后，地区间竞争的诱导下，20 世纪 90 年代地方管理权由市进一步下放至区、镇。分权化改革之后更多财政和土地管理权力下放至低层级政府，城市和区政府成为塑造城市景观的主体。

---

❶ 1978 年改革开放以后到 1994 年前，我国告别了计划经济体下高度集中的管理体制，启动以分权为核心的改革，将更多决策权下放至地方政府和生产单位。简政放权是以财政体制改革为主的变革，由财政包干代替统支统收。在政企合一的背景下，财权与企业管理权同时下放，地方政府成为地方利益的代表，谋求地区经济发展的动力增强。

（2）土地有偿使用为旧城更新提供资金

1988 年以后，随着宪法修正案、土地管理法修正案的颁布，土地使用权可出让、转让、抵押进入市场领域。土地恢复市场价值后，房地产企业在盈利的驱使下优化了土地利用、土地资源得到有效配置。"土地使用权出让增加了政府收入，扩大了城市维护和建设的资金来源，其本质是未来地租流量的现值"（张军，2013），类似于西方发达国家的房产税与物业税。土地出让金利于城市快速建设期，在资金不足状况下支付大量的公共投入。

在改革开放之初，住房与设施建设是城市更新的两大主要目标，资金不足一直是政府发起更新的最大障碍。土地有偿使用、土地市场的建立解决了旧城改造的资金问题，使大规模重建式开发成为可能。政府可以将更新成本和公共物品提供的责任转嫁给开发企业以减少财政投入。随着土地可以有偿出让、企业介入城市更新，地产导向的城市更新开始启动。

（3）所有制与企业改革中产生独立市场主体

伴随着市场化改革，各种独立法人的市场实体成为城市建设的主体，承担决策、投资、运营的角色（戴逢 等，1999）。在房地产领域，国务院提出建立城市综合开发公司综合开发城市土地、房屋❶。最初的房地产开发公司从计划经济时期的政府部门中独立，成为全民所有制开发公司。1985—1988 年广州市区开发公司从 34 个增加到 84 个，均是市属、中央、省属单位（广州市房地产管理局修志办公室，1990），政府部门下属公司占到总数的 70%（表 2-1）。这些企业具有半公共部门性质，在改革开放初期的城市建设与旧城改造中发挥了重要作用❷。

	1988 年广州各系统开发公司所属主管方构成表				表 2-1
主管方	市级部门	区级政府部门	市、区属企业	中央、省属政府	中央、省属企业
开发公司	21	21	13	16	13
占总数百分比	25%	25%	15%	19%	15%

来源：广州市房地产管理局修志办公室．广州房地产志 [M]．广州：广东科技出版社，1990：95

随着市场化进程的深入，国有企业逐渐实行政企分离，具有了私人部门特征。与此同时，20 世纪 90 年代初政府部门之外的私有经济从零起步，最初私营企业以外资为主，1991 年广州外商投资的房地产企业仅有 42 家，1992 年猛增至 198 家。随着土地市场的建立，合资、本土私营房地产企业迅速成长，其中一些企业正是借助旧城改造（尤其是旧工厂改造）起步，后来成为广州房地产行业的领跑者。20 世纪 90 年代

---

❶ 1984 年国务院颁布了《关于改革建筑业和基本建设管理体制的若干问题的暂行规定》。
❷ 例如，实施新城区综合开发和旧区改造的市城市建设开发总公司，1983 年由市住宅建设办公室改组而成，1987 年联合 19 个企业成立开发集团，隶属市城乡建设委员会。

末广州市房地产企业的前十强基本是在 20 世纪 90 年代初成立的，其中只有两家国有企业，其他均为私营企业，其中外资企业均为港资（表 2-2）。

1998—1999 年度广州市房地产开发综合实力 10 强企业名单　　　　表 2-2

排名	公司名称	创立时间	创立之初公司性质	总部所在地
1	广州市城市建设开发集团有限公司	1983 年	国有	广州
2	碧桂园物业发展有限公司	1992 年	私营	顺德
3	广州天力房地产开发公司（富力地产前身）	1993 年	私营	广州
4	广州合生科技园房地产有限公司	—	—	—
5	广州市番禺祈福新村房地产有限公司	1991 年	外资	广州
6	侨鑫集团有限公司	1989 年	外资	广州
7	广州市恒大房地产开发有限公司	1996 年	私营	广州
8	广东珠江投资公司	1993 年	私营	广州
9	广州市番禺粤海房地产有限公司	1991 年	外资	广州
10	广州保利房地产开发公司	1992 年	国有	广州

来源：广州市地方志编纂委员会 . 广州市志（1991—2000）（卷三）[M]. 广州：广州出版社，2010：376

2. 国内主流理念支持旧城改造

受计划经济时代生产性城市战略发展方针的影响，我国普遍存在人口与服务功能集中在历史城区、基础设施建设"欠账"的现象。以广州为例，1949—1978 年城市增长的区域主要由工厂、单位、公房住宅区构成，1949 年建成区范围仍然承担居住生活配套、教育科研、行政办公职能，而相应的住宅建设资金投入不足，以利用旧城区为主（陈锦棠，2014）。改革开放之后的 20 世纪 80—90 年代，国家发展政策是控制大城市，发展卫星城、小城镇。城市土地供给有限，增量土地开发受到土地发展方针限制。1984 年国务院颁布的《城市规划条例》中没有城市规划实施部分，却有旧城改建专章。可见旧城改造是当时城市普遍面对的任务（叶浩军，2014）。

20 世纪 80 年代广州采取新区建设与旧城改建相结合的城市发展策略，建设新区取得初步成果，街区整体改造却因缺乏资金难以实施。新区建设能够疏散旧城人口，但无法改变旧城面貌。广州旧城中心区饱受诟病，被形容为"内城危机"（李萍萍，2002）。20 世纪 90 年代初，国内大多数城市面临跟广州类似的问题，在建设新区还是改造旧城的选择上，支持旧城改造是普遍理念，认为"随着经济发展，老城市改造应进入日程"（邹家华，1991），"在大城市和有条件的城市，各级政府要利用级差地租推动旧城改造"❶。即使不考虑经济利益与运营城市的需要，拆旧建新是城市现代化的标志，也是改善人居环境的途径。这一背景下旧城改造被认为是市场经济条件下城市规

---

❶　建设部副部长谭庆琏 1992 年 3 月到广州考察中的讲话。

划工作的首要任务，旧城改造进度是关乎城市发展的重要问题。制度变革与随之而来的房地产开发热给旧城改造带来契机，在吸引投资发展经济的总体战略驱动下，旧城开始了大规模的圈地运动。

3. 国家宏观经济政策与区域竞争

1988—1995年国家宏观经济政策大幅波动，市场化改革先于其他地区的广州受到更为强烈的波及。1978年至20世纪80年代末的改革开放初期，国家给予广东、福建两地各种优惠政策，试点改革开放，这一阶段广州在城市建设相关制度、政策建设方面均处于全国前列，实践中新区开发与住宅区建设也取得了初步成果，但由于上层制度变革设计还处于摸索阶段，缺乏资金仍然是城市建设的最大障碍。经过1988年的治理整顿，1989年广州经济增速与投资都降至改革开放来的低谷，1990年财政收入负增长。20世纪90年代初期广州经济发展落后于经济活力更强、市场更为开放的珠三角其他县市，在珠三角经济的比重由原来的1/2降至1/4，1992年人均收入水平低于珠海、佛山、深圳，降至第四。随着市场经济确立、各项制度变革全面开展，广州失去了先行先试的发展优势，面临沿海城市、珠三角其他县市的竞争压力。受邓小平"南方谈话"的激励，在经济发展落后于周边的局面下，广州向珠三角迅速发展的地区学习，加快吸引外部投资（戴逢，1992）。投资的增多加速了城市建设，但这一轮投资热潮来自政策利好的激励，国内市场经济从零起步还处于初步积累阶段，真正的投资多为港资，1993年国家针对经济过热的调控开始，使得市场由热转冷（图2-1），刚进入"快车道"的广州城市建设又不得不面对资金不足的瓶颈。

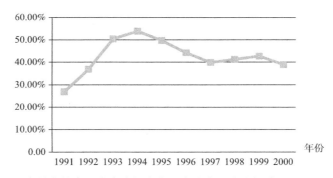

图2-1 广州全社会固定资产投资占国内生产总值比例（1991—2000年）

来源：广州统计年鉴

4. 房地产热的形成与破灭

改革开放初期广州面临的问题是旧城建筑老化、建筑密度大、人口密度高❶、生活

---

❶ 据1984年获批的《广州市城市总体规划（1981—2000年）》统计，广州民居1949年以后建设的数量只占据总数的13.85%，一半以上房龄超过40年。在广州市54.4km²的旧城区内（越秀、荔湾、东山、海珠四个行政区），人口密度高达3.4万人/km²，排全国第二位，街坊建筑密度76%。

设施落后（据 1985 年数据，旧城区厨房独用仅占 64%，厕所独用的占 41%，自来水独用的占 67%），市区人均居住面积 1980 年只有 3.97m²（广州市地方志编纂委员会，1996）。住房问题很大程度上源于长期的资金投入不足。中华人民共和国成立初期发展政策以工业建设为主，广州市对住宅建设与维护的投入非常有限，中华人民共和国成立后广州市人口持续增长，而住宅投资占广州市总建设投资的比例一直维持在较低水平（陈锦棠，2014）。

土地制度改革、"邓小平南方谈话"、住房质量与数量的不足，使得 20 世纪 90 年代初大量资金涌向房地产行业。1992—1995 年，广州房地产升温，建设用地批出量过大，1992—1996 年全市共划拨建设用地 176km²，其中很多得到土地的单位并没有开发能力，希望通过土地转手或红线转让获利（林树森，2013）。其中旧城成为楼盘开发的热门选择，1992—1995 年期间，以领取"商品房建设许可证"的楼盘数量统计，土地面积占建成区总面积 30% 的老城区，集中了 44.94% 的商品房开发。

各地盲目加大投资力度，导致经济过热。从 1993 年起国家开始金融宏观调控，20 世纪 90 年代中期调控取得成效，房地产业泡沫破灭（图 2-2）。房地产市场的大幅波动导致旧城拆迁量大、城市基础设施建设滞后、土地大量闲置。事实上，20 世纪 90 年代的房地产热潮是投资驱动，没有社会的有效需求支撑，而是在政策利好的大环境与地方政府想要吸引外部投资的共同作用下形成的。在住房市场化之前的 20 世纪 90 年代前期与中期，并没有形成真正大规模的市场需求，过量的土地供应导致土地的闲置和烂尾。

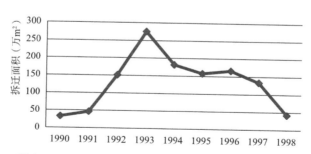

图 2-2　1990—1998 年广州市区拆迁房屋情况统计
来源：广州市地方志编纂委员会. 广州市志（1991—2000）（卷三）[M]. 广州：广州出版社，2010.

2.1.2　城市建设策略

在制度变革给予城市建设动力；国家宏观经济政策、区域竞争、国内主流理念支持旧城改造；住房不足与投资热情的影响下，吸纳投资、利用市场资金完成城市现代化建设成为这一时期城市发展的主要目标，为实现这一目标，政府采取的策略为通过综合开发机制寻求城市扩张；土地融资成为城市建设主要渠道；为吸引投资加快土地划拨与批租。

1. 通过综合开发机制寻求城市扩张

（1）城市适度扩张

尽管中央严格控制大城市的方针不支持扩大市区范围，面对现有城区内挖潜改造的难度、行政区划内面积有限无法腾挪的现实，20世纪80年代广州进行了以适当扩大中心城区、疏散人口为目的的新区建设（石安海，1992）❶。城市建设围绕中心城区适度扩展这一发展策略在《广州市城市总体规划（1981—2000年）》中有明确体现（图2-3），此版规划设定广州建设区域面积扩展至250km²。1982—1990年，广州建成区面积从54km²增至180多平方公里，1995年广州城市建成区面积已达265.53km²，提前完成了2000年的目标。城市建成区的扩展为老城区人口外迁，开展旧城改造创造了条件。

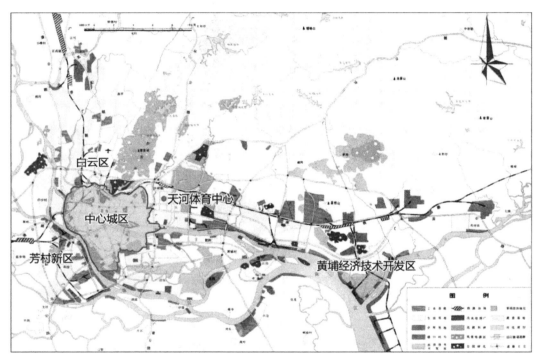

图2-3 广州市城市总体规划图（1982年）体现的适度扩展趋势
来源：广州城市建设档案馆

（2）住房供给制度改革支持新区建设

在20世纪80年代之前，住房建设与更新由个人与所在单位共同实施。进入20世纪80年代，为适应社会主义计划商品经济的需要，广州尝试进行城市建设统一规划、综合开发。1983年广州市颁布住宅建设"六统一"（统一规划、统一征地、统一设计、

---

❶ 在毗邻现有行政区的近郊区设立天河、芳村两个新的行政区，原郊区变为白云区，开发天河体育中心、黄埔经济技术开发区、芳村花地湾地区。

统一施工、统一配套和统一管理），提出住宅建设由单位主导变为政府主导。在成片开发、配套建设的基本原则下，政府划拨、出让土地给国有开发公司，由其负责施工建设，建设完成后分配给单位。"六统一"虽然带有计划经济的色彩，但标志着地方政府有意主导城市建设。

自 1983 年实行综合开发以后，广州住宅商品化发展全国领先，住房建设资金由依靠国家与单位投资转变为多渠道投资，1988 年商品房已经占全市竣工住宅的 40%，住宅商品化程度居全国大城市之首（广州市房地产管理局修志办公室，1990）。1989 年广州市率先实行住房制度改革，以公房出售为起点。与住房改革同步的是旧城区之外的住房建设。从 20 世纪 80 年代初开始广州在旧城区边缘与外围开发建设住宅小区，其中有为解决住房困难户居住问题的解困房与安居房，也有面向高收入群体与外来投资者的高级住宅商贸小区 ❶。政府主导建设的解困房与安居房为重大基础设施建设提供了安置房源 ❷。在住房改革和房地产业初步发展的推动下，"八五"期间（1991—1995 年）广州市的居住状况得到改善，全市城市人均居住面积 9.61m²，跃居全国十大城市之首，基本解决了人均居住面积在 5m² 以下的住房困难。随着旧城区外围的大量居住小区建设展开，广州旧城人口从 1984 年开始呈现整体稳定、局部减少的趋势（黄慧明，2013）。

2. 土地融资逐渐成为城市建设的主要渠道

1978 年至 1992 年，广州市基建投资投入在地方财政收入范围以内，1992 年以后广州掀起建设高潮，固定资产投资中的基建投资迅速超过城市财政收入，而且差距越来越大（叶浩军，2014）（图 2-4）。这说明确立市场经济制度后，基建投资由原来计划经济时期依靠财政投资为主转变为多渠道筹资。

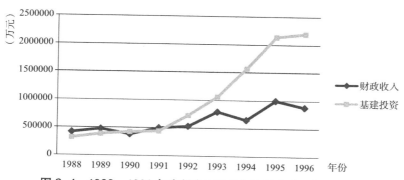

图 2-4　1988—1996 年广州市财政收入和基本建设投资对比

来源：广州统计年鉴（1989—1997 年）

---

❶　20 世纪 80 年代开始，广州开始利用外资（主要是港资）合作建设住宅与商业楼，开始高级商住楼宇建设。建成后楼宇由国内企业与外商按比例分成，外商所得分成比例可在国外与香港出售。

❷　1986—1996 年，市政府划拨解困房、安居房建设用地共约 141 万 m²，建成住房 2.25 万套，建设完成的同德、大塘、棠下等大型小区，位于当时市郊位置。

从 1986 年到 2000 年，广州用于市政基础设施建设的投资大幅增加，"八五"期间（1991—1995 年）的投入是"七五"时期（1986—1990 年）的 5.74 倍。进入 20 世纪 90 年代之后，城市基础建设资金的筹措除了地方预算内财政收入，还有对外融资、土地出让金、沿线土地开发、借贷、收取各种附加费等方式❶。这一现象源于分税制的实施与土地有偿使用，一方面分税制在激励地方投入建设的同时也限制了其财政来源，广州地方税收很大比例要与中央和广东省分享，地方财政远无法满足城市建设资金需求；另一方面则体现出土地有偿使用后，土地成为能够变现的资产，依托土地的金融借贷、土地出让金、相关税费等土地开发增值收益由政府享有，在传统的财政拨款之外拓宽了融资渠道。地铁建设公司、城市建设投资开发公司等代表政府具体参与基础设施建设、土地开发运作的市场主体也相继诞生❷。广州"八五"期间，预算内财政收入 313.61 亿元，市政公用基础设施建设投入 134.99 亿元，收取土地出让金 60.45 亿元，实际利用外资 68.71 亿元，土地出让金除上缴中央、省财政的 30% 外，一半以上用于城市建设（林树森，2013）。

3. 为吸引投资加快土地划拨与批租

随着市场经济确立与土地制度变革，1992—1995 年广州房地产升温，投资主体通过开发获利的需求高涨，外资、开发公司和中央、省属、市属单位、驻军都要求征用搬迁量少、效益高的土地进行开发（图 2-5）（广州市地方志编纂委员会，2009）。同时，以吸引投资发展为目标的城市政府也愿意迎合市场热情。此时"城市建设的经济利益高于一切"成为支配城市发展的压倒性逻辑，"以地生财"成为缺乏资金情况下，从投资主体到各级政府的共同目标。

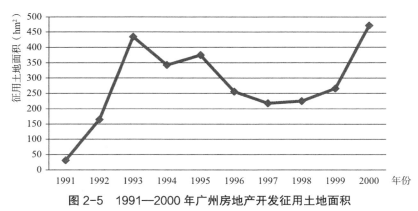

图 2-5　1991—2000 年广州房地产开发征用土地面积

来源：广州市地方志编纂委员会 . 广州市志（1991—2000）（卷三）[M]. 广州：广州出版社，2010.

---

❶ 例如地铁 1 号线建设资金来自土地收益、地铁沿线地块收入、征收附加费、对外融资发放地铁债券与向银行借款。土地出让金上交与业务费之外的 30%，珠江新城专项土地开发收益用于地铁建设。至 1998 年政府给 1 号线的拨款中有 36.3756 亿元来自土地收益，20.0119 亿元从地铁沿线地块收入中来。

❷ 1992 年广州成立地铁总公司开始筹划建设贯穿老城东西的地铁 1 号线。上海市成立城市建设投资开发总公司（上海城投），政府授权其从事城市基础设施投资、建设和运营。

这一举动也是地区间竞争的产物。20 世纪 90 年代初期，沿海城市争相吸引外资，为了简化程序、提高建设管理效率，建设规划管理权下放成为普遍现象。广州为了不在吸引外资的竞争中落后，1992 年相继成立了区规划分局，实行市、区分级管理，规划分局负责行政辖区内的规划管理工作，拥有建设用地初审权。

不仅是城市政府，能够从城市建设获益的区级政府、拥有土地资源的乡镇集体在市场经济背景下都有开发土地、用土地换资本的动力，城市建设局部利益随之产生。尽管用地规划管理权一直在市级层面，这一阶段的城市治理分权加剧了这一倾向。在地方利益驱使下，城市规划管理准则变成服从地方经济发展，导致失控、无序的建设用地批出与建设。此外，乡镇擅自划拨土地、审批规划，"农民在自己土地上搞房地产"，"集体土地上建城市"，这些违法建设为之后的城中村改造埋下障碍。

2.2　更新政策的提出

当吸纳投资、利用市场资金完成城市现代化建设成为这一时期的核心目标，政府自然与掌握资本的市场主体进行合作，并且这种合作是市场导向的。市场化初期，资金与土地掌握在外资开发商与国有企事业单位手中，因此政府鼓励其介入城市建设并与他们合作。同时，作为公共部门，政府提出进行旧城改造的社会合理性——实现现代化城市面貌。

2.2.1　通过拆旧建新实现现代化城市面貌

20 世纪 90 年代初，广东省发展领先全国，党中央当时给予广东省的期许是力争20 年基本实现现代化（即到 2010 年）（唐春荣等，1997）。1992 年受"南方谈话"激励，在珠三角迅猛发展，落后于平均经济增速的背景下，黎子流市长提出建设现代化国际大都市，确立"15 年左右赶上亚洲四小龙"的赶超性发展目标。广州市相继出台一系列政策以加快国际化大都市建设。广州市旧城区与政府期望的城市形象相距甚远，道路拥堵、房屋破旧，"面貌改变得慢，令人着急"（傅崇兰，1994）。据 1989 年房屋安全统计，广州市私有房屋大多数建于中华人民共和国成立前，其中危房和严重破损房占 42%。不仅是广州，在当时有能力吸引到投资的各大城市都认为拆除重建势在必行，旧城更新在北京、上海这样的国家级中心城市大规模进行❶，"在地区间竞争的压力下，紧随其后的广州自然不能落后"（林树森，2013）。

在人口密度高、居住环境差、环境面貌与世界大都市不符的判断下，拆旧建新、成片改造成为 20 世纪 80 年代中期到 20 世纪 90 年代中期旧城更新的主要方式。时任

---

❶　根据上海市旧区改造和住房建设有关统计数据，在 1997—2003 年的 7 年间，上海市共动迁居民约 54 万户，而同期全市预售商品住房约 95 万套，居民拆迁规模是预售商品住房规模的 57%。

市长黎子流极力主张旧城改造，认为"改造的目的是改善居住条件，城市建设应适应时代发展；旧城街巷不能满足交通需求、生活不便，整体保护会损害人民利益"（任天阳，2011）。这种理念体现在当时广州各个层级的规划。1984年获批的《广州市城市总体规划（1981—2000年）》提出："旧城居住区的改造以改善和提高现有的居住环境和居住水平为目的。"从1982年开始组织编制的街区规划，成为这种方式的愿景描绘，就是将广州旧城区通过成片更新方式转变为现代化街区（图2-6）。

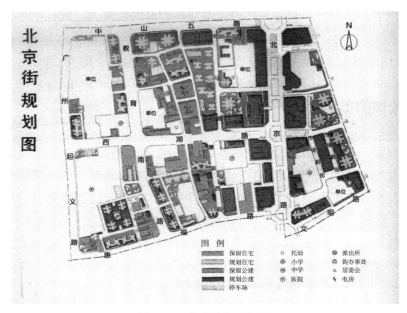

图 2-6　北京路街区规划
来源：广州城市建设档案馆

这一时期拆旧建新并没有遇到制度、社会理念的阻力。1982年建立的历史文化名城制度对于城市建设没有形成实质性影响（叶浩军，2013）。历史文化保护体现了国家层面自上而下的保护意识，地方政府的主动性并不强，从地方政府到普通民众，历史文化保护的理念还未形成。

2.2.2　宽松的土地再开发管制

这一时期为适应经济制度转轨，土地供给、拆迁补偿、规划管理制度相继建立，但与城市更新密切相关的土地征收出让、房屋拆迁补偿、开发管控，都在标准与程序上为开发建设活动"开绿灯"，核心逻辑是放松管制以降低开发成本。

1. 土地供给

（1）土地征收

1982年宪法提出"城市的土地属于国家所有"，这一规定意味着城市土地产权属于国家，只有政府享有土地处置与土地收益的权力。20 世纪 80 年代中期开始广州地方法规明确，如果已有建设用地需要重建再开发，只有政府能够进行土地与房屋的征收❶，旧城改造成片征地的方式在 1986 的东风街小区建设中首次实施。1988 年广州市区征地拆迁简化，开发土地获取（征迁）得到政府审批后，即可由取得开发权的建设用地单位进行（图 2-7）（广州市房地产管理局修志办公室，2009）。

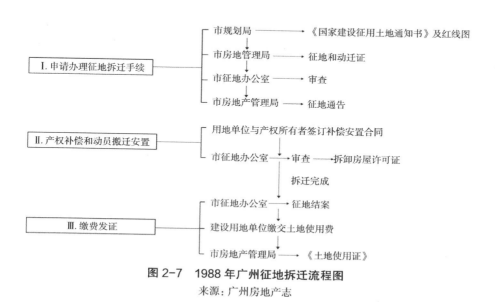

图 2-7　1988 年广州征地拆迁流程图
来源：广州房地产志

（2）土地出让

广州对土地有偿使用的探索早于国家发起的改革，但由于顶层制度设计还不支持，有偿较多体现在要求建设市政配套设施、行政收费，而非土地出让金（表 2-3）❷。

1983—1998 年广州以实物地价方式兴建的市政设施情况表　　表 2-3

时间	道路（km）	路灯（盏）	供水管道（km）	下水管道（km）	中、小学（所）	托（幼）儿园（所）	污水处理厂（座）	绿化面积（hm²）
1983—1988 年	44.84	—	78.43	113.43	15	25	1	
1989—1992 年	128.66	2993	129.57	172.57	53	—		51.08
1993—1998 年	383.5	18288	851	564	29	114	1	370.6
合计	557	21281	1059	850	97	139	2	421.68

来源：广州市地方志编纂委员会. 广州市志（1991—2000）（卷三）[M]. 广州：广州出版社，2010.

❶　1984 年广州市公布施行《广州市国家建设征用土地和拆迁房屋实施办法》，市城乡建设委员会于 1985 年制定了《统一办理国家建设征用土地的试行办法》，规定用地单位需征用土地，应委托广州市人民政府征地办公室负责统一办理，不得与被征用单位或个人直接商议。

❷　20 世纪 80 年代初，广州对城市用地管理制度进行改革，土地向有偿使用转变，采用收取土地使用费和要求配套市政设施两种方式，1984 市政府颁布了《广州市征收城镇土地使用费试行办法》开始向新征用地、中外合资用地、经济技术开发区用地收取土地使用费（石安海，2004），1989 年后土地使用费改为土地使用税。

1992 年土地使用正式过渡到有偿使用阶段，土地有偿使用制度化。市政府成立下属国土房管局的事业单位——土地开发中心，统一规划、征收、开发、出让土地。1993 年《广州市国有土地使用权出让金标准》，但土地出让以协议出让、实物地价为主。对于国家机关与企事业单位的建设活动，土地出让金收取采取减免政策，历史用地相比新征划拨用地减免幅度更大（表 2-4）。这在很大程度上鼓励了国有机关、企事业单位自主或与开发商合作建设办公、住宅用房。作为已有建设用地的最大使用者，在房地产产业还未充分发展的阶段，国有单位是旧城开发改造的主力军。

广州市党政军机关及企事业单位减收土地出让金标准　　　　　　表 2-4

	自用办公用房		自建住宅		自用生产经营性项目	
	历史用地	新征划拨用地	历史用地	新征划拨用地	自建自用	他方合建
机关与事业单位	商业用地出让金标准的 5%	商业用地出让金标准的 10%	住宅用地出让金标准 10%	住宅用地出让金标准 20%	出让金标准的 50%	供地一方分成比例在 40% 以下部分按照历史用地标准，分成比例超过 40% 以上部分及合作方分成部分按照新征用地标准
企业	—		住宅用地出让金标准 40%	住宅用地出让金标准 40%		

来源：广州市地方志编纂委员会. 广州市志（1991—2000）（卷三）[M]. 广州：广州出版社，2010.

2. 拆迁补偿

为应对计划经济向市场经济转型，1991 年国务院发布第一部国家层面的系统拆迁法规《城市房屋拆迁管理条例》。1992 年广州市政府根据该条例制定施行了《广州市城市房屋拆迁管理实施办法》，根据该办法规定，拆迁补偿采用产权调换和作价补偿相结合的形式，货币补偿的引入、房地分离的原则，降低了拆迁补偿成本。这一阶段政府主导的拆迁行为，补偿方式多采用"产权调换"，基础设施建设直接引起的旧城改造采用异地永迁的方式，如果改造后为普通住宅楼的予以回迁安置；开发商主导的拆迁行为以作价补偿为主。至 1996 年第三季度，"八五"时期已动迁的 27 万户中，其中有一半采用作价补偿，永迁安置占 1/3，只有 14% 的动迁居民能够回迁安置（图 2-8）（林树森，2013）。

《城市房屋拆迁管理条例》加快了旧城改造进程，也使得被拆迁方权益得不到保障。条例中规定，如果拆迁人与被拆迁人无法达成协议，由拆迁主管部门、人民法院裁决，诉讼期间拆迁继续进行。依此条例，广州的拆迁政策中规定，被拆迁人如对拆迁补偿安置有异议，解决纠纷期间不得影响征用土地和拆迁工作继续进行。除此之外，在基础设施建设带动的旧城改造中，政策明确提出"对逾期不服从拆迁安置的单位和个人，其房屋可强行拆除"❶。

---

❶ 《广州市政府关于东风路沿线旧城区改造工程的通告》.（穗府〔1992〕74 号）。

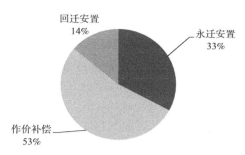

图 2-8　"八五"期间动迁户安置补偿方式构成及比例（至 1996 年第三季度）
来源：林树森 . 广州城记 [M]. 广州：广东人民出版社，2013：74-75.

3. 规划管理

1986 年广州市根据国务院颁布的《城市规划条例》，根据广州自身情况发布了《广州市城市规划管理办法及实施细则》（叶浩军，2014）。1990 年我国《城市规划法》确立"两证一书"的规划许可管理制度。城市规划管理国家与地方性法规的出台，标志着伴随着社会转轨进程，城市规划管理成为地方政府的重要职能。

受限于发展阶段及发展理念，城市规划管理并没有起到约束开发的作用。这一阶段将高层、高密度的城市形象作为目标，对旧城区居住区容积率缺乏管控，大部分更新项目除了商业外没有提供更多的公共服务设施。部分规划管理权下放至区、乡镇后，在经济利益驱使下，建设用地供给过量、在空间上也没有明确指向。

2.2.3　提倡街区整体改造

计划经济时期与改革开放初期，旧城改造以重建"危房""破房"，解决居住安全与居住困难为主，采取房屋居住者与单位、国家合作建设，在原有房屋地块范围之内进行重建。1963 年广州通过"自建公助"方式开展木屋改造运动，将两万多间木屋改造为砖瓦房，这是广州最早的危破房改造行动，木屋集中区域为外来人口与低收入群体聚居的棚户区，居住条件差、房屋没有合法产权（广州市房地产管理局修志办公室，1990）。为解决居住困难、住宅老化问题，20 世纪 70 年代末至 80 年代初，政府以公私合建的政策鼓励私人住房改造，住宅更新以就地翻新或重建的见缝插针式进行（莫俊英，2006）。这一阶段学习福州的住宅建设，一方面私人房屋的扩、加、改建审批权下放至区，另一方面没有统一规划并降低建设管理标准。住房改造在区政府利益与个人利益驱使下，规划失控、管理混乱（石安海，2004）。

随着 20 世纪 80 年代中后期住宅建设"六统一"与街区规划的提出，政府开始倡导街区成片改造，提出"先规划，后试点，逐步展开"的方针。1987 年旧城区 74 条街道都完成了街区规划的编制（徐晓梅，2005），并将改造任务下达至各区政府。街区规划也是政府决策与市场衔接的一种方式，类似于控制性详细规划，为旧城区成片改造的招投标提供依据。广州市为推广成片综合开发改造模式，在 20 世纪 80 年代末以行政街道为单元，依据街区规划启动了两个示范性旧城改造项目——荔湾区金花街小区改造、越秀区东风街街区改造（图 2-9）。两个项目都是尝试由国有开发公司与政府签约，从市场筹集资金，代政府进行征迁、基础设施建设、安置房建设，成为最早的政府与开发商合作的旧城改造项目。

图 2-9　东风街街区规划图
来源：广州市人民政府办公厅关于东风街规划的批复（穗规审〔1985〕270 号）

2.3　更新政策的实施

这一时期政府的工作重心在于改善城市基础设施条件，城市更新项目特征是：基础设施带动、引入市场资金、高强度开发。根据目的与主导方的不同，旧城更新由基础设施建设、成片街区改造、结合基础设施建设的沿路商业开发、工业企业改造构成。政府出资实施基础设施建设，例如地铁 1 号线建设由政府出资、还贷。地铁与道路沿线地块改造、成片街区危破房改造，由政府与开发商合作完成，例如地铁公司利用站点划拨地块筹资；商业开发项目与交通基础设施建设密切相关（图 2-10）。

除了政府实施、政府与开发商合作的更新改造，20 世纪 90 年代初期开始出现工业企业转换原生产用地进行房地产开发的活动。土地市场化后，级差地租显现，中心城区的工业用地开始具备再开发潜力。在工业企业脱困与污染企业外迁的双重需求下，广州市允许经营困难企业可以将自身土地置换，外迁后整体开发或部分开发。土地出让金大部分返还企业，企业通过土地使用权转让与房地产开发获益。

图 2-10　政府发起的更新项目种类及出资和主导方

这一时期市场力量有限，引进外资难度较大，更新改造以最小化拆迁成本、经济可行为出发点，开发地块选择"挑肥拣瘦"。能够完成开发的地块多依靠政府兴建的城市已有道路，形成沿路"一层皮式"的改造；街区内部难以开发，位置相对较差地段土地批出后长期闲置。为降低开发难度，往往一个项目采取"分猪肉"的方式，大地块分割为小地块出让，在规划管理能力有限的情况下，不同开发主体的建设行为缺乏统一规划协调；单个地块规模偏小，开发商通常"用尽面积"，多采用裙房加高层住宅的开发模式，很少提供内部支路、绿化空间等公共物品，环境改善有限。

2.3.1　政府开始与开发商合作介入旧城更新

1. 成片街区"危改"

（1）政府主导的民生工程

20 世纪 80 年代末期广州政府尝试进行政府主导的成片危房改造，并定位于民生工程，出发点是改善居住环境，因此居民可以原地回迁，但其运行模式与商业开发项目相仿：政府选择居住条件差的地区作为旧城改造的试点，以公开招标的形式交予市属开发公司进行开发改造，政府给优惠政策和财政补贴。这一阶段启动的荔湾区金花街小区改造、越秀区东风街小区改造是迄今为止仅有的，同时也是最大的以行政街为单元的综合开发，统一建设项目（表 2-5）。

这两个项目于 20 世纪 80 年代中后期启动，由政府主导、政府背景建设开发公司实施，体现了市场化改革初期，政企还未分离阶段的特征。东风街小区是广州市第一个采用招标方式进行的旧城区改造，1986 年广州市建委与市城建开发总公司越秀分公司签订合同，合同规定开发公司需投资兴建小区市政和公建配套设施，并提供 2.3 万 m² 旧城改造专用房屋给市政府。东风街小区 1992 年建成 61 栋 23.7 万 m² 楼宇（李红卫，1949—2005）。金花街小区仿照东风街改造模式，1988 年广州市城市建设开发总公司荔湾分公司成为改造主体启动该项目，由于改造规模较大（改造范围 31.43hm²），项目进行过程中遭遇全国宏观经济调控，自 1988 年项目正式启动到 2003 年才全部完成。

政府主导的成片街区改造项目基本情况   表 2-5

项目	改造时间	规模	资金投入	改造模式	拆迁安置补偿
东风街小区	1986 年启动，1992 年完成	需搬迁 4500 户，共 1.52 万人	一期补偿费 2000 万元，二期利用外资	以行政街为单元的综合开发，统一建设项目，由政府主导，政府背景建设开发公司实施	1000 户永迁
金花街小区	1988 年启动，2003 年基本完成	需搬迁住户 7492 户，2.4 万人	预计 7.5 亿元		2500 人永迁安置，其余回迁安置

（2）开发商主导的商业开发

20 世纪 90 年代初引入外商资本的商业开发一般规模较小，而荔湾广场是这一时期较具规模的典型案例，具有道路建设带动商业开发、危破房改造双重特征，整个开发决策过程都得到政府部门的支持与鼓励。尽管规模远小于政府发起的成片街区改造（表 2-6），但就其开发模式与建成后的影响力而言可谓是当时广州市最大的旧城改造项目。

三个典型成片街区改造项目经济技术指标   表 2-6

项目	总户数（户）	总用地面积（hm²）	改造前建筑面积（万 m²）	改造前容积率	拆除住宅建筑面积（万 m²）	保留建筑面积（万 m²）	改造后总建筑面积（万 m²）	改造后容积率	拆建比
东风街小区	4500	25.7	30.6	1.19	15.5	15.1	45.4	1.76	1∶1.48
金花街小区	7492	23.38	35.8	1.22	27.74	8.1	71.72	3.06	1∶2
荔湾广场	2045	4.5	9.78	3.17	9.78	0	31	6.8	1∶3.16

荔湾广场项目于 1992—1993 年启动，1996 年建成，首创引入外商资金的开发方式，外商投资 15 亿元。改造地块为荔湾区德星路段，改造范围内以低矮民居为主，产权类型有私有住房、公有住房、国有工厂、私人仓储。项目占地 4.5 万 m²，拆迁房屋建筑面积 9.78 万 m²，迁移居民 2045 户、7074 人，以及 100 多个店铺 30 多个工厂。改造后建成 8 栋 32m 的高层商住建筑，总建筑面积 31 万 m²，其中 6 层共 14 万 m² 为商业，住宅 1000 多套（图 2-11）。

建成后的荔湾广场长约 300m，宽约 100m，是当时广州老西关仅次于白天鹅宾馆的最高商住楼。由于体量巨大、与周边旧城环境形成反差，荔湾广场及其代表的荔湾广场模式成为破坏老城肌理与文脉的典型案例，成为备受争议的样本。然而荔湾广场是广州为数不多的旧城改造项目之一，开创了利用市场资金模式，在当时被视为成功范例。

2. 基础设施沿线商业开发

为了改变广州市老城区的落后面貌，政府希望吸引房地产投资参与旧城改造。尽管在广州在 20 世纪 80 年代中期已经确立整体改造的理念，由于街区成片改造实施难

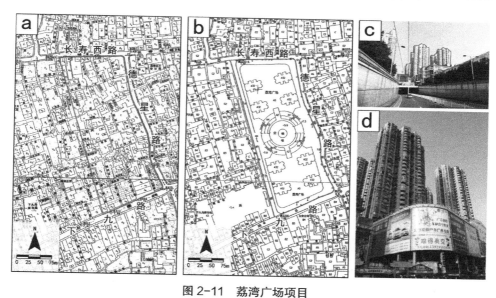

图 2-11　荔湾广场项目

（a）荔湾广场地块改造前；（b）荔湾广场地块改造后；（c）、（d）现状照片（2014 年）

来源：广州地形图（1982 年，2000 年）；现场拍摄

度较大，在实际建设中采用将改造范围划分为小地块，出让给不同的开发商。而涉及多个复杂产权的旧城商住地块则必然伴随艰巨的土地与房屋征收过程，需要政府介入，通常以道路扩建与地铁建设为契机。因此建设道路的同时改造两侧地块，以道路建设带动的小地块改造是最常见的方式。

政府拓宽道路、地铁线路使得两侧土地升值，给开发商改造创造条件，而开发商的改造减分担了政府的征迁任务，并为政府带来土地出让收益，这在当时叫作"开发支持开路"。在这种改造模式中，政府将沿线与街区内部土地分割为小块出让，东风路、解放路、中山路拓宽与沿线改造都采用此种模式。例如中山路结合地铁与道路拓宽工程，道路两侧街区被划分为 5000 ~ 20000m^2 的小地块，沿主要道路的地块到 2010 年基本更新完毕，而街区内部仍有已经划出红线的地块未实施更新（图 2-12）（黄慧明 等，2013）。

广州东风路建设也采用了道路改造带动地块更新的方式，1992 年启动的沿线旧城区改造工程（穗府〔1992〕74 号），将道路中线两侧纵深 75m 的区域纳入改造范围，涉及动迁面积 5500 多平方米、单位 331 个、居民 1200 多户、超过 4500 人，征迁补偿采用永迁安置与回迁安置相结合的方式❶。征迁工作由道路扩建办、房地产开发公司与建委签订协议共同完成，若房地产公司无法按时完成工作，其开发权将会被收回（李宗志等，1993）。东风路规划新建 120 万 m^2，其中有部分地块通过土地公开出让的方式开发，例如 1992 年东风路中路出让 6 块土地给 6 家香港开发商（傅崇兰 等，1994）。

---

❶　只有改建为普通住宅楼才能回迁安置，永迁安置点在广园东路、三元里等当时的城市边缘地带。

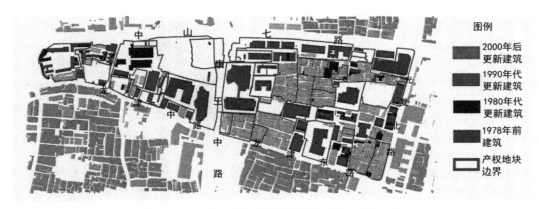

图 2-12　中山路部分路段更新改造现状（2010 年）

来源：黄慧明，赖寿华 . 产权重组与空间重塑——土地产权地块视角下广州旧城形态更新研究 [J]. 规划师，
2013（7）: 90-96.

这种土地分块出让改造的方式，提高了旧城土地开发效率。但小地块出让方式缺乏整体规划协调、公共空间不足、环境改善有限。开发商在地块内"用尽面积"，多采用裙房加高层住宅的开发模式。结合道路拓宽建设的旧城商业开发项目，在空间上形成沿路"一层皮"的点、线式更新开发，加剧了旧城的高密度与高强度。

2.3.2　市场主导的工业企业改造

1992 年开始，广州市将部分企业列为解困转制的试点单位，可以有偿转让土地使用权筹资解困。1993 年颁发的《广州市国家建设征用土地和房屋拆迁管理若干补充规定》中提出，旧城区的国有工厂可得到地价返还作为拆迁补偿（广州市地方志编纂委员会，2020）。自益丰搪瓷厂成为广州市首家异地改造的企业，利用原厂房用地进行房地产开发后，1993—1996 年期间，广州市允许 114 家解困转制重点企业的原有市区土地进行房地产开发（表 2-7），企业可以异地搬迁全部开发，也可厂区部分开发。在房地产开发的推动下至 1996 年，38 户企业选择异地搬迁，52 户有意向部分开发，两者相加可提供 312.5 万 m² 开发土地，其中 154 万 m² 签订了开发合同（林树森，2013）。

部分大规模工业企业改造项目（1992—1996 年）　　　　　表 2-7

工厂	项目启动时间	用地面积（m²）	开发项目
益丰搪瓷厂	1992	—	翠雅阁
广州轮胎厂	1992	—	—
广州钟厂	1993	60073	锦城花园
广州风机厂	1994	53660	富力阳光美居
广州第一棉纺厂	1994	112721	中海名都花园
员村煤场	1994	54800	翠湖山庄

续表

工厂	项目启动时间	用地面积（m²）	开发项目
广州机电集团	1995	382300	—
广州无线电厂	1994	64000	骏逸苑、星汇雅苑、兰亭荟、广电云平广场、广电科技大厦
广州铜材厂	1996	48934	富力广场

来源：广州市地方志编纂委员会 . 广州市志（1991—2000）（卷三）[M]. 广州：广州出版社，2010：90-147.

广州市地方志编纂委员会 . 广州市志（1991—2000）（卷八）[M]. 广州：广州出版社，2010：65-800.

改造中，企业可以与开发商联合开发获得土地开发收益❶，也可以转让土地使用权，获得实物或资金方式的补偿❷，土地使用权转让金除部分上缴财政外，主要归还企业用于弥补亏损、安置人员、支付搬迁改造补偿。原厂址完全进行房地产开发的企业或停产关闭、与其他企业合并，或在市郊与周边市县另寻厂址。

在开发过程中，各个行业的国有集团公司成立了房地产开发公司（表 2-8），参与集团内部搬迁企业的改造。国有企业内部的开发公司与外部开发商联合，代表国企集团参与项目的具体运作，负责土地整理、收取资金与实物补偿。

20 世纪 90 年代广州国有集团公司下属房地产开发公司　　　　表 2-8

隶属企业	企业名称	成立时间
轻工业集团	越兴房产（后改名为轻工房产）	20 世纪 90 年代初
广州无线电集团	广州广电房地产开发有限公司	1996 年
广州广药集团	广州广药房地产实业有限公司	1995 年
广州汽车工业集团	广州摩托集团房地产有限公司	1995 年
广钢集团	广钢房地产公司	1993 年
广州建材企业集团有限公司	广州市建材房地产开发有限公司	1994 年
广州珠江化工集团有限公司	广州市化工房地产开发有限公司	—
广州燃料企业集团有限公司	广州市广燃房地产开发有限公司	1997 年

来源：广州市地方志编纂委员会 . 广州市志（1991—2000）（卷八）[M]. 广州：广州出版社，2010：65-800.

20 世纪 90 年代前期与中期的工业企业改造多采用企业与开发商联合或自主改造方式，开发主体很多是企业集团下属的开发公司，特征是开发规模较小、大多数采取部分改造而非整体开发。例如荔湾区中山八路以北的 14 家工厂都在 20 世纪 90 年代进

❶ 1994 年广州市煤建公司、广州五羊房地产开发公司、香港新创兴有限公司组成广州市升恒房地产开发有限公司，共同利用员村煤厂土地开发翠湖山庄商住小区。

❷ 广州轮胎厂与广州市国际信托房地产开发公司签订协议开发厂区，开发公司提供实物形式的补偿，包括改造后新建宿舍与办公大楼、新的厂区与厂房。被列为广州市解困转制试点企业之一的广州无线电厂，1994 年转让该厂厂区与生活区 6.4 万 m² 土地使用权，3.07 亿元的土地使用权转让款中，除上缴财政部分，1.3 亿元用于弥补亏损，5000 万元安置富余职工，搬迁及场地改造 1.11 亿元。

行了改造（图 2-13），一些厂区只是使用功能变为商务、商业，并没有成功开发为商品住宅；一些企业利用部分用地建设了单栋商品房或单位住宅，并没有整体开发。由此可见，20 世纪 90 年代初期至中期的工厂改造以企业产权地块内的部分开发为主，受限于改造模式，实施结果是虽调整用地功能、增加建筑面积，但难以产生新的道路、绿地、学校等公共服务设施，延续了小工厂地块零散分割的土地使用状态。至今中山八路以北的旧工厂改造区仍然道路狭窄且不成体系，多尽端与断头路。20 世纪 90 年代末，这一片区出现了更高建设标准同时也更高建设强度的工厂改造，如原广州市第五橡胶厂与广州市表壳厂，分别由东浚集团与富力房地产公司建成富力广场北区、东浚荔景苑商住楼。

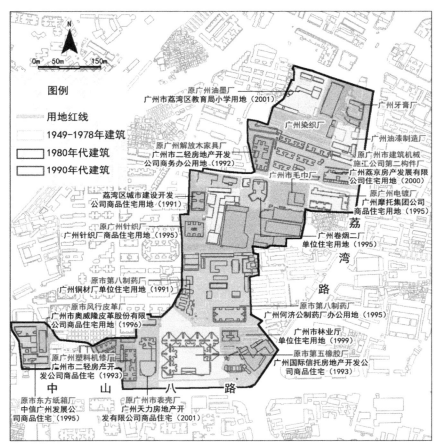

图 2-13　荔湾区中山八路以北某工厂集中片区改造状况（至 2006 年）

来源：广州市地形图（1982 年、1998 年、2006 年）；百度地图；广州建设用地规划许可证信息

2.3.3　典型案例：地铁 1 号线建设

基础设施建设是典型的政府主导的更新改造项目，政府出资并主持拆迁。广州市旧城区建筑密度高，人口密集，改革开放后交通拥挤更为严重，20 世纪 90 年代随着

城市建设资金增多，广州开始在历史城区内进行地铁建设、道路改善等大规模基础设施建设。因此基础设施建设是 20 世纪 90 年代规模最大的更新改造工程，拆迁任务60% 由广州市道路扩建办公室承担，年拆迁量达到 40 万 ~ 50 万 m^2，拆迁安置费约25 亿元。其中广州自筹资金完成的地铁 1 号线建设是此类项目的代表，从 1987 年开始筹备建设到 1997 年部分开通是这一阶段的最大规模工程 ❶。

1. 资金来源

地铁 1 号线建设横贯老城东西，总投资 140.41 亿元（计投资〔1996〕211 号），是国内第一条由地方政府自筹资兴建的地铁，资金筹措与建设方式采取地方财政拨款与筹集社会资金结合；政府主导与地铁公司市场运营结合的方式。地铁建设资金除利用外资贷款外（5.41 亿美元，约 47 亿元），土地出让金与沿线物业开发是最主要的资金来源。土地出让金来自广州城区范围内土地使用权转让金的 30% 以及珠江新城的部分地价款。地铁上盖物业开发是另一利用市场资金的渠道，政府在地铁沿线划出 28 个地块，交由地铁公司与开发商合作开发业，这些地块全部集中在旧城区范围，总面积31.2 万 m^2，所得收益用于地铁建设（广州市地方志编纂委员会，2010）。至 1998 年底，广州政府提供地铁建设资金 76.5796 亿元，其中 36.3756 亿元来自土地收益，地铁沿线地块收入 20.0119 亿元，其他为财政、城建专项投入和向社会收取的各种附加费。

2. 决策组织

地铁 1 号线建设是典型的依靠政府内部动员、建立代政府行动的市场主体进行组织实施的项目，由市政府主要领导组成的工程建设指挥部决策组织，成立广州市地下铁道总公司建设运营（图 2-14）。由于线路基本在老城区，地铁 1 号线征迁涉及居民与单位 8000 户（4 万人），征迁难度很大（图 2-15），因此，拆迁采用责任承包方式，市政府提供资金，拆迁任务根据拆迁对象所属分别交由区政府，以及委、办、局和道路扩建办处理。市长与各区政府和职能部门签订了拆迁安置承包责任状，明确各单位需拆迁的面积、地点、补偿金额以及上交地块的时间（王林生，2009）。拆迁补偿主要采取异地安置，根据区位不同相应增加面积，安置房源大部分由地铁总公司建设或购买。

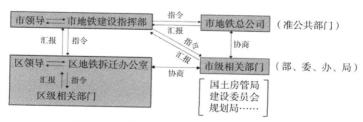

图 2-14　地铁 1 号线决策主体与决策方式

---

❶ 地铁 1 号线 1987 年开始筹备建设，引入法国资本进行规划设计，1993 年底动工，1997 年部分开通，1999 年全线开通。

图 2-15　地铁 1 号线线路与站点
来源:《广州市旧城保护与更新规划》改造分区范围图,笔者自绘

3. 沿线商业开发

市政府将地铁 1 号线沿线 28 个地块划拨给地铁总公司用于房地产开发,投资开发商除广州城建发展集团外,其他全为港资。沿线上盖物业开发本被当作地铁筹资的主要方式,预计建成后可获收益 46.3 亿元,然而实际开发过程却不理想,截至 2000 年,仅获得土地开发收入 19.37 亿港元。28 个地块成功开发的只有 8 个(图 2-16),签订合作协议但未开发 6 个,受 20 世纪 90 年代中期的宏观调控,末期的亚洲金融危机影响,未能签订合作开发协议的 5 个,9 个退出开发(叶浩军,2013)。由此可见,当时更新开发成功率相当低,一方面受外部经济走势影响,另一方面开发公司实力不足也是重要原因。

成功开发项目的共同特征是临近主要道路交叉口与传统商业中心,均采用小地块内的裙房加高层模式,因此容积率在 7 以上,最高达到 16.4。其中长寿路地铁站上盖——恒宝广场(图 2-16 HR-2 地块)、黄沙站上盖——西城都荟,是地铁 1 号线沿线开发规模最大的项目,由港资公司完成,采用香港地铁常见的综合体开发模式。

恒宝广场位于广州历史城区,建成于 2002 年,是与地铁同步施工的商业、居住综合体,容纳 1000 多个商铺与 1300 多户居民(王成芳,2013),由于临近上下九步行街,已经成为上下九商圈的重要组成。以其为代表的 20 世纪 90 年代的地铁沿线开发来看,站点上盖物业对地铁建设促进有限,而地铁建设却真正起到带动站点周边开发。根据恒宝广场周边的建筑开发年代分析,这一片区在 1949 年之前已经形成低层

地块编号	使用性质	用地面积	容积率
RJ-1	商业办公	6102m²	11
RJ-2	商业办公	2685m²	12
RJ-9	商业办公	1514m²	16.4
RI-10	商业办公	8127m²	13.8
JY-2	商业办公	4682m²	7.1
JY-3	商业 办公	1359m²	14.2
HR-2	商住	20626m²	8.3
黄沙站	商住	71348	4.97

图 2-16　地铁 1 号线沿线成功开发项目情况及分布

来源：叶浩军 . 经济价值观对微观尺度城市形态的影响研究——以广州地铁一号线上盖物业的开发为例 [J]. 南方建筑，2013（6）：27-32. 笔者改绘。

高密度的联排竹筒屋形态，在 20 世纪 80—90 年代就开始零星地块开发，但与地铁站点周边开发并无关联；1999 年地铁 1 号线建成后，带动了地铁站点周边更具规模的商业地产开发（图 2-17），在站点 500m 范围集中了高容积的 13 个高层楼盘，在低矮的形态基底上形成了明显的高强度开发群（图 2-18）。尽管此类开发的高容积率受到质疑，但相比同一时期的小规模开发，以及未能启动的项目，该模式体现的地铁建设带动开发、地铁上盖物业的利用是有探索性质与借鉴意义的。

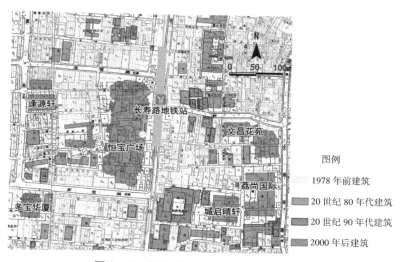

图 2-17　长寿路地铁站点周边建筑年代

来源：广州市地形图（1982 年、1998 年、2006 年）；Google earth 卫星图；百度地图

序号	物业名称	物业类型	用地面积（m²）	容积率	入住时间
1	文昌花苑	住宅、商住楼	5000	8.00	1997年10月1日
2	城启晴轩	住宅、商住楼	5141	7.50	1997年1月1日
3	穗文大厦	住宅、商住楼	1412	8.78	1999年
4	多宝华庭	写字楼、商住楼	3522	8.31	2000年
5	宝华豪庭	写字楼、商住楼	2896	8.58	2001年
6	恒宝广场	住宅、商住楼	23639	8.86	2002年3月1日
7	金升大厦	写字楼	29048	6.2	2005年
	宝盛园	住宅			
8	文昌雅居	住宅、商住楼	18000	4.22	2005年1月1日
9	富力盛悦居	住宅、商住楼	14478	7.76	2007年1月1日
10	荔尚国际	住宅、商住楼	7836	7.05	2008年8月16日
11	新城市逢源	住宅、普通住宅	4919	7.03	2008年1月31日
12	宝盛沙地	住宅	14600	4.4	2012年
13	贵贤上品	住宅	14503	6.90	2013年6月

图 2-18　长寿路站点上盖物业及其周边商业地产开发情况
来源：都市圈三维地图，搜房网、安居客等网络信息

2.4　该阶段特征

2.4.1　政策取向——市场导向的快速推动

受邓小平"南方谈话"确立市场经济激励、上层制度变革、区域竞争挑战、改革开放初期希望解决居住困难并快速实现现代化的社会理念影响，这一阶段广州市的政策特征体现为：政府对市场投资完全欢迎，几乎不加管控；为吸引投资、快速改变城市面貌对土地批租、国有企事业单位的开发行为缺乏限制。旧城建设思维是拆旧建新导向的，大量资金涌向土地经济价值高的地区，促成旧城更新。

2.4.2　运作机制

土地有偿使用、土地国有以及地方政府拥有土地处置及收益权的上层制度设计，激励地方政府、企事业单位、房地产公司进行地产开发。改革开放初期国内参与开发的政府部门与国有企业拥有土地资源，但由于我国的市场经济从零起步，无论是政府还是企业都缺乏资金积累，唯有吸引国外投资，国内企业、部门联合外商进行开发成为主要方式。在这一过程中得益的不仅是城市政府，还有能拿到土地开发权的国有背景开发公司、外资与私营开发公司，以及占据良好区位可以进行土地开发的企业与单位。

市场经济起步期的开发商从无到有，快速产生，相当一部分有政府背景，但开发能力较弱，例如从政府部门独立的城市综合开发公司、国有企业下属的房地产公司。与此同时，20世纪90年代初政府部门之外的私有经济从零起步，最初私营企业以港资为主。

1. 政府主导以及与开发商合作的重大项目

20 世纪 80 年代广州市颁布的住宅建设"六统一"政策，显示出政府主导城市建设的强烈意愿，但由于计划经济体制的惯性使然，国有企事业单位作为已有建设用地、社会资金的持有方，在改革开放初期仍然是城市建设与更新的主体。随着财税体制改革、土地出让制度的逐步实施、外资的投入，地方获得更大的财政自主，可以从国内外以及私人部门筹资进行城市建设；空间拓展使得地方政府掌握了土地与资金可以直接对城市建设施加影响，希望将见缝插针的零星改造转变为成片改造。

（1）政府内部动员和任务分包

政府主导的旧城改造集中在与公共利益直接相关的基础设施建设和危房改造，市政府发起的旧城更新用行政手段充分调动了区政府、相关部门的积极性，他们与企业共同完成土地征收、拆迁安置补偿等土地整理工作。在危旧房改造项目中，市政府以确定试点项目的方式将任务下放至区，让其作为责任主体，开发公司负责拆迁和建设，区政府具体控制；在基础设施建设带来的拆迁任务中，这种分包模式体现得更为明显。

（2）代政府实现城市建设意图的半公共部门

计划经济向市场经济转轨要求政府从直接的经济活动退出，来自政府部门的国有城市建设开发公司，逐渐由事业单位改制为独立公司后仍然属国有性质，他们代表政府经营土地、提供基础设施，同时也有盈利需求。在政府主导的旧城改造中，政府下属的半公共部门代政府实现城市建设意图，如道路扩建办、地铁公司、城建公司进行城市建设、提供公共产品。半公共部门是政府权力和市场资本的结合，提高了旧城更新的实施效率。

（3）政府与开发商的合作

政府与改造实施主体的合作体现在给予减免土地出让金、相关税费等优惠政策，而开发主体代替其进行部分拆迁、土地平整等改造前期投入。这一阶段地铁、道路沿线的土地开发，建设资金由政府与开发公司共同承担，道路沿线地块开发单位承担路面拆迁安置补偿费用。例如，地铁 1 号线的自筹部分大多来自土地出让与沿线开发的收益；东风路两侧改造的征迁工作由道路扩建办与房地产开发公司共同完成。

2. 国有企事业单位与开发商合作的零星改造

基础设施建设是典型的公共利益需要，因此无论是使用公共财政、借贷还是通过土地再开发筹资都有其合理性。而住房环境改善这样的民生工程，在具体项目中只能是小部分人群受惠，因此住房更新在缺乏公共投入的情况下，必须依赖社会资金，"以房养房"，即房地产导向的更新方式。这一时期的旧城改造中，政府主导范围比较局限，政府与开发公司联合的成片改造案例较少，而由单位、开发商主导的零星改造项目，在规模与方式上都是主流。大部分的更新项目是在原单位产权地块范围内的改造，资金来自单位或与其合作的开发商，政府对于这类建设活动给予土地出让金减免的优惠政策，这在很大程度上鼓励了国有机关、企事业单位自主或与开发商合作建设办公、住宅用房。

2.4.3　政策实施结果及影响

这一阶段吸引投资，从而快速改变城市面貌的目标得以初步实现，放松对土地与资本管制的正面效应，将有利于广州率先实行住宅商品化发展和建设资金来源的多样化，并使得其 20 世纪 80 年代至 90 年代中期的住宅建设全国领先；较早发展代政府进行城市建设的半公共部门，依靠自筹资金，在当时先于全国大部分城市完成了地铁、道路等大规模基础设施建设。但负面效应同样存在，产生大量拆迁矛盾、闲置地与烂尾楼问题，使得广州城市建设在市场化道路上刚刚起步就遭遇危机，对广州其后的城市发展政策产生深刻影响。

（1）建设管理无法适应市场化趋势

时任市长黎子流对他主政时期（1990—1996 年）的评价是："城市建设规划管理跟不上时代发展，中国现代化的道路还很漫长。"这一阶段的问题体现了向市场经济过渡的特征，土地供给没有完成市场化运作、市场主体的行动缺乏相应法规制度监管。尽管早在 1992 年广州就成立了土地开发中心，但大部分用地以协议出让、实物地价为主，国有房地产公司直接征地、拆迁。土地资源没有采用市场机制分配，未引入竞争、缺乏公开透明，造成土地价值难以充分体现。土地利用市场化过程中，由于土地供应制度的不完善、相应的政府监督管理职能并未建立，导致土地供给过量，大量土地储备在市场主体手中。在 1996 年以前房地产开发热时，广州市老城区的改造地块基本都划拨完毕。这一时期高强度的市政工程与房地产开发形成了大量的拆迁，"八五"时期共发出 1194 宗拆迁公告，需要动迁 41.874 万户、涉及人口 139.74 万人，占当时市区人口的 44%，其中属市政工程的仅占征迁总户数的 7.8%（林树森，2013）。

（2）政商合作处于初级阶段

旧城改造的主体由个人与单位逐渐转变为开发商。这一时期的政商合作处于初级阶段，由资金持有方主导。政府与开发商的合作体现为简单的"政策换资金"，减少了政府的财政负担，却无法达到好的实施效果。例如，政府希望能够通过道路两侧的土地开发获得基础设施建设的投入补偿，但实际上是政府的公共投入为开发商的建设创造条件。开发商帮助完成其开发地块内的拆迁，只起到减少政府部分工作量与投入，却造成公益与商业项目不分。国有企事业单位提供土地，开发商提供资金进行商品房开发虽然流行，但其中很多得到土地的单位并没有开发能力，希望通过土地转手或红线转让获利，大量的土地只是有用地意向，并没有进入实际开发阶段。

（3）公共部门的企业化

这一阶段参与开发的政府部门与市场主体呈现出资本积累的初级阶段特征。在"城市建设的经济利益高于一切"的逻辑支配下，经济利益不仅包括城市发展整体利益、投资者利益，还有通过财政收入分配而产生的区、街、镇各级政府利益。过渡特征导致计划经济时期的土地拥有者——各"层级"与"条块"政府部门、国有企事业单位进行没有制约的土地换资本，公共部门不仅在市场化改制中没有脱离直接的经济行为，反而转变为谋利的市场主体。

（4）资本稀缺是对开发行为不设限的深层原因

除了没有完全市场化运作，市场主体的盲目性、资本的稀缺也是土地换资本不受制约的重要原因，吸引投资的方式只有降低参与开发的门槛，如降低土地获取的难度、对开发强度不设限制以保障资本获利。改革开放初期，市场资金与政府财政资金不足、土地价值还未充分体现。旧有制度还未充分变革，以适应新的市场因素。改革初期以决策者理念为代表的社会意识对于新兴市场持乐观态度，希望通过市场力量快速实现目标，这是土地换资本缺乏制约的深层原因。

第3章 城市发展动力变化下的调整阶段
（1997—2003年）

3.1 影响更新政策的因素

3.1.1 发展条件变化

1. 国家宏观经济政策支持城市发展

随着住房市场化改革，房地产市场的兴起使得政府有更雄厚的财力主导城市建设，在20世纪90年代中期的宏观调控与1997年的亚洲金融危机之后，国家层面的城市发展理念变化，不再刻意限制大城市发展❶。1997—2003年，国家采取积极的财政政策，鼓励基础设施建设及重点领域的国内外投资。1997—1998年，国家推出一系列政策，促进我国产业结构从轻型向重型化发展，取消福利分房、发行国债支持基础设施建设，城市在这一次产业转型中迎来了发展机遇。外商直接投资作为原有的空间演变动力机制开始弱化，政府主导的基础设施投资（机场、港口、铁路）以及依托大型设施项目的重点发展地区成为新的动力来源（许学强 等，2009）。在多种外部因素作用下，广州得到了空间拓展机会，选择以投资驱动的外延扩张战略。

2. 制度变革使得政府土地出让金收入提高

1997—1999年广州经历了90年代初之后又一轮建设小热潮（图3-1）。随着住房制度改革的实施，房地产市场进入制度改革引发的第二个上升期，与住房建设量一起上升的还有政府土地出让金收入。在1997年国家发出加强土地管理、保护耕地的通知后，广州开始推行经营性房地产开发项目土地招标出让制度❷，土地出让金收益迅速增加并保持持续上升，从32.38亿元增加至2003年的60.29亿元（图3-2），广州与全国其他城市一样越发倚重于土地财政。

---

❶ 2002第十六次全国代表大会提出"大中小城市协调发展"，意味着国家在发展理念上支持大城市发展，土地供给方面放宽对大城市的限制。

❷ 1997年10月13日广州市成立"土地使用招标拍卖领导小组"，宣布经营性房地产用地一律公开招标、拍卖，停止行政划拨、协议出让，不再以实物地价方式出让。1998年6月《广东省城镇国有土地使用公开招标拍卖管理办法出台》，1998年8月开始，广州原则上取消经营性用地零星审批方式，对新增的经营性土地实行公开招标拍卖出让。

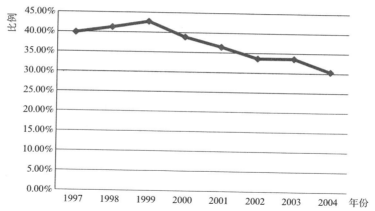

图 3-1　广州全社会固定资产投资占国内生产总值比例（1997—2004 年）

来源:《广州统计年鉴》（1998—2005）

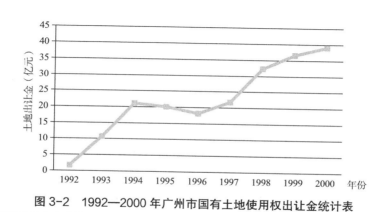

图 3-2　1992—2000 年广州市国有土地使用权出让金统计表

来源:广州市地方志编纂委员会.广州市志（1991—2000）（卷三）[M].广州:广州出版社,2010.

3. 市场环境难以催生鼓励更新的相关政策

（1）烂尾地问题使得市领导对旧城改造持谨慎态度

20 世纪 90 年代末期，广州面临大量闲置地、烂尾地问题❶。地块闲置的主要原因有几类，一种是有意愿开发，并已经动工，但因拆迁问题、资金不足的原因而停滞，这是烂尾地形成的主要原因；另一种对开发持谨慎态度，在不确定市场走向的情况下留地观望，或希望改变建筑功能；还有一种根本没有开发意愿和能力，只是准备转手炒卖。这些问题形成的原因可以归结为，在计划经济向市场经济转轨的信号已经明确，但各项制度还未完善，缺乏实际需求支撑，20 世纪 90 年代初的房地产投资具有很强的投机性。直到住房供应市场化之后，才形成了真正的住房市场需求。土地闲置、烂尾问题给政府决策带来警示，房地产开发地块供给不可随意划拨。

---

❶　1992—1998 年，广州市属各区中发出"建设用地通知书"的各类用地中，发出"建设用地批准书"的用地面积只占 26.32%，发出"建设用地批准书"的也有部分闲置。

（2）商品房市场供过于求难以催生鼓励城市更新的相关政策

随着住房制度改革的实施，住房进入消费市场，住房投资与建设量继续快速增长❶。从1998年开始，房地产市场进入制度改革引发的第二个上升期（图3-3，图3-4），但快速发展的商品房市场并没有对旧城改造产生影响，因为20世纪90年代后期住房市场处于消化已征用土地（闲置地、烂尾地），以及已有公房的商品化阶段，土地与商品房供给都很充裕。1998—2003年的住房改革初期，"房改售房"使得大量已有公有住房商品化❷，商品房市场处于供过于求阶段，加上量大价低的郊区房供给，商品房成交价格稳中有降（1998年商品房预售平均价格4824元/m^2，2003年降为3888元/m^2）、空置面积连年增加，直到2004年才发生逆转。这一阶段商品房价格的平稳以及充足的商品房用地供给，并没有催生鼓励城市更新的相关政策出台。

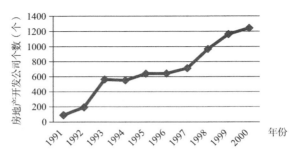

图3-3　1991—2000年广州房地产开发公司个数

来源：广州市地方志编纂委员会. 广州市志（1991—2000）（卷三）[M]. 广州：广州出版社，2010.

图3-4　1991—2000年广州实际销售房屋面积

来源：广州市地方志编纂委员会. 广州市志（1991—2000）（卷三）[M]. 广州：广州出版社，2010.

3.1.2　城市建设策略

在国家宏观经济政策支持城市发展、制度变革使得政府土地出让金收入提高、保护

---

❶ "九五"期间（1996—2000年），住宅投资占基本建设投资的31.3%，房地产开发投资比"八五"时期（1991—1995年）增长1.39倍。

❷ 福利分房的最后一年（1999年）广州出售公房14.5万套，售房款60.08亿元。

旧城的理念开始出现、房地产市场还未全面繁荣的影响下，政府通过空间拓展寻找增量机会，达成主导城市建设的意愿，成为这一时期的城市建设核心目标。因此，政府采取从形象工程到外延扩张、继续大力投入城市基础设施建设以及城市建设加强管理力度的策略。

这一时期空间发展策略是与产业发展目标密切联系的。随着国家引导的产业重型化发展，1997 年以后广州的发展目标由国际化大都市、优先发展第三产业转向现代化国际性区域中心城市，重点发展基础工业。与此同时广州以自上而下模式，通过基础设施建设与空间拓展推动城市化，2000 年以来的空间拓展为产业提供发展空间（袁奇峰，2013），广州发展成为经济发展以大型企业与国有企业为主的城市，财税贡献率居广东省首位，其中心城市地位进一步加强。

1. 从形象工程到外延扩张

1998 年广州获得第九届全国运动会的举办权，广东省政府对广州市面貌提出了更高的要求，时任市长林树森提出"树立广州市现代化形象，迎接九运会召开"。为了在建设资金有限的情况下改善面貌，规划局 1998 年初向市政府提出 109 项城市形象工程建设实施方案，该工程以建设公园广场、绿化带、标志性建筑为主。1998 年省政府领导在广州市城市建设现场办公会上提出"一年一小变，三年一中变，2010 年一大变"的城市建设发展战略❶。1997—2001 在城市形象工程、"三变"的名义下，广州城市建设战略诉求是"加大基础设施建设投入、加强城市管理、提高城市形象"。

2000 年之后，行政区划变动与产业发展思路驱使广州走向外延扩张的城市建设战略。番禺、花都撤市改区，市区面积迅速膨胀❷。随即广州市政府邀请五家机构开展广州市总体发展概念规划咨询，成果形成《广州总体发展战略规划》，确定"南拓、北优、东进、西联"的八字发展方针。广州市城市总体规划（2001—2010 年）根据战略规划进行调整，城市向各个方向拓展。广州城市发展战略转变为"拉开结构、建设新区、保护旧城，推动重点地区发展"。在外延扩张的城市发展策略下，城市建设跳出旧城，关注边缘与郊区，因此时任市长林树森提出"不准开发商进入旧城"。

2. 城市基础建设投资增长

这一阶段公共物品投入大量增加，"九五"期间（1996—2000 年）用于市政基础设施建设的投资是为"八五"期间（1991—1995 年）的 2.8 倍（林树森，2013）。广州在"三年一中变"期间（1998—2001 年）投入城建资金 605.19 亿元，主要用于道路为重点的 160 多项重大基础设施建设工程。大量的公共投入需要从市场寻找更多的融资渠道，代表政府的市场主体应运而生。1996 年广州市成立了负责城市基础设施融资的企业——广州市建设投资发展有限公司（简称"建投公司"）。

以这一阶段广州市中心城区最大的公共投入工程内环路建设为例，实际总投资

---

❶ 小变是解决脏乱差问题，中变为 2001 年承办九运会做准备，大变的实现意味着 2010 年广州率先基本实现社会主义现代化，全面建设区域性中心城市与国际大都市。

❷ 广州市区面积由原来的 1443.6km² 增加至 3718.5km²。

168.06 亿元由多方渠道筹得。国外资金来源于世界银行贷款，国内资金主要是广州市政府投资，包括市政建设费、土地出让金、内环路建设附加费等。建设总投资的 76% 依靠贷款，通过较长时间内收取道路通行费用偿还。道路是典型的公共物品，政府是公共物品的主要生产者。尽管从 1997 年开始财政收入连年大幅增长（图 3-5），仍无法支持城市重大基础设施项目，需要采取"以路养路"的方式，借助贷款和收取各种税费。这种模式在地方政府看来是因"城市所创造财富和城市自己可以支配财力严重不对等"造成的（林树森，2013），也体现出城市建设筹资渠道更加多元与市场化。

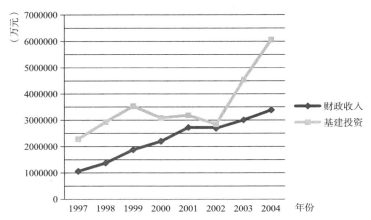

图 3-5　1997—2004 年广州市财政收入和基本建设投资对比
来源：广州统计年鉴（1989—1997 年）

3. 城市建设加强管理力度

广州于 1998 年开始推行"市、区两级政府，市、区、街镇三级管理"的城市管理体制，城市规划管理也进行了相应调整，明确区规划分局是广州市城市规划局的派出机构，由所在区政府行政领导，广州城市规划局业务领导。相对 20 世纪 90 年代初期的规划分权，这一次改革在事权下放的同时，加强了市级部门的领导权。这一时期市政府有意加强城市建设管理，通过颁布地方条例，从土地管理、房屋拆迁、城市规划制度规范开发行为，开发管制相对收紧是对上一阶段市场主体不受控的调整，有助于城市建设主导权回归市级政府。

在土地管理方面，首先是控制新增建设用地供给，控制城市空间拓展方向。1997 年之后连续五年，广州市新增建设用地指标只供给珠江新城区域等城市建设重点区域（叶浩军，2013）。在控制新增建设供给的同时，开始集中解决遗留土地问题，依法处理上一轮开发热潮导致的闲置地、烂尾地、违法建设 ❶。市政府提出不允许"炒红线"、

---

❶ 1997—2001 年间城市建设计划统一在"城市形象工程""三变"项目之下，拆除违法建设、整治占道经营等影响市容市貌的工程成为加强城市建设管理的突破口。1998—2000 年，广州市拆除约 924 万 m² 的 84439 宗违法建筑。

收回闲置土地、保护被拆迁户权益等问题。1997 年广州市设立收回闲置土地办公室，并出台了《广州市闲置土地处理办法》，收回超过期限未开发的土地 ❶，其中包括旧城更新地块 ❷。

针对上一阶段混乱的拆迁行为，1997 年广州市第一部关于城市房屋拆迁管理的地方性法规《广州市城市房屋拆迁管理条例》制定实施，该条例提出保护被拆迁人利益的措施，要求拆迁办与开发公司设立拆迁监控资金账户；条例中明确规定了回迁期限，超过期限拆迁人需付给被拆人延期补助费，此费用是安置补助费用的 2 ~ 3 倍。相比 1991 年《广州市城市房屋拆迁管理实施办法》对于被拆迁人权益的忽视，该条例出于维护社会稳定的角度加强保护原有产权人合法权益，但同时也大幅提升了项目延期费用。

尽管我国从 1990 年起就颁布了《中华人民共和国城市规划法》，但实施以来"有法不依，执法不严"现象非常普遍。1996 年国务院发布了加强城市规划工作的通知，指出"不得下放规划管理权，坚决执行'一书两证'制度。"在国家层面加强城市规划工作的指引下，1997 年《广州城市规划条例》颁布，其最重要的目的是通过规范建设用地规划许可证管理，制止"违法占地、违法建设"行为。

3.2　更新政策的提出

当政府具备实力主导基础设施投资以推动城市化，就有了机会实现通过空间拓展寻找增量机会，达成主导城市建设的意愿，此时政府不必像 20 世纪 90 年代初期那样依靠外商投资、发动计划经济时期资源掌控者（企事业单位）投资积极性，政府开始对市场主体进行管控、规范开发行为，加强政府的公共部门职责（对市场主体进行监管干预），有助于市级政府掌握城市建设主导权。随着社会发展，经济发展作为市民共同利益已经不再足够，执政者对政绩要求不再仅限于"经济发展至上"，为体现先进性，早于社会主流价值观提出具有知识精英与技术专家色彩的历史文化保护理念。尽管政府依然需要联合市场主体推动城市建设，但可以跳出利益格局复杂、市级政府无法掌控的旧城，因此提出政府主导旧城改造、禁止开发商进入旧城。面对国家与工业系统的工业企业改制解困要求，政府作为国企的利益共同体，必须让出土地开发收益，通过这种合作，政府也实现了以极少的成本投入就可快速推动工厂外迁，提升市区生活环境与土地价值，调整产业结构。

---

❶ 1991 年以前办理用地手续的需要重新申请核发建设用地规划许可证，1992 年以来未办理"国家建设征用土地通知书"的公开通报。

❷ 1997—2000 年,市规划局注销建设用地规划许可证 127 份，收回用地面积 415hm²。1997 年应区政协委员要求，注销了原征用低层住宅区进行开发的建设用地规划许可证。同年市政府从收回的旧城闲置建设用地中，拿出两块进行公开招标、拍卖，其中一块被广州保利房地产公司以 8798 万元底价购得。1999 年无偿收回芳草街地块，改作危房改造项目，盘福新街地块、状元坊地块等在收回土地使用权后，成功拍卖出让。

3.2.1 从旧城改造到提倡历史文化保护

《广州市城市总体规划（1996—2010）》明确"新区开发与旧城改造相结合，控制旧城区的人口密度与建筑密度，疏散旧城区人口到新区"（孔伍梅，2008）。这一阶段旧城改造仍延续之前疏解过高的人口与建设密度的原则，提倡引导旧城中心区人口与产业向外疏散。20世纪90年代后半段，广州继续以基础设施建设推动旧城面貌变化的思路，并对20世纪90年代初遗留的大量闲置地、烂尾地进行处理。20世纪90年代初确立的以沿线土地出让带动道路、地铁建设的策略，在实施中并不顺利。"九五"期间（1996—2000）广州并没有停止以道路建设为代表的大量公共物品投入，筹资途径、公共财政相对"八五"期间更有保障。

进入21世纪后，随着旧城范围内一系列重大基础设施建设的完成，外延扩张战略的提出，新的更新政策强调"旧城区改造应将历史名城保护作为政策前提，遏制以市场为主体的无序改造，实行以整治改善为主的旧城更新"（彭高峰 等，2004）。旧城改造的方式由拆除重建向整治、改善的转变。政府主导的住区更新项目以危改工程为主，旧城更新"停留在城市景观整治层面，实施重点地段道路沿线粉饰"（黄慧明，2013）。

这一阶段广州旧城更新政策的形成，除去外部环境因素，很大程度上受到决策者与规划专家的个人理念的影响。1996年上任的市长林树森对人居环境有自己的思考，他认同文化对城市发展的作用，强调城市特色与文化沉淀。在与规划专家的探讨中，他非常赞同吴良镛先生提出的"文化沉淀丢失无法弥补，因此旧城更新要立足于整治而非改造"，提倡旧城改造要保留历史风貌，同时留出空间改善人居环境（林树森，2013）。"先搞新区再搞旧城，以新区建设带动旧城改造"的原则在这一阶段提出，在较长时间内产生影响。继20世纪80年代更新改造导向的街区规划之后，1996年开始，广州市陆续编制了保护导向明确的专项规划❶，政府通过发布条例、通知，贯彻历史保护理念❷。1999以后在强调历史保护的理念影响下，规划管理对旧城更新的管控力度也随之加大，非政府主导的活动受到严格控制（冯萱 等，2014）。

3.2.2 提出政府主导的改造方式

广州新一阶段的旧城更新政策基于对上一阶段旧城更新的消极结果，将旧城改造的失误归因于不受控制的市场力量。"开发商主导的旧城改造经济利益至上，以提高容积率为条件，城市文化价值受损"，1999年时任市长宣布"不让房地产商参与旧城改造"。

---

❶ 其中包括旧城中心区更新规划、以及历史文化街区、传统风貌商业街、历史文物古迹保护地段、城市传统中轴线的保护规划。
❷ 1998年市政府公布实行了《广州历史文化名城保护条例》，成立广州市历史文化名城保护委员会，2000年发出《关于公布广州市第一批历史文化保护区的通知》（穗府〔2000〕55号）。

在 2003 年广州城市总体发展战略规划实施总结研讨会上，林树森再次强调对老城区建设的慎重和对开发商的戒备，"改造老城区，房地产公司是不可能帮我们的"（林树森，2013）。除了决策者个人理念外，控制旧城开发也是现实需求。经过 20 世纪 90 年代初期房地产开发浪潮，留下闲置地、烂尾地、拆迁安置问题，广州市需要一定时间解决这些问题；进入 21 世纪后广州市的空间拓展需要投资支持，不准房地产商参与旧城改造是一种将投资引向新城的直接方式。

既然房地产开发导向的更新在旧城已经显露弊端，而面对逐渐老化的物质环境，广州采取"不依靠房地产开发商，以政府为主导的旧城区改建模式"。政府主导的原则是，"改造项目以公共利益为出发点，即出于改善民生、文化、城市交通的目标；改造资金由市、区财政与业主共同出资；规划以尊重历史风貌，不增加建筑密度，完善公共设施配套为前提；以试点先行的方式推进改造"。这几点原则意味着政府提倡公共财政出资，不再满足于依靠市场资金的房地产开发进行旧城改造。

3.2.3　支持国有工业企业外迁改造

1997 年中共十五大确定"国有制为主体，多种所有制共同发展"，国家启动全方位的国有企业改革，国务院提出用三年时间完成大中型企业脱困，盘活土地资产被作为支持国企改革的重要途径，推动了国企土地房地产开发。从 20 世纪 90 年代初开始，广州就通过房地产开发帮助国有企业解困，随着 20 世纪 90 年代后期国家倡导下国企改革步伐加速，更多企业加入厂址外迁、企业用地置换。工业企业通过改造获利虽然是来自国家与工业系统的诉求，但对于地方政府而言，推动国企改革既是责任也可以从中获益，提升城区环境、进行产业升级与用地功能的调整，得到部分土地出让收益。出于环境保护的需要，政府着力推动重污染工厂搬离城区。

1996 年广州市政府颁发施行《广州市优化资本结构，实现"两个根本性转变"试点实施方案》。老城区经济效益不好的企业，允许其改变企业原有的土地使用形式，出让或开发房地产，所得除按规定上交国家和省外，可留给企业安置职工、偿还历史债务。广州在 1998 年之后已经开始推行经营性用地公开招标、拍卖出让，但工业企业改造很大程度上是为国有企业提供发展资金，促进污染企业搬迁、提高地租，有利于城市发展与土地的合理使用，因此使用特殊的土地政策。这类项目的地价款通常享有优惠，国有企业地块开发若公开出让，企业可以获得不高于 56% 的土地出让款返还❶；工业企业也可与开发商联合开发，直接获取更多开发收益❷。

---

❶　例如 2000 年拍卖出让的广州机床厂地块以 4.8 亿元成交，机床公司获得补偿金 2.8 亿元与 6000m² 建筑物。
❷　1997 年 12 月 10 日，广州广重企业集团有限公司与广大房地产开发公司签署合作协议，共同开发广州重型机器厂土地，建设光大花园商住小区；1997 年煤制品厂用地由广州市煤建公司、广州广燃房地产开发有限公司合作开发为南源花园商业住宅小区；1998 年广州医药集团有限公司变现广州药用玻璃厂土地，与广州中鸿实业有限公司联合开发嘉鸿花园。

3.2.4 土地批租仍以协议出让为主

尽管随着国家加强对土地批租的规范，广州原则上取消经营性用地零星审批方式，对新增的经营性土地实行公开招标拍卖出让。但土地出让制度的实际执行当中，仍然以协议出让为主。2000 年协议出让土地面积占广州土地一级市场的 81%，19% 以拍卖方式出让（陈为国，2012）。在 1998 年之后国有土地出让金额整体增加的情况下，老城区出让地价非常之低，平均地价只有一两百元（表 3-1）。低地价表明，不同于新城建设由政府统一征收、储备、整理土地的模式，旧城更新并非政府主导，其中的拆迁补偿、土地整理与基础设施配套由开发主体完成。

1998—2001 年广州老城区已签订土地出让合同的用地年度平均地价　　　　表 3-1

年度	总建筑面积（万 m²）	平均地价（元 /m²）
1998	1315	174.3
1999	1113	206.0
2000	793	218.9
2001	845	240.7

来源：林树森 . 广州城记 [M]. 广州：广东人民出版社，2013：91.

根据有限的记录，从 1997 年开始广州对若干更新改造地块进行了公开出让，其中包含在上一阶段的开发浪潮中的已批未建地块。在广州市实施"所有经营性房地产用地一律公开招标、拍卖"政策后的第一次土地使用权出让会上，就公开出让了 2 个收回土地使用权的地块，分别位于"北京路东侧、珠光路以北和上九路以南、光复南路以西"。北京路东侧面积 3944m² 的地块，以底价 8798 万元由广州保利房地产公司获得。而另一处位于上九路以南、光复南路以西的地块却无人应价，该地块用地面积 15372m²，容积率 6.5，楼面地价 2757 元 /m² 与北京路地块接近。由此可见实施公开出让后，一定规模的旧城更新地块由于开发成本高、周期长，如果没有足够的收益预期，在当时的土地市场上不受开发商青睐。

1997—2000 年，广州以公开招标、拍卖的方式出让了 28 个地块，14 个位于旧城或是旧工厂，其中三个没有成功出让（表 3-2）。这些地块成交地块"起叫价"与成交价相差不大，平均楼面地价为 1525 元 /m²，区位条件较好的地块楼面地价与新区地价类似，在 2000 元 /m² 以上，而旧工厂改造地价相对较低❶。从有限的土地使用权公开出让记录来看，即使有制度制约，只有具备拍出高地价条件的地块政府才会用公开招标拍卖方式出让，公开"招拍挂"仍然不是用地供给的主要方式。

---

❶　楼面地价最高的北京路东侧珠光路北地块达 2788 元 /m²，最低的工业大道地块楼面地价 686 元 /m²。

1997—2000 年广州市旧城或旧厂地块公开招标拍卖出让情况   表 3-2

时间	地块	用地面积（m²）	总建筑面积（m²）	性质	分类	起叫价（万元）	成交价（万元）	竞得者
1997 年	东山区北京路东侧珠光路北	3944	31552	商业、商品住宅	招标	8798	8798	广州保利房地产有限公司
	上下九以南、光复南路以西	15372	99918	商业、商务写字楼、商品住宅	招标	27551.6	—	无人应价
1998 年	工业大道地块	53225	195335	商品住宅	拍卖	10000	13400	广州市恒大房地产开发有限公司
1999 年	应元路捷元坊	3725	21556	商品住宅	拍卖	3200	4000	广州市穗东房地产开发有限公司
	盘福路盘福新街	5743	39569	商业、商品住宅	拍卖	4000	4000	广州泰峰房地产开发有限公司
	解放北路	5340	32040	商业、商品住宅	拍卖	4000	4000	广州泰峰房地产开发有限公司
	东风西路 120 号	4387	13644	居住	招标	3138	3288	广州市越秀区城市建设开发公司
	海珠区新港中路广州毛纺厂	38473	110432	商业、商品住宅	拍卖	11350	12000	广州南洲房地产开发有限公司
2000 年	广州机床厂	106693	352310	居住	拍卖	36000	48000	广州城市建设开发集团有限公司
	广东制药厂	48654	145962	居住	拍卖	9230	—	无人应价
	广州电池厂	53417	160251	居住	招标	14360	14800	广州保利房地产有限公司
	海珠区江燕路万宝冰箱厂厂区	46901	136701	商品住宅	拍卖	18600	19000	广州天力房地产有限公司
	海珠区昌岗中路广州吸塑包装厂	18451	38451	商品住宅	拍卖	5800	—	无人应价
	荔湾区中山八路16 号地块	7478	26200	商业、住宅	拍卖	5300	5300	广州天力房地产有限公司

来源：广州市地方志编纂委员会 . 广州市志（1991—2000）（卷三）[M]. 广州：广州出版社，2010.

3.3　更新政策的实施

这一阶段的旧城更新开始出现政府主导的城市美化、局部整饰。整治内容包括绿化广场与公园的整治建设、城市干道和商业街的整饰等。政策导向与发展中心转移使得旧城问题被忽视，新区与旧区发展缺乏联动。

3.3.1　政府主导实施的更新改造

1. 基础设施建设政府投入增加

"九五"时期延续了"八五"时期的城市建设方针，大力投入基础设施建设，2000

年城市人均道路面积 9.76m²，相比 1996 年提高一倍。内环路、康王路建设是这一时期涉及大量拆迁并对旧城面貌产生巨大影响的典型工程。

（1）市级主导引入外资的内环路工程

内环路是广州市改善中心区交通与环境的综合工程，目的是建设连续且通行能力强的快速路，疏导市中心区过境交通。内环路总长 26.7km，投资 66.88 亿元（国家计委批复投资估算），其主体工程 1997 年年底动工，1999 年年末建成，2000 年 1 月通车，仅用 12 个月时间完成。内环路围绕市中心，采用在已有主要道路上高架的方式，跨越7 个区，是继广州地铁一号线之后的最大规模的市政基础设施项目（图 3-6）。该工程体现了 1990 年代末地方政府在主导城市建设过程中，成为特殊的市场主体角色，能够利用国内外市场资金与行政资源运作大型城市建设工程。内环路界定了广州旧城区的空间范围，在影响历史景观风貌的同时，由于解决过境交通问题而有利于历史城区的保护。

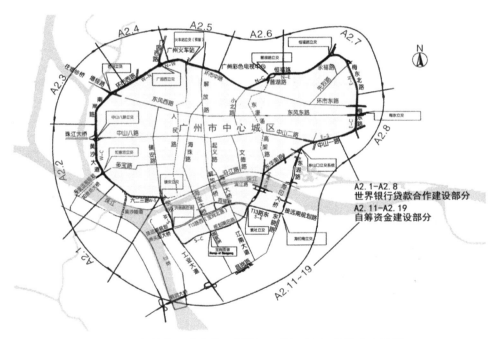

图 3-6　广州内环路主体工程及 20 世纪 90 年代的中心城区

来源：广州市地方志编纂委员会. 广州市志（1991—2000）（卷三）[M]. 广州：广州出版社，2010：219.

由于内环路不同一般的规模、涉及空间与利益范围广，该项目采用市级主导的方式，设立由广州市政府主要领导组成广州市中心区交通项目领导小组及小组办公室，负责项目的组织实施，1997 年成立广州市中心区交通建设公司，负责内环路工程的建设。内环路是当时广州投资强度最大的市政交通工程项目，市政府进行征迁、建设、提供安置房源，所需资金由广州市自筹与世界银行贷款共同构成，广州自筹资金主要来自政府征收的税费、土地出让金以及因内环路建设开征的中心区交通项目通行费。该项目能够启动有赖于世界银行提供的前期研究经费——2 亿美元（约人民币 16.6 亿元）贷款支持。内环路工程是广州第一次利用世界银行低息贷款建设交通工程项目，意味着广州城市建设筹资途径更加多元，利用外资成为主要方式之一。

内环路线路范围穿越居民密集区，拆迁量超过地铁一号线，需清拆建筑 68.9 万 m²，搬迁 1.2 万多户，涉及 4.4 万人（喻季欣，2007），是广州有史以来最大的拆迁工程。在项目实施中，资金投入最大最难进行的是征迁环节，征地拆迁费用占总投资的 56%，800 多名工作人员参与动迁，市统一提供房源 8000 多套。内环路拆迁延续地铁 1 号线的方式，时任市长林树森与相关区长签订"承包责任状"。拆迁工作由所在区具体负责，市道路扩建办负责总体组织协调。由于内环路是广州与世界银行合作项目，因此从工程规划到拆迁安置的程序与水准都必须达到世界银行的要求❶。

（2）区级主导的康王路工程

康王路是南北纵贯广州市荔湾老城区的道路工程，在 20 世纪 30 年代就列入道路建设规划。20 世纪 90 年代后，荔湾区道路窄、堵车现象严重，1995 年借修建地下人防指挥所的契机，荔湾区驱动康王路项目。相比内环路工程，作为区级项目实施难度更大，受 20 世纪 90 年代初期房地产浪潮的影响，提出借助社会资金的想法却未能实现❷。该项目从开始由人防工程提供启动资金，到后来的市政府支持，最终还是依靠政府出资完成❸。

康王路因拆迁受阻转换开发建设模式，从最初预想的依靠沿线开发单位"拆除路位"、提供拆迁安置资金，变为由市级层面主导的内环路模式，这种转变体现了 20 世纪 90 年代初倡导的以沿线地块开发促进基础设施建设模式的终结。康王路建设与旧城改造、城市开发密切相关，虽未达成"开发支持开路"，却实现了"以开路促开发"。除了与康王路工程一同完成的还有地下人防工程指挥部、地下商业城、陈家祠绿化广场，道路建成后沿线地块一直处于开发过程中，到 2010 年基本建设完毕，沿线景观由近代形成的街市民居变成因道路扩建而产生的高层商住建筑（图 3-7）。

---

❶ 拆迁补偿政策由世界银行安置专家参与决定。为内环路拆迁工作，道路扩建办制定了《拆迁安置行动计划》，得到世界银行社会发展处的认可，被当作拆迁安置行动的范本。拆迁和安置工作按照该计划操作，被拆迁人大多被安置在同德围等政府兴建的解困房小区。

❷ 经历过 20 世纪 90 年代初的"划地潮"，1996 年康王路进行建设前期筹备之时，沿线 33 个地块已有 31 个地块被 26 个省、市、区属单位征用，因此区政府计划采用道路沿线地块开发单位承担路面拆迁安置费用的方式。工程开始前，沿线已建成的开发项目只有荔湾广场、惠城花园、西关大厦，这些项目都预留了"路位"面积。项目进行过程中"以开发支持开路"遇到障碍，由于征用单位缺乏开发实力、区政府对沿线开发单位没有有效管控手段，房地产开发公司并不能按期完成拆迁任务。

❸ 荔湾区政府提出"将康王路工程列入广州市市政建设重点工程，按照内环路拆迁模式，市提供资金与房源，区负责拆迁安置"。市政府部分采纳荔湾区意见，市道路扩建办成为康王路南段（中山七路至杉木栏路）的实施主体，委托区道路扩建办实施。随着市提供的资金与房源的到位，部分已征未建地块被收回，项目推进迅速。

图 3-7　2000 年改造进行中的康王路两侧地块与 2009 年开发状况对比

说明：图 a 为 2000 年改造进行中的康王路两侧开发状况；图 b 为 2009 年康王路两侧开发状况

来源：广州地形图（2000 年、2006 年）；Google earth 航拍图（2009 年）

2. 危破房改造以零星修补为主

尽管 1987 年广州市就成立了危房改造建设管理所，负责全市的危房改造工作，但危房改造投资与改造量一直处于较低水平。1996 年市政府将危房改造作为城市建设主要工作列入"九五"规划，以减免税费的优惠政策促进危房改造。1999 年国土房管局将危改任务分派到各区，与各区国土房管局签订《广州市危房改造责任书》，计划在三年内完成 1997 年在册 23 万 m² 危房改造。市、区危房改造所是项目实施主体，项目有成片地块也有零星地块，主要采取拆除与维修两种方式（广州年鉴编纂委员会，2000）。市政府为推动危破房改造，实行免除地方行政性收费、危房改造实行异地安置或作价补偿、危房改造和安置项目用地以行政划拨方式由市危改所征用。政策支持下，1998 年危破房改造的投资总额大幅提升（图 3-8），2003 年又启动了 2002 年在册 18.8 万 m² 危房改造工程。但从危破房存量数据来看，效果并不显著，这与改造主要以零星修补方式进行、规模与资金投入仍然欠缺有关。

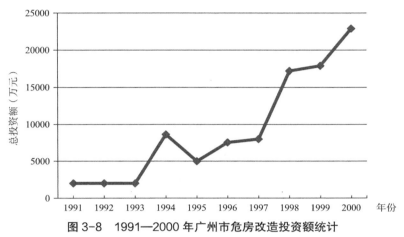

图 3-8　1991—2000 年广州市危房改造投资额统计
来源：广州市地方志编纂委员会 . 广州市志（1991—2000）（卷三）[M]. 广州：广州出版社，2010：373.

3. 政府主导的景观环境整治兴起

为了实现"一年一小变、三年一中变"的建设目标，广州在旧城重要的景观地带与历史风貌区，如中山路、北京路、上下九路、六二三路、英雄广场、先烈路、珠江两岸，开展环境整治。这一时期全国范围内的以穿衣戴帽工程、商业步行街、城市广场建设为代表的城市形象工程兴起，广州紧随潮流，2000 年广州市房管部门投入 2000 万元资金进行"三年一中变"第一批整饰项目。在九运会即将举办的背景下，产生了上下九、北京路商业步行街整治、陈家祠广场建设等典型项目。

（1）大事件诱因下的穿衣戴帽工程

2001 年九运会前夕（"中变"目标期限），广州在重点景观路段实施"穿衣戴帽"工程，6000 多栋建筑进行了立面整治，花费财政资金 21.6 亿元（任天阳，2011）。由于当时政府投入资金有限，对于保持历史建筑的原真性缺乏认识，这一时期整修所用材料廉价，修缮方案简单，对历史建筑造成了一定程度的破坏。例如，建筑立面都涂上外墙漆，掩盖了原本材质；屋顶加戴轻质陡坡帽子极易被台风吹走等问题。

（2）体现地方特色的步行街整饰

上海对外滩和南京西路、淮海路的整治对广州街道整治起到一定的示范作用（谢璇，2001），商业步行街建筑外立面整治作为广州标志性城市形象工程，纳入 109 项城市形象工程及后来的"一年一小变"的目标，上下九立面整饰、北京路环境整饰是这一背景下的代表项目，在"小变"与"中变"阶段，广州市政府先后分别投入 3600 万元、3000 万元用于这两条步行街的整饰工程。

随着道路拓宽工程的展开，中山路、解放路等传统骑楼商业街被拆除，1998 年开始政府开始提出保护骑楼商业街（袁奇峰 等，1998）。广州上九路、下九路、第十甫路所组成的商业街简称上下九，在民国时期上下九一带就是商业发达的黄金地带，在20 世纪 20 年代的骑楼建设热潮中形成了基本格局与建筑风貌（张智敏，2011）。1995年上下九路、第十甫路率先试行周末限时步行街，街内集中了陶陶居、莲香楼、广州酒家等数十家知名老字号食肆（图 3-9）。

图 3-9　上下九整饰工程范围

整修之前，上下九商业步行街的骑楼并不连续，经过不同时期的更新维护，大量传统建筑细节已经不存在；由于商业活动的需要，外墙被玻璃幕墙、大广告牌覆盖的现象也很普遍（图 3-10）。经过短时间的整饰❶，上下九路、第十甫路全长 1218m，成为具有广州近代建筑特色的民俗风情旅游购物街区（图 3-11），在 2000 年被列入广州首批历史文化保护区。

这一时期另一个具有代表性的街道整饰工程是北京路环境整饰。北京路位于广州历史城区中心，与上下九路一样，北京路商业街整治是在"三变"要求提出的背景下，广州市 109 项城市形象工程之一，实现"小变"的重点工程，由越秀区政府负责实施，从 1999 年 5 月开始施工到 9 月赶在中华人民共和国成立 50 周年前完成，工程实施仅用 123 天。北京路环境整治是以改善购物环境、提升城市形象为目的的综合系统工程，涉及多个相关专业、部门、施工单位。越秀区成立由区领导负责的北京路商业步行街街区管委办进行决策协调，委托广州市规划院进行规划设计与实施。整治后北京路步行商业街的传统优势得以维持，强化了其市级商业中心的地位。

---

❶ 1998 年 11 月广州市思哲设计有限公司受荔湾区政府委托，开始对步行街进行整饰设计，设计目标是还原广州 20 世纪 30 年代的建筑模式。上下九路立面整修包括重新粉饰墙面，增添恢复建筑细节，例如整饰加工山花、女儿墙、柱式，统一窗式，重现砖雕、灰雕，加装灯光装饰等。

图 3-10　整饰前临街建筑现状　　　　　　图 3-11　整饰后实景拍摄

（3）为旧城提供公共空间的绿化广场

陈家祠绿化广场是这一时期通过旧城更新提供绿化广场的典型案例，该案例位于广州市中山七路与康王北路交会处，西侧毗邻陈家祠，南侧紧邻地铁 1 号线，改造前为低矮民居区与广州电筒厂（图 3-12）。1996 年康王路地下人防工程需要解决配套设施用地，此时国内兴建城市绿化广场的热潮刚刚兴起，荔湾区政府提出结合康王路地下人防工程修建陈家祠绿化广场，计划提出后得到市政府的支持。该项目是荔湾区政府负责实施的广州市 109 项城市形象工程之一，1997 年启动 2000 年建成，占地 1.6hm²，需拆迁建筑面积 2.88 万 m²，广场征迁工作由区道路扩建办公室承担，市、区政府共同

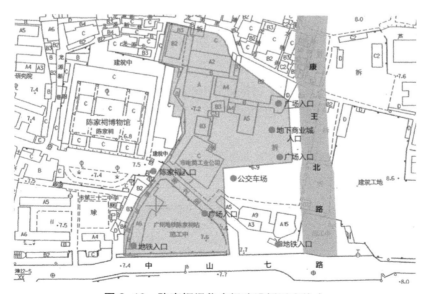

图 3-12　陈家祠绿化广场建设拆迁实施中

来源：广州地形图（2000 年）

出资完成❶。建成后的陈家祠广场由中心下沉式喷泉广场，供市民游憩锻炼的绿化空间组成（图3-13），成为兼有旅游服务与市民游憩功能的城市广场，为建设密度大、绿化空间少的旧城区提供了公共活动空间。

图 3-13　陈家祠绿化广场建设完成后
来源：Googleearth 2006 年卫星图

3.3.2　市场主导的工业企业改造

1. 城区国企土地改造大规模展开

在国家扶持企业的政策下，国有企业土地成为其发展资本，大量工业用地置换为居住、商业用地（表3-3、图3-14）。1996—2000 年，旧工厂集中分布的海珠区置换工业用地面积超过 200hm²，工厂变为高层居住区。相对旧城居住区的改造，工业企业改造无须动迁安置大量居民、原有产权主体单一，利于谈判协商、属于地租"洼地"，政策支持又简化了程序、减少公共收益返还，进一步减少了改造成本。从 20 世纪 90 年代开始工业企业通过房地产开发快速推进，1992—2000 年间，广州有 70 家工厂搬离城区（广州市地方志编纂委员会，2020）。

部分大规模工业企业改造项目（1996—2001 年）　　　　表 3-3

企业名称	项目启动时间（年）	用地面积（m²）	开发项目	开发企业
广州铜材厂	1995、1997	105289	富力广场	广州富力房地产有限公司
广州手表厂	1996	63524	愉景雅苑	合生创展集团有限公司
广州人民胶鞋厂	1997	18626	金沙花园	广州新苑房地产开发有限公司
煤制品加工厂（内部合作）	1997	22500	南源花园	广州广燃房地产开发有限公司

❶ 1997 年时任市长林树森在视察荔湾区工作时针对该项目提出了市、区共同解决拆迁问题的方案，大大加快了项目实施。广州市政府提供住宅拆迁安置资金 8500 万元，区政府负责电筒厂 6600 万元的拆迁安置费用。

续表

企业名称	项目启动时间（年）	用地面积（m²）	开发项目	开发企业
广州农药厂（拍卖）	1998	116611	金碧花园	广州市恒大房地产开发有限公司
南岸煤场	1998	11000	荔港南湾	广州市富银房地产开发有限公司
广州钢管厂	1998	38213	富力环市西苑	广州富力房地产有限公司
广州市建材一厂	1998	140205	富力半岛	广州富力房地产有限公司
广州彩色带钢厂	1998	52947	金羊花园、富力东堤湾	羊城房地产公司 广州富力房地产有限公司
广州重型机器厂（合作）	1998	330081	光大花园	光大房地产开发公司
广州机床厂（拍卖）	1998	106693	江南新苑	广州城市建设开发集团有限公司
广州药用玻璃厂（合作）	1998	82000	嘉鸿花园	广州信鸿房地产有限公司
广州硫酸厂	1999	38088	千禧花园	广州富力房地产有限公司
广州毛纺厂（拍卖）	1999	38473	佳信花园	南洲房地产开发有限公司
万宝冰箱厂（拍卖）	2000	46901	富力顺意花园	广州富力房地产有限公司
石围塘煤场（合作）	2000	116400	—	广州市汤始投资实业有限公司
广州电池厂（拍卖）	2000	53417	保利百合花园	广州保利房地产有限公司
广州劲马动力设备企业集团公司	2001	135639	富力现代广场	广州富力房地产有限公司
珠江食品厂	2001	33417	富力碧涛湾	广州富力房地产有限公司

来源：广州市地方志编纂委员会 . 广州市志（1991—2000）（卷三）[M]. 广州出版社，2010：66-147.

广州市地方志编纂委员会 . 广州市志（1991—2000）（卷八）[M]. 广州出版社 2010：65-800.

广州市地形图（1982 年、1998 年）；百度地图；广州建设用地规划许可证信息。

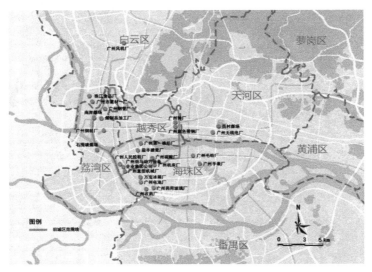

图 3-14　部分大规模工业企业改造项目分布（1993—2001 年）

来源：广州市地方志编纂委员会 . 广州市志（1991—2000）（卷三）[M]. 广州出版社，2010：66-147.

广州市地方志编纂委员会 . 广州市志（1991—2000）（卷八）[M]. 广州出版社 2010：65-800.

广州市地形图（1982 年、1998 年）；百度地图；广州建设用地规划许可证信息。

与 20 世纪 90 年代初的工业企业改造相比，20 世纪 90 年代末至 21 世纪初的改造项目规模更大、建设标准更高。以海珠区工业大道以西，鹤洞大桥以北的滨江地块为例，该片区的 17 个工业企业，14 个进行了商品房开发（图 3-15），其中广州重型机械厂与光大集团联合改造的光大花园是规模最大的项目，占地超过 43hm²，总建筑面积约 109 万 m²。几乎每个项目都提供更多绿地、道路、社区服务等内部设施，并且配备了中小学与幼儿园。伴随着工业企业改造，政府增加并拓宽了市政道路，使得该片区从工厂聚集区变为现代居住片区，至 2010 年除部分城中村和还未开发的收储地块几乎全部完成开发。但此类开发往往局限于原工厂产权地块内，开发各自为政、缺乏统一规划，在充分实现土地价值、提升城区环境方面的作用仍旧有限。

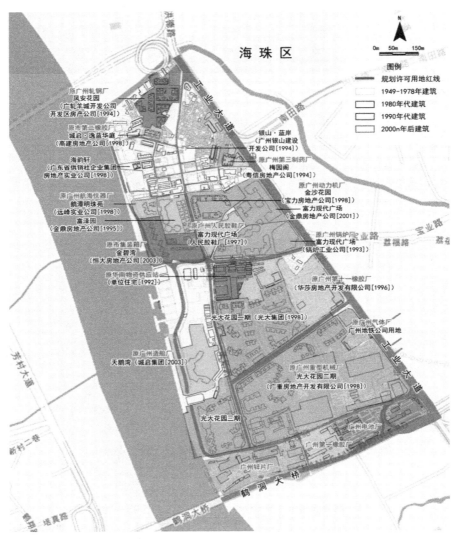

图 3-15 海珠区某工厂集聚区改造情况（至 2006 年）
来源：广州市地形图（1982 年、1998 年、2006 年）；百度地图；广州建设用地规划许可证信息。

2. 房地产开发公司成为改造主体

工厂搬迁改造的主要方式是工业企业与房地产开发公司合作，被批准改造的国企往往会与所属集团公司内部的房地产开发公司合作，有些则会选择私营房地产企业。例如煤制品加工厂于 1997 年获批房地产开发建设，广州市煤建公司与广州广燃房地产开发有限公司合作开发为南源花园商业住宅小区，两公司均属 1998 年成立的广州燃料企业集团有限公司。1995 年政府批准广州燃料企业集团有限公司自行开发石围塘煤场，1999 年广燃集团与广州市汤始投资实业有限公司签约合作。1998 年广州市新增经营性用地一律实行公开招标政策出台之后，以公开招标拍卖方式出让土地的项目增加，如广州农药厂地块、广州毛纺厂、万宝冰箱厂、广州电池厂地块都是以土地拍卖出让的方式进行改造（如上表）。

随着房地产行业的发展，20 世纪 90 年代中后期，越来越多的国企集团之外的房地产公司参与改造。这些私营房地产公司通过与国有企业合作，得到在常规市场途径难以获取的中心城区土地资源，并且由于政府对国有企业土地开发的支持，土地出让费用大幅降低、开发强度控制相当宽松。国有企业与参与开发的私营房地产公司分享了大部分由开发带来的土地增值收益，后者直接得益最多。

工厂改造能够在高度建成的城区范围提供一定规模的开发用地，一些私营房地产企业借助改造的契机迅速成长。知名上市房地产企业广州富力地产与恒大地产都是依靠工厂改造开发大众化平价住宅起步❶。富力地产的楼盘中半数以上是市区旧厂房拆迁地块，1994 年其开发的第一个小区项目富力新居即是化工厂改造地块。其后又买下中山八路广州铜材厂地块，1996 年建成富力广场（图 3-16），至 1990 年代末，富力地产参与开发了 23 个国企改造项目。

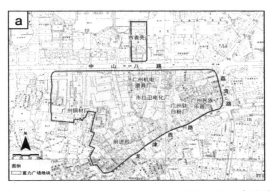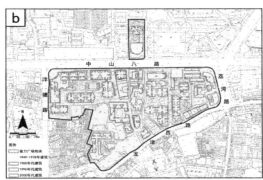

图 3-16　富力广场地块改造前后

（a）富力广场地块改造前；（b）富力广场地块改造后

来源：广州市地形图（1982 年、1998 年、2006 年）；百度地图；广州建设用地规划许可证信息

---

❶ 富力地产前身天力地产在 1995 年仅有 10 个员工，2001 年富力地产就发展成为 5.5 亿元注册资产的地产公司。与富力地产类似，恒大地产在 1998 年广州市全面实行土地"招拍挂"出让的首次土地拍卖会上，以 1.34 亿元获得海珠区南洲路的农药厂地块，楼面地价仅 686 元 /m²，开发的金碧花园以价格优势成为当年海珠区销售最好的楼盘。

3.3.3 典型案例：宝盛沙地危破房改造

1. 改造背景

荔湾区宝盛沙地危破房改造是 20 世纪 90 年代末至 21 世纪初比较有代表性的政府主导的危破房改造项目，改造范围 3 万 m^2，征迁涉及 290 户，其中私有产权 128 户，常住人口 658 人，需拆除房屋面积 3 万多 m^2。与大多数单栋零散拆建的危破房改造不同，宝盛沙地项目的起因是 1997 年该地段发生大面积地基沉陷，造成两栋房屋倒塌、41 栋受损。涉及公共安全的特殊性质、项目范围内的已征地块均属区内单位、还未有开发主体愿意改造等原因使得该项目成为区政府实施的成片改造项目。

2. 资金来源

由于项目性质以及考虑到拆迁难度，市政府给予一系列特殊政策，该项目运作不经过拍卖土地的这一环节；免除市财政范围内的各项税费并享受危破房改造优惠政策；市财政借出项目启动资金给区政府，并提供尽量提高容积率的特殊政策。项目实施过程中的最大障碍是征迁问题与资金不足。启动资金来自市财政借款、区财政借款、开发公司自筹、区房管局提供的租金借款、施工队带资，项目筹资渠道狭窄；采用就近安置为主、"弃产补偿"为辅的补偿方式，前期补偿成本较高。

3. 决策组织

1998 年由荔湾区政府相关领导组成的宝盛沙地危房改造指挥部，组织项目的筹划与实施，区房管局属下公司负责筹资与征迁开发。在前期筹备中，区政府希望学习上海的旧城改造方式，实施原居民外迁安置、回迁居民需补区位差价的方式进行。但该项目的性质是危破房改造，并不能以级差地租推动改造，将居民外迁至郊区，最后采用"就近安置"为主，"弃产补偿"为辅的补偿方式。项目进行阶段，广州房地产市场的前景还不明朗，区政府对于该项目信心不足，想用将项目转让给具备实力的开发公司，但未能成功。因开发进度缓慢，宝盛沙地项目只完成了一期工程，二期开发时限在 2003 年 8 月到期，被市政府收回后作为恩宁路危改项目的安置房建设用地。宝盛沙地一期宝盛园 2004 年底竣工，从启动到建成历时 6 年，超出 3 ~ 4 年内完成的原计划（图 3-17）。

4. 实施评价

20 世纪 90 年代末至 21 世纪初，政府主导实施的危破房改造困境，在宝盛沙地项目中充分体现。政府作为实施主体最大障碍是资金不足，尽管政府实施可以获得免除土地出让金以及各种税费的优惠政策，但政府及其下属公司作为投资主体，筹资渠道与运作项目能力有限。危破房改造作为具有公益性质的项目，与商业开发性质的旧城改造工程一样，面临征地拆迁的高成本。宝盛沙地能够进行的契机是特殊的，在当时历史文化保护还没有成为刚性限制，因此，即使拆除具有一定历史文化价值的在华侨公寓与业主谈判协商即可，还未上升至公共利益领域 ❶。

　　在这一阶段商品房市场处于初步发展阶段，广州房地产市场前景不明朗，作为实施主体的政府没有足够的信心与动力完成该项目。由于缺乏统一谋划、政策支持，在实际工作中广州危破房改造难以学习上海的市场化运作方式，成片危破房改造属依赖政府运作的民生项目，依靠政府拨款、借款。

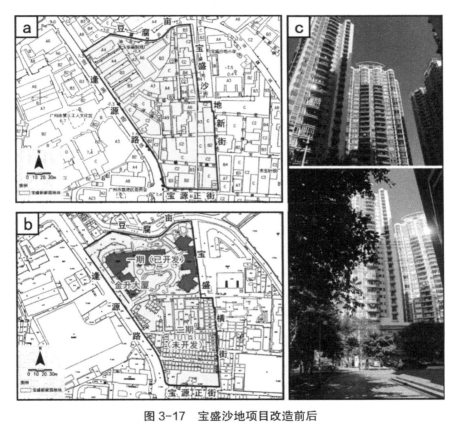

图 3-17　宝盛沙地项目改造前后

（a）宝盛沙地改造前；（b）宝盛沙地一期改造后（2006 年）；（c）现状照片（2014 年）

来源：广州地形图（2000 年，2006 年）；现场拍摄。

3.4　该阶段特征

3.4.1　政策取向——政府管制下的市场主导

　　这一阶段城市建设得到国家支持、住房改革与房地产发展使得筹资渠道更多元、政府财政资金充裕，空间生产动力不再完全依赖于外商直接投资，政府投资成为新的

---

❶ 为成片改造，4 栋华侨公寓也被划入拆迁范围，该住房是中华人民共和国成立初期为回国投资华侨建设的商品房，包含 39 户华侨住房。侨房业主不同意等同于危破房的补偿标准，区政府不得不调整拆迁政策，征地范围内一栋多层回迁楼用于侨房业主安置、提高"弃产补偿"价格。

动力来源；地方执政者不再局限于"经济发展至上"而是谋求更广泛的政绩。在此背景下，政府采取对市场主体加强管制、积极介入城市建设的策略，制度调整表现为保护被拆迁人利益、规范规划许可制度、贯彻执政者保护旧城的理念、不鼓励开发商介入旧城更新；行动上实施政府主导的城市形象工程与新区拓展、提倡政府主导危破房改造。

这一阶段前期政府在加强市场管制的同时，延续兴建基础设施、推动工业企业外迁的城市发展策略；后期以行政区划调整、战略规划提出为标志，进入更大范围的外延扩张。由于上一阶段房地产开发热遗留的闲置地、烂尾地需要消化；1998—2003 年商品房市场处于供过于求阶段，房地产市场发展前景并不明朗；政府有财力跳出旧城寻求可以主导的增量空间，并且需要引导投资进入新城，政府不必从旧城改造中获取财政收入或政绩影响，因此没有催生鼓励旧城更新的相关政策。

3.4.2　运作机制

改造模式上，政府主导的基础设施建设、城市形象工程与开发商主导的商业开发并行，尤其是工业企业借助房地产业的迅速发展，在 20 世纪 90 年代末兴起并完成大规模改造。

1. 政府实施的基础设施建设与城市形象工程

受上一阶段旧城更新消极结果影响，执政者将旧城改造的问题归因于"不受控制的市场力量"，20 世纪 90 年代末提出"不依靠房地产开发商""以政府为主导的旧城区改建模式"。较之以往，历史城区范围内的开发活动受到管控。"一年一小变、三年一中变"的建设目标与承办九运会这一大事件的刺激，使得广州开始了大规模的景观环境整治工程。无论是基础设施建设还是危破房改造、景观环境整治工程，都是以政府筹资、政府实施的模式完成。

政府作为城市更新主要实施主体，对于重大项目，在政府内部组建领导小组与办公室，负责项目决策与协调统筹，具体实施与建设工作则由半公共部门性质的国有公司承担，例如内环工程就是广州市政府主要领导组成广州市中心区交通项目领导小组及小组办公室，工程建设由广州市中心区交通建设公司负责。区级项目则由区政府组成项目办公室，如荔湾区组建的康王路拆迁办公室。除了针对项目成立的临时机构，还有长期存在的基础建设机构组织，如广州市道路扩建办负责道路扩建工程征迁。危破房改造这样的长期工作则由各区国土房管局、危破房改造办公室实施，而危破房改造中的成片改造，如荔湾区宝盛沙地危破房改造，则是由区政府组建项目小组负责具体实施，市政府提供资金、政策支持，景观环境整治工程与此类似。

这一时期一系列重大项目都需要公共财政资金支持。例如内环路工程投资 66.88 亿元，除 2 亿美元（约人民币 16.6 亿元）世界银行贷款支持外，其他全为广州市自筹。为迎接九运会的重点景观路段实施的"穿衣戴帽"工程，花费财政资金 21.6 亿元，6 亿元来自广州市的土地出让金（林树森，2013）。在小变与中变阶段，广州市政府先后共投入 6600 万元用于上下九立面整饰、北京路环境整饰工程，仅 1.6hm² 的陈家祠绿化广场就需市、区政府出资 15100 万元用于拆迁安置。不同于市级项目的资金保障，荔湾区康王路建设启动资金来源于人防工程，利用社会资金的想法未能实现，最终依靠市政府出资完成。危破房零散维护、重建资金主要来源于公房租金，并没有专项资金支持，成片危破房改造的性质是民生项目，依靠政府拨款、借款，区政府作为实施主体最大障碍是资金不足。政府对于危破房改造的投入远低于基础设施建设、环境整治工程。

2. 允许企业产权边界内的再开发

工业企业改造是计划经济时期的历史遗留、市场经济下土地价值显现双重叠加的结果。由于改造的主要目标之一是通过土地收益帮助企业解困和再发展，考虑到降低土地产权组织重构的交易成本，因此政府通过政策设置让利企业，放弃部分一次性的土地增值收益，获得改造后能够带来的更多的税收、拉动经济数据、改善城市形象等。随着房地产行业发展，本土私营房地产企业迅速成长，20 世纪 90 年代末广州房地产行业的领跑者多数是私营企业，其中外资企业均为港资，私营企业开始成为参与更新改造的主要力量，这在工业企业改造的实施主体变化中得到体现。相对于上一阶段工业企业改造多采用自主改造、联合开发模式，由于土地市场的发展、相关制度成熟，土地使用权转让、公开拍卖出让方式增多，实施主体也由原企业及其下属房地产公司、国有综合开发公司变为更有实力的外资或私营开发商。

3.4.3　政策实施结果及影响

这一阶段在"加大基础设施建设投入、加强城市管理、提高城市形象"的战略下，城市面貌得到较大提升，政府开始通过制度建设规范开发行为、维护被拆人权益与公共利益，城市建设秩序从上一阶段失控、无序中恢复。自 20 世纪 80 年代广州市颁布住宅建设"六统一"政策，就显示出政府主导城市建设的强烈意愿，基于这种意愿推行的成片改造在既有利益主体众多的旧城难以实现。政府投资驱动的外延扩张战略为基础工业提供了发展空间，加强了广州的中心城市地位，同时也达到疏散旧城人口的作用。有媒体报道称，这一阶段广州的房价相对于上海、北京、深圳等一线城市相当理性，是"打开城市框架、禁止开发商参与旧城改造"的结果。

1. 缺失顺应市场化趋势的旧城更新机制

然而受上一阶段过于信任、依靠市场的发展策略影响，决策者将城市更新中问题归因于市场的不理性，忽视依靠市场机制、开发商运作是城市更新的总体趋势，并没有提出适应市场化进程的城市更新新机制，甚至结合城市发展方向与策略，禁止开发商介入旧城更新，某种程度上是对旧城发展需求的忽视。尽管市政府采取一些政策措施支持危破房改造，但改造成绩并不显著，这与资金投入仍然欠缺有关，政府更愿意将资金投入到能产生经济价值与显著政绩的基础设施建设、景观环境整治。广州提倡的政府主导很难完成成规模的旧城改造，这在宝盛沙地危破房改造中得到充分体现。政府实施同样面临征地拆迁的高成本，尽管可以获得免除土地出让金以及各种税费的优惠政策，但政府及其下属公司作为投资主体，其筹资渠道与运作项目能力却十分有限。

在国家规范土地供给制度后，商业开发项目都要以有偿方式获得土地，以往的土地随意批租、国有企事业单位与开发商联合改造受到限制，对实施主体而言意味前期投入增加，推进改造需要政府给予支持。经过 20 世纪 90 年代的旧城更新浪潮，不只广州在更新政策上进行调整，上海在总结改造经验教训的基础上，提出以"成规模、多方式、体制创新"为原则的新一轮旧区改造，"政府由主导变为扶持、企业成为运作主体"（於晓磊，2008）。显然上海选择了与广州不同的更新政策，最大的差异在于上海希望企业在旧城改造中发挥更大的作用，将之前更新改造中的问题归因于"政府主导的不成熟，而非市场的不理性"（具体体现在政府对土地投放量、改造规模方面缺乏控制；土地供应方式以协议出让为主、未按照市场运作机制；政绩工程的负面影响）（徐艳红，2009）。

2. 工业企业改造的目标局限与政府缺位

这一时期工业企业改造以解困为目标，欠缺出于城市建设长远发展的考虑。鼓励工业地块再开发的政策只是降低了交易成本，如何有效、适度地利用存量用地并不被关注，政策的暂时性必然导致仓促实施，针对再开发的制度建设并不完善，缺乏出于公共利益的有效管控。工业企业改造对于城市整体的正面影响是推动一些环境污染严重的工厂（例如广州铜材厂、广州硫酸厂、广州农药厂）迁出市区；在市场价格机制的作用下调整了土地利用结构、提高了土地使用效率。其弊端首先是土地开发收益的公共返还不足。工业企业改造是特殊的更新模式，企业需要获得资金或实物（建筑面积）补偿作为发展资金，所以政府放弃了部分土地出让金收入。其次就是对市场主体行为的控制不够。工厂搬迁地块的改造以土地变现为目标，政府对开发设计条件没有特别限制，改造的结果是工业用地被置换成为高密度住宅区（叶浩军，2013）。由于此类改造没有统一规划，仅是原有企业产权边界下的再开发，各个地块各自为政，缺少片区基础设施的投入，导致整体环境改善有限。同时，工业企业产权地块内的再开发，固化了计划经济时期形成的单位用地，大单位变成超大规模小区。缺乏政府公共财政投入与统筹规划，从企业利益出发、政府缺位的模式，是造成这种缺憾的主要原因。

04 第4章 亚运会驱动下政府主导引入社会资金阶段（2004—2010年）

4.1 影响更新政策的因素

4.1.1 发展条件变化

1. 转型理念与文化提升的要求

随着全球竞争的日趋激烈、经济结构转型的需要，住房建设与设施提升不再是城市更新的唯一目标，促进地方经济增长、重塑城市空间、转变城市功能等多样目标开始出现。进入21世纪，国家发布支持服务业发展的产业调整政策（国办发〔2001〕98号），政府开始将文化资本转变为经济发展资本（Wang，2001），广州在20世纪90年代末至21世纪初的城市形象工程中已经有所体现。地方政府重视文化软实力，认识到历史文化资源能够提升空间收益附加值，有助于地方营销，在全球化竞争中吸引内外投资。同时，国家也对历史文化保护制度进行了完善，2008年公布的《历史文化名城名镇名村保护条例》将保护范围从文物保护单位扩展至历史建筑、历史文化街区与历史文化名镇名村（仇保兴，2012）。地方政府尤其是发达城市，体现出主动的保护意识，在国家法规的框架下开始制定地方性的历史建筑与历史风貌区的保护办法 [1]。当保护对象从文物保护扩展至历史文化街区、历史建筑，历史保护法律法规开始很大程度上限制了大拆大建，有助于推动文化导向的更新方式。

此外，随着生活水平的提高和消费结构的升级，消费主义文化意识形成，以地产和商业设施为主导的城市更新模式已经不能满足社会需求。在政府与社会的双重推动下，全国各地涌现了一些成功案例，将低地租的旧城居住空间、旧工厂转变为体现城市文化形象的消费空间 [2]，与创意产业、文化消费相结合，成为我国旧城、工业遗产更新的新模式（姚瑶 等，2009；张毅杉 等，2008）。

广州2004年获得了亚运会举办权，市政府认为举办亚运会是广州城市发展历史上

---

[1] 参见：《上海市历史文化风貌区和优秀历史建筑保护条例》（2002年）、《武汉市旧城风貌区和优秀历史建筑保护管理办法》（2003年）、《杭州市历史文化街区和历史建筑保护办法》（2004年）、《天津市历史风貌建筑保护条例》（2005年）、《南京市重要近现代建筑和近现代建筑风貌区保护条例》（2006年）、《广州市历史建筑和历史风貌区保护办法》（2014年）。

[2] 例如上海的新天地（1999—2007）、8号桥（2003）、田子坊（1998—2006），北京798艺术区（2001—2003）、南锣鼓巷（1999—2006），成都锦里（2001—2004）、宽窄巷子（2003—2008）等。

的一次重要机遇。亚运会的成功申办给广州的城市建设带来了巨大的推动，也加强了城市空间内涵提升的紧迫性。相比其他大城市，广州缺少因文化创意产业与中高端体验式消费而形成的精致空间。政府具有以重大节事（广州亚运会）为依托塑造城市文化品牌，提高城市软实力的强烈动机。

2. 国家对金融与土地的宏观调控

2003 年初，我国宏观经济开始出现过热势头，为应对固定投资增长过快、信贷投放过多、通货膨胀的压力，从 2003 年开始，我国采取相对从紧的货币信贷调控。同时，国家也意识到土地融资对宏观经济的影响，2004 年土地供给也成为宏观调控的工具（刘艳君，2006）。中央实施了以"管严土地，看紧信贷"为主的宏观调控措施，抑制货币信贷，加强土地管理、控制新增建设用地供给。国务院发出一系列通知，"严控农用地转为非农建设用地，倡导盘活土地存量，强化节约利用土地" ❶。国土资源部、监察部联合下发《关于继续开展经营性土地使用权招标拍卖挂牌出让情况执法监察工作的通知》（国土资发〔2004〕71 号），"要求从 8 月 31 日起杜绝之前多被采用的协议出让方式，所有经营性土地都要公开竞价出让"。直至 2008 年国际金融危机，为避免经济增速下滑，国家才实施宽松的货币政策，鼓励扩大信贷。国家的宏观调控措施对建设领域产生了显著影响，广州市全社会固定资产投资占国内生产总值比例持续下降，2009 年、2010年在国家宏观经济政策与重大节事（亚运会）刺激下大幅增长（图 4-1）。

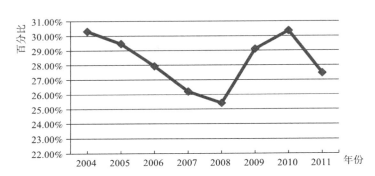

图 4-1　全社会固定资产投资占国内生产总值比例（2004—2011 年）
来源：《广州统计年鉴》（2005—2012 年）

将土地供给纳入宏观经济政策对城市建设产生了巨大影响。虽然 1998 年《土地管理法》就规定新增经营性用地采取公开出让，但包括广州在内的多数地方，协议出让仍

---

❶ 2004 年 4 月 29 日，国务院办公厅发布《关于深入开展土地市场治理整顿严格土地管理的紧急通知》，提出"三个暂停"，即：全国暂停审批农用地转为非农建设用地；暂停涉及基本农田保护区调整的各类规划修改；对新批的县市（区）和乡改镇，要暂停修改涉及土地利用的各类规划。2004 年 10 月 21 日，国务院出台《国务院关于深化改革严格土地管理的决定》，提出要严格控制建设用地量，努力盘活土地存量，强化节约利用土地。2006 年 8 月 31 日，国务院发出《关于加强土地调控有关问题的通知》，提出将新增建设用地控制指标纳入土地利用年度计划。

然是主要形式，直至 2004 年上半年，广州公开出让土地大部分以出让底价成交。2004 年 "8·31" 土地大限后，广州土地出让方式以挂牌出让与拍卖为主，土地的真实价值开始显现出来（图 4-2）。国家对土地宏观调控对旧城更新产生两方面作用，一方面对新增建设用地的供给限制刺激了对于土地再开发的需求，存量建设的概念第一次因土地供给控制的意图而产生。随着城市扩张，新世纪的改造范围已经不仅局限于历史城区，此时的改造包含了更多的旧工厂、旧村，城市更新实质上已经成为对存量建设的调整。另一方面，随着土地价值的提升、协议出让这种不正规的政商合作方式已经不能继续，土地出让的规范使得政府必须要更深入介入城市更新，对更新运作机制进行调整。

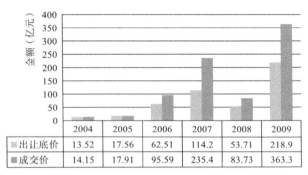

	2004	2005	2006	2007	2008	2009
出让底价	13.52	17.56	62.51	114.2	53.71	218.9
成交价	14.15	17.91	95.59	235.4	83.73	363.3

图 4-2 2004—2009 年广州十区商品住宅用地交易出让底价与成交价

来源：陈为国. 广州房地产市场行为特征分析 [D]. 广州：华南理工大学，2010：95

3. 国家制度限制政府直接进行市场行为

（1）投资体制改革限制政府投资行为

在 20 世纪 90 年代多项制度改革促成的 "以地生财"，通过城市建设吸引投资、拉动经济增长模式建立之后，政府运用市场经济手段管理、经营土地的方式更加规范与成熟。随着投资、劳动力、土地等要素市场的发育、全球化与地方竞争的加剧，简单的土地财政已经不能满足城市发展需求，"经营城市" 理念迅速兴起，成为地方政府积极推行的城市发展策略。尽管城市财政收入与土地出让金逐年增加，城市建设仍然无法摆脱土地融资。经营城市强调政府通过市场机制对城市资产进行集聚、重组与运营，最大限度盘活存量。

随着 2004 年国务院颁布《关于投资体制改革的决定》，资源配置从政府为主向市场为主转轨、企业在投资活动中的主体地位确立（叶汇，2009）。政府投资项目也需引入市场机制，垄断性项目实行特许经营，非经营性项目推行 "代建制"。国家对政府投资体制的规范并不能限制其投资行为，在经营城市理念下，进入 21 世纪后各大城市纷纷建立代表政府提供公共产品的国有投融资平台。这一沿用国有企业而不是从市场寻求合作伙伴的举措，使得资源配置向市场为主的完全转轨难以实现。

（2）《物权法》限制出于商业目的的政府房屋征收行为

2007 年十届人大五次会议通过出于保护私权的《物权法》，该法案明确提出公共利益的概念，实际上限定了政府使用土地、房屋征收的权力范围。我国城市国有土地的再开发依靠政府的房屋征收，而《物权法》限制了出于商业目的的政府行为，如果使用强制征收权力解决拆迁矛盾在大多数情况下法理上难以支持。《物权法》实质上确立了原产权主体参与更新决策的权力，在其颁布之后居民可以以此为依据对非公益性拆迁提出异议。

4. 房地产市场蓬勃发展刺激存量用地供应

2003 年国务院 18 号文件将房地产行业定位为国民经济发展支柱产业后，我国房地产市场迎来住房制度改革后的全面繁荣时期。2005—2006 年房价大幅上涨，为控制房地产行业过热，从中央到地方均出台了一系列的政策。2006 年国务院常务会议，针对房地产存在问题，提出了六项措施，俗称"国六条"，拉开了房地产调控的序幕❶。广州将房价上涨归因于 2004 年土地出让政策变化带来的土地一级市场供应量减少，选择增加土地供应的方式应对国家抑制房价的要求（"广七条"）❷，国土房管部门提出挖掘存量的策略，加大闲置土地收回力度、盘活再利用土地、增大老城区居住用地供应量加快推进老城区改造（表 4-1）。

2007 年广州市建设用地公开供应情况　　　　　表 4-1

年度	建设用地供应总量（万 m²）	新增建设用地（万 m²）	存量建设用地（万 m²）	房地产开发土地购置面积（万 m²）
2006 年	166.45	158.81	7.64	164.77
2007 年	598.58	590.74	7.64	386.73

来源：国土部门"招拍挂"公告。

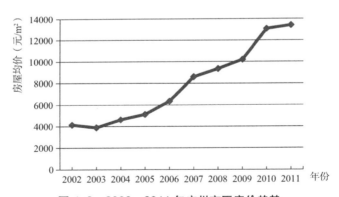

图 4-3　2002—2011 年广州市区房价趋势

来源：谢作正，伍健铭.房地产限购政策，公众如何评价——近十年北上广深房价走势与调控政策比较 [J]. 国家治理，2014（8）：18-37.

---

❶ 相关部门出台了一系列政策。例如《关于调整住房供应结构稳定住房价格的意见》（被称为九部委"十五条"，业界称为"国六条细则"），《关于落实新建住房结构比例要求的若干意见》（建住房〔2006〕165 号），《招标拍卖挂牌出让国有土地使用权规范》和《协议出让国有土地使用权规范》等。

❷ 2007 年市政府发布《广州市关于加快住房和土地供应，加强住房管理，稳定住房价格若干问题的意见》，即"广七条"。

增加住宅用地供应并没有起到平抑房价的作用（图 4-3）。伴随着房地产市场的繁荣，2006 年、2007 年广州商品住宅用地交易出让金额大幅上升，2008 年受外部经济环境影响大幅下跌后，2009 年又明显回暖（图 4-4）。由于地方土地出让金收入与房地产市场发展密切相关，建设用地供给数量与空间指向成为城市建设策略必须考虑的重要因素。

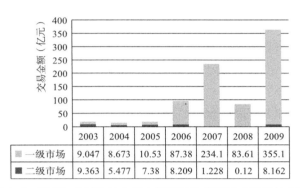

	2003	2004	2005	2006	2007	2008	2009
一级市场	9.047	8.673	10.53	87.38	234.1	83.61	355.1
二级市场	9.363	5.477	7.38	8.209	1.228	0.12	8.162

图 4-4 2003—2009 年广州十区商品住宅用地交易出让金额
来源：陈为国 . 广州房地产市场行为特征分析 [D]. 广州：华南理工大学，2010：87.

广州房地产市场自 2004 年开始就进入蓬勃发展阶段，住房改革初期商品房供过于求的状况发生改变，2004—2010 年商品房空置面积连年下降（图 4-5）。2006 年房地产开发向城市周边区域转移，市中心（天河区、越秀区、海珠区、荔湾区）土地供应量减少导致开发规模萎缩。此时结合调节房价要求挖掘存量，尤其是增加中心城区的土地供应成为自然选择，不断升高的房价刺激了旧城改造需求，也增加了房屋征收的成本。

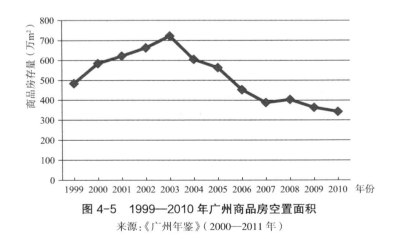

图 4-5 1999—2010 年广州商品房空置面积
来源：《广州年鉴》（2000—2011 年）

4.1.2 城市建设策略

2000 年代中期，城市发展条件发生了一系列变化，转型理念与文化提升的要求；国家提倡"退二进三"产业调整政策，支持文化产业发展；国家对金融与土地进行宏观调控，强制规范土地出让，土地获取难度增大；在制度上国家限制政府直接进行市场行为；房地产市场繁荣使得土地出让金收入增加，政府对土地财政更为依赖。在这样的背景下，优化用地功能、促进产业升级、美化城市形象从而提高土地价值，在城市竞争中胜出，成为广州政府推动城市发展的核心目标。基于这一目标，政府一方面要应对区域竞争、全球化与消费主义对空间提升的要求，另一方面要突破中央政府通过金融、土地供给、制度建设对地方发展冲动的束缚，因此提出调整转型的城市发展目标，建立政府集中市场资源主导发展的新模式——城市运营的市场化运作（推行土地储备制度、成立国有投融资集团）。

这一时期城市建设策略与产业发展方向是一致的。2000年代中期以后，广州城市建设一方面延续以重点项目带动空间拓展的思路❶；另一方面，应对外部发展条件的变化，提出内涵提升、产业转型升级、建设宜居城市。2004—2008年，广州出台一系列政策，从重工业回归服务业，强调"退二进三""腾笼换鸟"。而产业结构升级目标并没有对城市发展模式产生根本性影响，依靠土地财政的城市发展方式并未变化，面对承办亚运带来的巨量城市建设资金投入，广州不得不学习其他发达城市的先进经验，以更加市场化的方式筹集城市建设资金。

1. 调整转型目标的提出

以产业拓殖与空间拓展为目标的"八字方针"确立后，广州市城市建设用地总量从2000年的431.5km²增至2007年的940.65km²，年均增长60～80km²。中华人民共和国成立前，每年新增面积相当于中华人民共和国成立前一个广州城区（54 km²）。随着内外发展环境的变化，广州的应对体现在对外延扩张战略的补充，2006年广州在原有"八字方针"基础上，提出"中调"战略❷。"中调"提出"从注重外延拓展到内涵提升"的城市发展方式转型，其目的是"调整产业结构、改善城市环境与面貌、提高城市竞争力"（刘名瑞 等，2011）。"中调"的思路落实为空间战略体现在"优化城市功能、提高空间质量与效率"，面向的范围是中心城区（越秀区、荔湾区、海珠区、天河区和白云区南部地区）。

调整不仅是广州市的战略，也是广东省政府的要求。2008年时任广东省委书记汪洋到广州进行专题调研期间提出，"广州要努力成为广东省建立现代化产业体系和建设宜居城市的'首善之区'"（胡键通 等，2008）。7月，广州市委、市政府制定了《中共广州市委、市政府关于推动广州科学发展，建设全省"首善之区"的决定》。经过上一阶段产业适度重型化，广州决定优先发展第三产业，以现代服务业为主导，推动经济发展方式转变与产业转型升级。

---

❶ 广州借亚运会契机，快速推进重大基础设施（地铁、高铁南站）以及新城建设（亚运城、奥体新城、大学城、白云新城、花地新城），重点打造天河新城市中心等城市标志性地区。

❷ "中调"战略在2006年9月广州第二次城市总体发展战略咨询研讨会上由专家提出，在2006年12月召开的广州第九次党代会上正式提出，形成"十字方针"。

2. 城市运营的市场化运作

面对亚运会所需的巨额资金投入，在没有外部财政资助的情况下，广州必须从市场寻求资金来源，而国家的宏观经济政策、制度变革倾向于限制地方政府的投资增长倾向。在这一背景下，广州向其他城市学习，推行储备后公开出让的土地供给制度、建立了国有投融资集团。土地储备的推广、投资集团的建立，意味着政府在与市场主体的合作中越发占据主动，以往相对倾向于市场主导的广州，认可政府更全面、深入地介入市场领域。国家的制度调整未能抑制地方政府的发展冲动，反而促成其利用市场力量实施其发展意图。

（1）推行储备后公开出让的土地供给制度

这一阶段广州市政府对土地的管理运营更加规范、成熟，主要体现在通过土地公开竞价出让与土地储备制度调控土地市场、增加土地收益。尽管早在 1992 年广州就成立了土地开发中心开展土地储备，但只有少数用地进入储备提供给外来投资者。土地价格的上升使得政府有财力与意愿进行土地储备，从而控制土地供给数量，提高土地收益。以 2003 年广州第一个年度土地储备与出让计划为标志，广州土地储备从"随时、随地、随需"转向计划性储备，土地储备规模大幅上升。2006 年以后随着土地出让制度的完善，"十一五"（2006—2011 年）期间，广州土地储备规模约 194km²，年均 32km²（赖立裕，2013），大于 1993—2002 年十年间 22.78km² 的土地储备总和，2010 年土地储备面积 69.67km²，达到 1992 年以来的最高值（胡艳鲜，2015）。

（2）成立国有投融资集团

2008 年随着国家宏观经济政策的变化，为了减轻财政投资压力、扩大增量、盘活存量资产，广州市学习国内其他城市的发展经验（上海、重庆、杭州、厦门等），出台了《城市建设投融资体制改革方案》（穗府〔2008〕39 号），决定设立水务投资集团、地铁集团公司、城市建设投资集团等七个国有投融资集团，以注入国有资产、授予专营权、土地开发等方式筹措资金，国有专业性融资集团代替原政府部门、企事业单位职能，负责公共基础设施投资、建设、运营。国有投资集团受土地开发中心委托负责土地收储与一级开发，土地出让金收入用于支付投资主体支付的开发成本和城市基础设施建设投入。

这种市场主体代替政府进行土地征收与一级开发的模式可以认为是变相的协议出让、实物地价，国有投资集团的职能类似于 20 世纪八九十年代负责征地、拆迁的国有房地产公司。不同的是经过 30 年的市场化进程，国有集团公司资产雄厚、资金来源多样，建设覆盖领域更广。政府用提供土地、特许经营的方式建立能够实现其发展意图的市场主体，有助于从资金与运作上增强地方政府的经营性能力，表明随着市场化进程的一系列改革，政府仍然在资源配置中占主导地位，政府的市场角色并未受到充分限制。

4.2 更新政策的提出

优化用地功能、促进产业升级、美化城市形象从而提高土地价值，在城市竞争中胜出，成为广州政府推动城市发展的核心目标，城市更新自然是实现这一目标的重要途径之一，得到政府超乎以往的关注。这一阶段中央政府已经意识到地方政府成为推动地方发展的主要力量，需要对其发展冲动进行抑制，因此推出诸多限制政府进行市场行为的措施，例如规范土地供给、投资体制改革、颁布《物权法》，使得建设用地的获取变得困难。应对这一变化，广州政府需要更充分激励市场主体，借助其力量完成政府的发展意图，因此不得不对合作机制进行调整，针对不同更新对象降低土地获取难度。

对于旧城改造政府先期投入公共财政进行收储，以危破房成片改造为突破口进行旧城更新，选择试点项目集中力量推动；支持旧厂转变功能式的改造；城中村改造政府退出让利。政商合作不再延续之前的市场主导（政府只是放松开发管制而不投入资金介入实施），演化为政府主导的合作——政府投入资金征收土地后出让。政府与原产权主体的合作体现为投入公共财政资金或让出土地开发收益。

除了与其他利益主体合作，亚运背景下政府有意愿投入公共财政由其实施完成形象工程。在建设理念方面提出"中调"战略鼓励城市更新优化用地功能（增加单位面积土地附加值）、提高土地使用强度，提升产业结构成为社会合理性，城市更新开始明显体现产业发展诉求，与经济发展紧密关联。

4.2.1 提出"中调"战略鼓励城市更新

从外部影响因素来看，"中调"战略的形成是外部竞争的要求、建设用地供给的现实制约、大事件推动共同作用的结果，重要内容之一就是旧城的保护与更新。2006年广州提出城市发展"中调"战略，意味着城市发展从增量发展转为兼顾存量再开发（陈洁娜 等，2008），旧城改造重新被纳入了城市整体发展战略。"中调"背景下，更新的目标不仅是居住改善与环境提升，而是"优化城市功能、提高空间质量与效率"，相对于上一阶段的保护旧城、疏散人口，显然更具野心。但广州市政府并没有及时提出能够贯彻"中调"意图的实施策略，空间范围也局限于扩容之后的越秀、荔湾两区以及海珠区、天河区、白云区南部，而不是2000年后拓展后的城市区域❶。

"中调"战略的意图之一在于鼓励城市更新，但能够支持这一意图的具体行动指引并没有一同推出，政策创新较为滞后。"中调"战略提出后2007年开始允许社会资金参与改造❷；2008年才相继提出指导城中村改造与工业企业"退二进三"改造的指导意见；为旧城更新活动提供理据与指引的《广州市旧城更新改造规划纲要》2009年才

---

❶ 2005年东山区与芳村区撤销，分别并入越秀区、荔湾区两个老城区，增加了两个区可以腾挪的空间范围；为实施"南拓、东进"设立南沙区、萝岗区。

❷ "中调"战略提出之后，广州市时任书记与市长在公开场合提出允许开发商参与旧城改造、城中村改造。

完成❶，试图以划定保护等级分区的方式平衡保护与更新的矛盾❷。这些指导意见在2009 年"三旧"改造政策提出后，被新的政策取代。尽管"中调"及其背景下的相关政策作用时间较短，其作用在于原则性鼓励调整用地功能、提高开发强度，释放政府鼓励城市更新的信号。

4.2.2　投入公共财政完成城市形象工程

这一阶段，亚运形象工程与"中调"项目并行，产生了依靠大量公共财政投入的政府主导项目，主要包括特殊的危破房改造、"穿衣戴帽"工程与河涌整治。与以往相比，城市形象工程对于地方性与文化性更加强调，重点打造城市特色，更多的资金投入使得改造效果有很大提升，但实施方式上依然延续依靠政府财政资金、各个部门分管协作的方式。

4.2.3　针对不同更新对象降低土地获取难度

土地供给的规范虽然提高了土地价格，同时也收窄了获取再开发土地的渠道。面对转型调整的发展目标、亚运会对于城市形象提升的要求，广州不得不对城市更新机制进行调整，针对不同更新对象降低土地获取难度，从而为市场资金的进入排除障碍。对于旧城，政府将其定位于民生工程，确立改造的社会合理性同时，采取投入财政资金深度介入的方式。2007 年公开征求意见的《广州市土地储备管理办法》中规定，旧城改造土地由国土资源部门收回土地使用权并给予补偿。这一阶段的旧城改造分为两类，一类是福利性质的财政补贴项目，政府是完全的改造主体，没有市场主体参与，不存在土地出让问题；另一类商业项目采取土地公开竞价出让的方式，政府完成地块的拆迁工作后再交由开发商建设，这类模式地块出让附加包括建设回迁房、保留部分建筑、交纳建设保证金等一系列条件。对于需要跟原产权主体分享改造收益才能获取土地的旧厂与旧村，政府允许旧厂改变土地使用性质有限获利，同时达成促进服务业、文创产业发展的目的；对于旧村则采用政府退出的市场化方式促成改造（通过放弃大部分土地收益，让村民、村集体充分获利，借用市场资金完成政府难以介入的领域），从而实现城市形象提升、解决长久存在的城中村问题，获得政绩认可。

1. 以危破房改造为突破口的旧城更新

在 2004 年之前以零星改造为主的危房改造工作一直在进行，并在 20 世纪末政府推动下达到一个小高峰，三年时间完成 1997 年在册的 23 万 m² 危房改造。2003—2004

---

❶ 该规划明确了旧城区范围（范围大致与 1980 年左右广州集中建成区一致，面积约 54km²，核心区 20.39km²，涵盖历史文化街区及重要的风貌协调区），其中包含旧城区、旧工厂与旧村。旧城区划分为历史文化街区、更新发展区、拆除重建区，拆除重建区在 20.39km² 旧城核心区范围外，强度可适度放宽。

❷ 《纲要》建议采取"全市统筹，以区为主；规划先行，政策配套；市场运作，财政支持；系统改造，新旧联动；分区分类，一区一策"的改造策略。

年危房改造又被重新提出，市政府出台一系列政策，明确危房改造的工作依据与管理措施，2004 年广州市大力推动旧城改造，将危房改造定位为"民心工程"，2004 年完成危房改造量 24 万 m^2，创历史之最。为迎接 2010 年亚运会，2005 年广州市政府提出以政府主导为原则，以"危破房"改造推进旧城改造，到 2010 年完成 91.1 万 m^2（2004 年数据）的改造规模（林近茂，2015）。

2006 年"中调"提出后，政府意图虽产生了变化，对于旧城改造诉求更多，但由于存在政策惯性，旧城更新仍然以"危破房改造"为突破口。2006 年 6 月广州市出台了《关于旧城改造危破房有关问题的通知》，提出"政府主导、抽疏人口、改善环境、保护文化"的指导思想。荔湾区的恩宁路、越秀区的解放中路与东濠涌、海珠区的南华西地块，被列为危破房成片改造试点项目。2007 年市委、市政府提出《关于切实解决涉及人民群众切身利益若干问题决定》（简称"惠民 66 条"），将危破房改造作为便民惠民的重要措施之一，危破房改造被认定为解决民生问题后，之前停留在规划阶段的项目提上正式议程。面对改造所需大量资金的问题❶，政府提出尝试"政府主导开发商参与"的方式，即政府负责房屋征收与拆迁、土地收储后公开出让。

2. 通过市场化融资运作的城中村改造

由于城中村土地权属的特殊性，政府对于改造的诉求在于政治利益，在亚运的影响下，政府对于城市形象工程的关注胜过土地出让收入，通过确认村集体土地的产权效能，使得市场资金可介入改造，实现村集体与开发商形成增长联盟。广州城中村改造计划开始于 2000 年，当年城中村总用地面积 80.6km^2，占建成区总面积的 26.17%（闫小培 等，2004）。由于政府直接投资能力有限、也不鼓励开发商介入，城中改造处于停滞状态（廖远涛 等，2012）。2008 年广州市出台了《关于完善"农转居"和"城中村"改造有关政策问题的意见》（穗办〔2008〕10 号），确定了"城中改造中村民与村集体合法产权物业，由改造主体按 1∶1 复建补偿"；"复建安置外的剩余用地可用于发展集体经济或公开出让"，这一政策保障了改造后村民与村集体的租金收益，允许国有土地之外的村集体用地进入土地市场以筹集改造资金，对推动城中村改造起到关键性作用。同时，广州政府提出"以村为主，一村一策"原则，每个村都能自己决定改造方式与改造方案，村集体成为参与改造的主体。

3. "退二进三"目标下的工业企业改造

之前以国有企业解困为目的的工业企业改造，通常采用房地产开发方式。出于环境保护与产业结构调整的需求，2005 年广州市政府开始推行市区产业的"退二进三"。由于休闲、办公、空间体验式消费需求的增加；工业建筑、厂区的保护与利用价值逐渐被认识，出于经济实用角度的简单拆除重建已经不是工业地块改造的唯一选择。在

---

❶ 广州的危改资金来源依靠从全市经管房租金收入中提取 20%，即每年约 4000 万～5000 万元，这远不能满足 2010 年前完成 91.1 万 m^2 危破房改造的要求。

亚运与"退二进三"背景下，将原来生产用途的厂房厂区活化利用作休闲、办公、商业用途，成为政府鼓励的工业地块改造方式。在企业自主进行房地产开发受限、政府又无足够能力进行大规模收储补偿进行工业地块改造的情况下，暂时性的改变用途进行经营，是政府、国企、来自市场的经营方能够共同获利的方式，政府又一次通过政策供给，实现了资本与土地的结合。

2008 年广州市政府下发《关于推进市区产业"退二进三"工作的意见》（穗府〔2008〕8 号文），要求位于环城高速以内的污染企业限期搬迁，明确提出《广州市区"退二进三"企业工业用地处置方法》——"企业可以从事不包括房地产开发在内的第三产业，优先鼓励以自营或出租方式利用旧厂房发展创意产业"（范晓君 等，2013）。该文件给予工厂改造的政策依据，促进失去生产功能的厂区转变为商业、商务功能。

4.3　更新政策的实施

从 2004 年到 2010 年亚运会召开前夕，广州市进行了一批社会资金参与的危破房改造、城中村改造、旧厂房再利用项目，其动力与运作机制都显示出不同以往的特征。

4.3.1　政府主导的方式拓展

1. 危破房改造的多模式探索

2003—2004 年随着危房改造被重新强调，改造危房面积连年走高，2010 年完成91.1 万 m^2 危破房改造的目标提出后，2006 年危房改造成为旧城改造突破口，以往零星改造为主的方式变为与集中改造相结合，当年完成危破房改造任务 57.27 万 m^2，2007 年危房改造面积达到顶峰完成 87.39 万 m^2 的改造面积（图 4-6）。据统计，老城区2004 年在册的危破房 91.1 万 m^2（黄穗诚等，2007），主要集中在越秀区、荔湾区、海珠区，三个区占总改造面积的 95%[1]，每个区都有集中连片改造的试点工程（附表 1）。

这一阶段完成的危破房成片改造项目包括解放中路、南华西一期、恩宁路、宝盛沙二期，每个项目都代表了一种模式（表 4-2）。按照项目性质，分为政府实施、不追求土地出让收入的福利项目，如解放中路与宝盛沙二期；追求土地出让收益的商业开发项目，政府收储后出让给开发商，如南华西一期；恩宁路更新改造本计划按此模式实施，因征迁受阻、反增长联盟形成，变成依靠财政资金的公益性项目。这几个项目除恩宁路外，均延续居住功能、私房业主实现回迁。改造后建设量减少则需要政府财政补贴，建设量增加即便是政府实施的非商业开发也能实现项目内资金平衡，政府与开发商合作则能获得可观的土地出让收益（表 4-3）。以改造主体分类，除南华西一期为政府与市场主体合作（政府负责前期征迁与补偿，项目建设与管理由开发商实施），

---

[1]　2004 年三个区的在册的危破房面积分别是荔湾区 42 万 m^2、越秀区 25.2 万 m^2、海珠区 19.2 万 m^2。

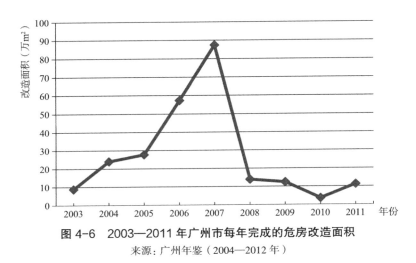

图 4-6 2003—2011 年广州市每年完成的危房改造面积

来源: 广州年鉴 (2004—2012 年)

其他均为政府实施。保留居住功能的危破房改造，即使保持建设量不变 (例如解放中路项目)，除了满足不愿外迁的私房居民回迁，通过公房户外迁、私房业主异地产权调换或货币补偿，政府可获得一部分可支配房屋面积。政府作为改造主体，争取资金平衡的方式是将多出面积作为公益改造项目安置房 (例如文化导向改造、景观工程、地铁建设征迁等政府出资项目中，无法回迁的居民)，除此之外增加的商业面积、停车设施也可以补贴部分改造成本。

危破房成片改造试点项目改造模式 表 4-2

项目性质	运作机制	项目名称	建设量	政府财政平衡
提供福利的民生工程 (不追求土地出让收益)	政府实施	解放中路危破房改造	减量	补贴
		宝盛沙二期安置房	增量	平衡
商业开发 (追求土地出让金)	政府收储后出让给开发商	恩宁路保护与更新	减量	补贴
		南华西一期危破房改造	增量	收益

危破房成片改造试点项目规划建设指标 表 4-3

项目名称	总户数 (户)	总用地面积 (hm²)	改造前建筑面积 (m²)	改造前容积率	拆除住宅建筑面积 (m²)	保留建筑面积 (m²)	改造后总建筑面积 (m²)	改造后容积率	拆建比
解放中路危破房改造	272	0.98	20852	2.12	14152	6700	20129	2.05	1:0.96
南华西一期危破房改造	323	1.85	29860	1.61	22400	7460	46218	2.5	1:2
宝盛沙二期安置房	431	1.46	21320	1.45	21320	—	65482	4.4	1:3
恩宁路保护与更新	1950	11.37	215200	1.89	82687	132513	164553	1.45	1:0.76

增加建设量的项目中，宝盛沙地二期虽为提供安置房的政府项目，至少能实现成本收益的平衡；兼具商业开发与危破房改造的南华西一期实现了政府与开发商的收益，并且获得一部分土地出让收入。减量规划的项目中，解放中路由政府出资改善了居民的居住环境，并没有在改造过程中获得更多经济收益，以公共财政投入实现了局部居民获益与环境改善；恩宁路项目中，政府以财政资金与房屋征收的公共权力，完成了土地利用功能的置换。仅从项目内改造主体付出的成本与收益计算，恩宁路保护与更新项目经济效益最低，解放中路项目次之，南华西一期经济效益最高。

（1）政府主导的解放中路改造项目

作为广州第一个危破房成片改造试点，解放中路地块改造是启动危破房改造工程初期，"政府投资、不考虑盈利、拒绝开发商参与"模式的代表。改造费用由市财政、区财政以及私房业主共同承担，私房业主原地回迁，只需缴纳每平方米 500 元以下的综合复建费，其余成本由市财政与区财政分摊。改造后的地块由商业、绿化广场、停车场以及数幢多层洋房构成，增加的少量住宅与商业面积用于补偿政府投资（扣除回迁安置住宅面多出 36 户 2006m²，改造后商业面积 1474m²）。

由于该项目不追求盈利，公房住户外迁、部分私房弃产，解放中路改造后实现了减少人口与建设量。该项目延续了历史街巷肌理与岭南建筑文化特征，获得多个省部、国家级设计奖项，成为有机更新的又一案例，广州版的菊儿胡同（图 4-7）。但因改造成本高昂，基本由政府负担，该模式无法广泛推广。2005 年的广州两会期间，鉴于危旧房改造的资金压力，荔湾区提议"是否可以在政府主导的前提下，引入社会资金进行旧城改造"（曾冬梅，2007）。

（2）作为旧城改造安置房项目的宝盛沙地二期

宝盛沙地二期是 20 世纪 90 年代末、21 世纪初期宝盛沙地危破房改造中没能完成的地块，2008 年作为旧城改造安置房项目重新启动❶（图 4-8）。该项目由荔湾区政府统筹实施拆迁与建设，资金来自国有资产公司（西关国投公司）资产抵押贷款，通过安置其他项目拆迁户回笼资金，归还银行贷款，实现项目内资金基本平衡。原地回迁的补偿方式获得原产权人的认可❷，降低了改造成本同时保证项目推进速度（宝盛沙地二期需动迁 431 户，该项目 2009 年 7 月开始动迁，完成动迁用了 10 个月时间，

---

❶ 建成空间分配用于改造项目安置房与保障房等公共事业。"宝盛沙地二期"共建住宅面积 65482m²、1138 套安置房，其中 431 套给宝盛沙地回迁，600 多套给恩宁路后续签约搬迁户（除了 39 户未签约），90 多套给洋溪停车场地块。

❷ 被拆迁户选择回迁的，可以按 1：1 的面积选择安置新房。在补偿安置方式上，有 3 种方案可供拆迁户选择：第一种是选择货币补偿，可按面积给予 1200 元 /m² 的自行安置奖励，对框架结构房屋的弃产补偿为 10600 元 /m²；第二种是异地产权调换，被拆迁人可选荔湾区芳邻美地商品房（现楼）作异地安置，拆迁人不给予自行安置奖励；第三种是返购本项目限价房，可以按原房屋面积购买限价房，与原房屋面积相差 10m² 以内的按 9000 元 /m² 补差价；相差 10m² 以上的按 12000 元 /m² 补差价。9 成以上的被拆迁人都选择了返购安置房或商铺。

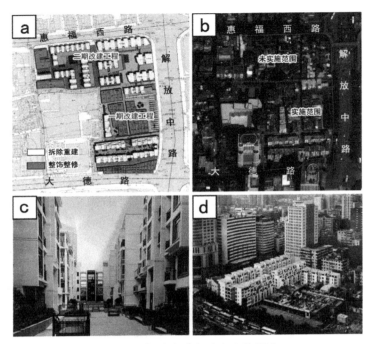

图 4-7　解放中路危破房改造项目

（a）解放中路危破房改造设计平面；（b）改造前状况与改造范围；

（c）改造后内部庭院实景照片；（d）改造后实景鸟瞰照片

来源：陈晓虹，何正强，张振辉. 广州市越秀区解放中路旧城更新探索 [J]. 建筑创作，2010（12）：186-193.

刘宇波，张振辉，何正强. 新开发模式下的岭南传统街区复兴实践——广州市越秀区解放中路旧城改造 [J]. 新建筑，

2008（5）：36-39.

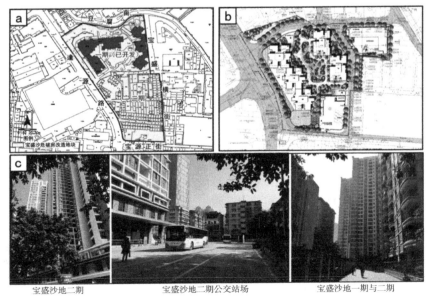

宝盛沙地二期　　　　　　　　　宝盛沙地二期公交站场　　　　　　　　宝盛沙地一期与二期

图 4-8　宝盛沙地二期危破房改造项目

说明：图 a 为宝盛沙地二期改造前；图 b 为宝盛沙地二期规划总平面图；图 c 为宝盛沙地二期建成后实景图

2010 年 5 月完成全部业主签约）。

该项目实现了一种特殊的危破房改造（旧城改造）模式，改造主体同时拥有政府部门的公权力、来自市场的资金、具体负责实施的专职部门（荔湾区城市更新改造工作办公室属下的"旧城改造项目中心"负责拆迁与建设）。政府背景的市场主体利用国有资产和金融手段提供资金，实施主体为政府下属的项目运作职能部门。该项目的成功运作表明，市场化过程中形成了相当价值的国有资产，即使没有开发商参与、财政直接拨款，地方政府依靠国有公司与专职机构，也可完成有收益前景的改造项目。

2. 景观工程投入升级

利用大事件启动政府主导、公共财政支持的公益项目，例如景观工程、立面修缮等，具有不涉及大规模征迁，相对成片改造改造速度较快、成本低的特征，为迎接九运会的召开，广州曾经进行过一轮景观整治工程，将近 10 年之后，亚运会的召开又一次启动了一系列的整治型公益性项目，其中包括影响范围最广的"穿衣戴帽"工程，以及"河涌改造"。2008 年开始的"迎亚运街道整治"工程，涉及 81 条主干道，31190 栋建筑，广州经济实力的增强使得资金投入更多、整治标准更高[1]。这一阶段的景观工程着重空间环境的整体提升、融入地域特色，具有"文化导向"型城市更新的特征，但已有案例无法摆脱"城市形象工程"的弊端。

（1）"荔枝湾涌"与"东濠涌"景观营造工程

这一阶段的景观工程加入了"河涌整治"这一新的方式[2]，2010 年"污水治理"与"河涌整治"工作提速，城市规划部门 3 个工作日内即可完成项目审批，该年办理了 400 多件治水工程项目，其中与亚运环境整治工作结合的荔湾区"荔枝湾涌"改造、越秀区东濠涌改造，是最具有影响力的项目（广州年鉴编纂委员会，2011）。"荔枝湾涌"一期改造项目内容包括揭盖复涌、两岸景观工程、建筑整饰与修缮、河涌治理。"荔枝湾涌"改造成功结合了环境整治与传统文化展示，起到带动旅游开发的目的（图 4-9）。与"荔枝湾涌"不同，"东濠涌"改造后使用功能面向本地市民需求，以亲水休闲健身空间为主。工程包括揭盖复涌、补水净水、建设绿化广场与休闲设施，在高架桥下建成带状滨水公园（图 4-10）。

---

❶ 投入资金翻了 10 倍，整治建筑数量翻了 5 倍，整治资金源于亚运城开发的土地出让金，整治的标准更高，针对上一次立面整治中相对廉价的涂料与装饰材料对于历史建筑的损害，整修尽量使历史建筑恢复原貌。

❷ 20 世纪 80 年代，广州采用将所有"河涌"铺上水泥盖板的方式解决污水处理、增加交通空间，但"河涌"景观随之消失。2009 年广州市在全市范围内全面展开"污水治理"与"河涌综合整治"工程，以恢复城市历史文化与自然生态。治水工程计划投资 486 亿元，整治 121 条河涌。

图 4-9　荔枝湾涌一期工程实景图

图 4-10　东濠涌改造前后对比

（a）涌边的简陋民房变为体育休闲场地；（b）高架桥下建成带状滨水公园

来源：东濠涌博物馆

　　"荔枝湾涌""东濠涌"改造均为政府实施，改造资金来自财政拨款，虽非拆除重建项目，但工程费用高昂。"荔枝湾涌"一期（668m）总造价达 5.12 亿元，拆迁费用占总费用的 68%（表 4-4）；"东濠涌"因为位于广州传统城市中心，拆迁补偿成本很高，市级项目的拆迁补偿标准也较高，一期（1.89km）工程费用 10.38 亿元，拆迁费用占大部分（吴韬，2014）。

荔枝湾一期工程造价表　　　　　　　　　表 4-4

序号	项目类别		工程造价（万元）
1	工程费用	社区建筑立面整饰工程	3939
2		景观工程	2004
3		灯光工程	954
4		弱电	9.22
5		廊桥新建工程	2082
6		何香凝艺术学校	2000
7		桥梁工程	2286
8		其他	3000
		合计	16274.22
9	拆迁费用	拆迁补偿	35000
10	合计		51274.22

来源：广州市规划勘测设计研究院

（2）新"城市形象工程"特征

这一阶段的"穿衣戴帽""河涌整治"的本质特征仍是大事件诱因下短时间内完成的城市形象工程，与以往不同的是，这些项目的投入更多、建设标准更高、诉求更多，而且在建设过程中也会遇到新的问题。老城区的水系整治在政府的强力推动下进行，其主要目标是治理水体污染，在亚运背景下河涌治污与景观营造结合，成为一种城市更新类型。"荔枝湾涌"与"东濠涌"改造工程做到减量规划，是亚运背景下唯一成功完成的文化导向型公共空间提升项目，取得一定的社会效益与环境效益，但其经济效益、项目的示范作用与可持续性仍然欠缺。

河涌治污是一项长期、系统、反复论证的技术工程，而景观营造却是可以快速推进、短期见效。景观工程与治水的结合一方面使得治水效果能够产生更大社会效益，另一方面也必然使其具有"形象工程"的问题。首先，两个"河涌"改造项目都存在为政治目标而"赶工期"的现象，没有时间通过土地经营、物业经营引入市场资金，在治水环节也存在技术研讨不足；其次，项目由多个政府部门共同推动，工程任务采用分派方式，统筹难度大、各部门对项目理解各异、水平参差（潘建非，2012）；最后是公共投入问题，两个项目耗费公共财政❶，且都是公益类项目，却没有适当的公众参与社会监督（刘军 等，2013）。

---

❶　东濠涌一、二期工程花费 18.35 亿元，加上为解决水污染、水浸街问题的后续投资，2009 年以来投入总金额已达 30 亿元以上。东濠涌为保持水质洁净建立净水厂与清洁队伍，每年运营费用达五六百万元，这部分费用由区政府与市政府财政拨款支出。

4.3.2 市场主导的创意产业园与城中村改造

1. 工业企业改造——政府支持的"退二进三"

（1）创意产业园改造模式

出于环境保护与产业结构调整的需求，2005 年广州市政府开始推行市区产业的"退二进三"。面对失去生产功能的土地，企业可以有三种选择，与开发商合作进行房地产开发、自主改造转换厂区功能、将土地交给政府收储。在房地产开发面临诸多制度限制，而土地被收储则意味着放弃对土地的经营，通过自主改造、联合运营、租赁的方式将厂区变成文化、办公、商业功能则是暂时的最佳选择（表 4-5）。

至 2010 年广州活化利用为商业商务功能的旧工厂改造一览表　　　　表 4-5

行政区	名称	原工厂
天河区	羊城创意产业园	广州化学纤维厂
	星坊 60 创意园	广州市政集团机械施工厂
	红砖厂创意产业园	广州鹰金钱罐头厂
	9 号码头创意园	员村热电厂
海珠区	太古仓	原太古洋行码头（广州市文保单位）
	TIT 国际服装创意园	广州纺织机械厂
	珠啤创意艺术区 2004	珠江啤酒厂
	海珠创意产业园 2008	南华西第五工业区
荔湾区	信义会馆	广东省水电水利施工公司
	1850 创意园	金珠江双氧水厂
	宏信 922 创意园	建于 1922 年的协同和机器厂旧址，广州柴油机厂
	IDC 广州中小企业创新科技园	虎头牌电筒厂
	奥益时尚创意设计产业园	广州啤酒厂
	动感小西关多功能娱乐城	广州市第一针织厂
	"启秀茶天下"专业市场	广州铝材厂
越秀区	五仙门酒吧街	五仙门发电厂（广州市文保单位）
白云区	白云区科技创意园（广州国际单位创意园）一期	长征皮鞋厂
	广州麓憬湾体育运动休闲会所	广州五羊摩托车厂

被改造的旧工厂多建成于 20 世纪 50—70 年代，其中一些具有代表性的厂区记录了广州工业发展历史，集中分布在荔湾区、海珠区、天河区、白云区。这些本位于城市边缘的厂区有着便利的水陆交通条件，随着城市扩张，具备了升级转换功能的良好区位（图 4-11）。2008 年广州市政府下发《关于推进市区产业"退二进三"工作的意见》（穗府〔2008〕8 号文），给出鼓励企业加入创意产业园的经营政策，提出"未纳入政府储备计划的搬迁企业，可在建筑主体框架不改动的情况下进行适当改造并改变使用

功能，改造不得拆除重建、增加建筑面积"（广州市人民政府，2008）。在亚运与"退二进三"背景下，房地产开发浪潮中存留下来的部分厂区被改造成创意产业园区、购物休闲场所，例如荔湾区的信义会馆、1850 创意园，海珠区的太古仓、TIT 创意园，天河区的羊城创意产业园、红砖厂创意产业园，是这一时期广州工厂改造的代表性案例（表 4-6）。

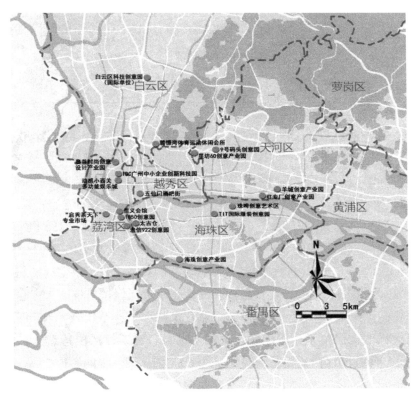

图 4-11　广州活化利用为商业商务功能的旧工厂改造分布图（至 2010 年）

2004—2009 年广州旧厂房活化改造而成创意产业园区的典型案例表　　表 4-6

项目名称	改造时间	规模	改造前	功能构成	改造主体
信义会馆	2004—2005 年	占地 2.3hm²，建筑面积 1.5 万 m²	广东省水利水电机械制造厂，12 栋厂房和宿舍建筑，苏式建筑风格	创意产业、商业展示、公寓式酒店	广东省建工集团与广东明辉园投资管理有限公司合作
太古仓	2003 年决定保留，2007 年开始改造，2009 年定位于文化创意园	占地 71.23 hm²（其中陆地面积约 5.25 hm²）	始建于 1904 年的太古仓码头，市级文物保护单位，7 幢砖木结构仓库	文化创意、展览与贸易、观光旅游、休闲娱乐	产权所有单位广州港集团投资开发
TIT 国际服装创意园（原广州纺织机械厂）	2007 年开始改造，2010 年改造完成	占地面积约为 9.34 hm²，原有建筑面积 3.43 万 m²	五六十年代广州纺织机械厂	设计、研发、创意等功能	广州纺织工贸集团与广东德业基投资有限公司

续表

项目名称	改造时间	规模	改造前	功能构成	改造主体
星坊 60 创意园	2008 年开园	一期建筑面积 0.8 万 m²	1970 年代广州市政集团机械施工厂房	音乐、摄影、文化传播、广告等艺术创业	广州市市政集团与社会资本签约
羊城创意产业园	2000 年羊晚集团兼并广州化纤厂，2007 年开园	占地 17.1hm²，总建筑面积 10.8 万 m²	1950 年代广州化学纤维厂	文化传媒、信息科技、艺术设计	羊城晚报报业集团
红砖厂创意产业园	厂区 2008 年迁移	总面积 17 万 m²	1950 年代广州鹰金钱罐头厂	艺术文化展示交流、设计工作室、休闲商业	广州集美组室内设计工程有限公司
1850 创意园	2009 年初	占地 5.1hm²，建筑 3 万多平方米	1960 年代华南区最大的双氧水厂	时尚展览、文化交流、办公生活	广州化工集团与昊源集团

旧工厂改造为创意产业园区的工程多为政府支持项目，意图打造为特色商务、商业、旅游空间，作为"退二进三"的示范工程。改造模式为政府牵头、原企业主体所属集团公司主导，按照改造运营主体不同分为三种，第一种是企业主导的模式，例如太古仓、羊城创意产业园分别由广州港集团与羊城晚报报业集团开发；第二种是企业与投资开发商组建公司共同开发，如信义会馆、TIT 服装创意园、1850 创意园；第三种模式是经营方与原企业业主签订租约的方式，主要依靠地方文化资本的投入，如红砖厂、星坊60。改造方式多以保留更新相结合、功能转换为主，根据厂区状况的不同，保留与更新的比例不同，例如历史价值较高的广州市市级保护单位"太古仓"，基本保留了建筑原貌；中华人民共和国成立初期工业建筑与厂区典型代表，TIT 创意产业园、红砖厂也很大程度上保留了原有建筑。根据工厂自身建筑、区位特点、定位的不同，一些创意设计空间在园区内比例较大，如星坊60（创意设计空间占比83%）；一些商业服务空间则是园区主体，如"太古仓"（商业服务空间占比71%）（彭麒，2010）。尽管在改造主体、功能定位、空间利用方式上存在差异，通过为企业、商家提供空间而获取租金，这是此种改造项目共同的获益方式。

以红砖厂为例，其前身鹰金钱罐头厂是 2005 年广州"退二进三"产业调整中的首批搬迁企业，该厂所在的员村地区，原本是中华人民共和国成立后建设的工业发展"飞地"，随着广州市区向东扩展，使其变成临近珠江新城 CBD 的，具有很强开发价值的潜力地块（图 4-12）。2008 年罐头厂搬迁后，广州集美组室内设计工程有限公司进驻，除了一部分用于自身办公外，租赁并修茸该厂区，组建红砖厂艺术设计有限公司进行招商与管理。"集美组"的进驻与运营，吸引了多家专业设计公司、私人工作室后续进入，红砖厂迅速形成集聚效应。由工作室、体验馆、展览馆、餐饮机构、创意市集组成的红砖厂，因其国际化、时尚、艺术的定位，具有代表性的 1950 年代厂区、特色鲜明的苏式包豪斯风格的红砖建筑，迅速成为广州市知名的大众休闲地、旅游吸引点（图 4-13）。

图 4-12　红砖厂文化创意产业园区位

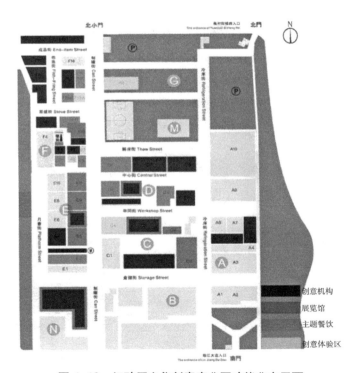

图 4-13　红砖厂文化创意产业园功能业态平面

（2）改造模式的不可持续性

　　这种活化利用原有厂址的方式，不用改变用地性质、进行产权交易，相对于高强度商业开发，具有前期投入少、建设周期短的优点，由于所提供的空间较为稀缺，已经改造完成的创意产业园区都能获得较高租金收入、运营状况良好，但其本质是一种临时性处置方式，具有很强的暂时性与过渡性。改造为创意产业园的开发主体多为国有企业，在国有企业与私营企业联合，或者私营企业独立运作的模式中，创意园区的开发是一种租借国有资产行为，租期最长只有 20 年（成小珍 等，2013）。厂房转变为商业用房作为临时性处置，使用期限也仅为 6 年。

这些创意产业园中，项目能够经营的时间与该地块所处区位的土地价值密切相关（徐键 等，2013）。如果旧厂区的区位十分突出，以充分发挥土地效益为出发点，改造为创意产业园只是过渡性安排；如果地块区位相对偏远，或是与地区整体发展目标一致，则可永久保留。处于中轴线上的 TIT 国际服装创意园、邻近珠江新城的"红砖厂"都是短期性项目，在政府的规划中未来会另作他用。广州市文保单位的"太古仓""珠江啤酒文化创意艺术区"的功能与该地区未来发展定位一致，则是永久保留类型。

随着城市建设用地资源的日益紧缺、创意产业园开发的自身局限，"三旧"改造政策提出后，企业与政府都更倾向于追求最大利润，政府收储或企业自主进行商业地产开发成为旧厂区改造的主要模式。"红砖厂"、星坊 60 创意园、TIT 创意园、9 号码头创意园、羊城创意产业园等都面临再次改造。例如星坊 60 创意园原属广州市政集团机械施工厂房，2008 年市政集团租出该地块作为创意园，租期为 5 年，5 年期满后 2013 年该地块被收回进行"三旧"改造（成小珍 等，2013）。"红砖厂"、9 号码头创意园，属于 2009 年创立的北岸文化创意园的一部分，规划中该园区由员村地区的原南方面粉厂、澳联玻璃厂、员村热电厂组成，占地 45.5hm^2（成小珍 等，2012）。按照该项目财务分析，经营主体收回投资需 9 年多，税后收益率仅为 5.09%（陈颖，2012）。2010 年"红砖厂"已初具名气，"9 号码头"开园，2011 年北岸文化码头成为国家文化部命名的"国家级文化产业试验园区"，而 2012 年广州金融城项目的提出使得员村地区的文化创意园定位终结（图 4-14）。

图 4-14 "红砖厂"、北岸文化码头、国际金融城范围

以创意产业园为代表的文化导向的旧工厂更新模式之所以不可持续，原因是多方面的，不断变化的城市建设战略，最终指向的目标是土地价值的最大化是重要因素之

一，在这一目标下，经济收益偏低的文化创意园，只能是过渡性的选择。追求土地财政的"企业家"政府，仍然依赖地产导向型城市更新。

2. 城中村改造——村民与开发商合作

（1）市场主导的改造模式

与旧城改造由政府出资、政府实施不同，城中村改造中政府退居幕后，由主导变为支持，让渡土地再开发收益给村集体、开发商。开发商通过改造后增加的商业地产面积获利；"合法建筑面积拆一补一""原址回迁"的补偿政策使得村民可以享有再开发带来的租金提升收益；政府可以利用市场资金提升城市形象，改善城中村民生，并且将村集体用地转为国有，增加可控制的土地以及由此产生的财政税收。在三方共赢的格局下，由于房地产价格的走高、纳入改造计划的城中村占据城市黄金区位，亚运会前几个城中村通过市场化的融资方式开启了改造进程，时任市长张广宁提出"在2010 年亚运会前完成 9 条城中村的清拆工作"（天河区的猎德、冼村、林和，越秀区的杨箕、海珠区的琶洲、白云区的小新塘、棠下、三元里）（吴彤 等，2009）。猎德村在亚运前完成居民回迁，林和村与琶洲村完成清拆（表 4-7），根据政府介入程度不同，成功运行的猎德、林和、琶洲形成三种城中村改造模式（表 4-8）。

亚运前启动的几个城中村改造项目的时间进程　　　　　　　　　　表 4-7

项目名称	改造时间进程
猎德村改造	2007 年 9 月猎德村地块出让；2007 年 10 月开始拆迁，月底搬迁完毕；2008 年 1 月项目启动，因地产市场低迷，停滞一年后 2009 年 8 月正式开工；2010 年 9 月安置房交楼
琶洲村改造	2009 年 10 月保利地产开发公司取得土地使用权，2010 年 3 月动迁，2014 年 11 月回迁房交楼
林和村改造	2008 年 11 月公布拆迁补偿方案；2010 年 3 月新鸿基与林和村签约；2010 年 4 月开始拆迁，2014 年 8 月回迁
杨箕村改造	2008 年改造方案批复；2010 年 5 月动迁，7 月底大部分拆迁完毕，12 月挂牌出让；2011 年中开始建设；2013 年 7 月"钉子户"搬迁，8 月全村搬离完毕
冼村改造	2009 年 7 月改造工作启动；2010 年 4 月动迁；2011 年 12 月与保利签约；2012 年 4 月开始清拆；2013—2014 年因部分村民因不满拆迁停滞；2015 年 3 月复建房开工

亚运前启动的几个城中村改造项目的基本情况　　　　　　　　　　表 4-8

项目名称	区位	改造主体	资金投入	改造方式
猎德村改造	邻近珠江新城、猎德大桥、地铁 5 号线	猎德经济发展有限公司（村集体经济组织），合景泰富、富力地产、新鸿基地产	总投资 100 亿元。土地出让金 46 亿元，其中 30 多亿元作为拆迁安置成本返还村集体公司；村民住宅与集体物业建安 15.8 亿元；"临迁费" 1.3 亿元	"熟地出让"模式，通过融资地块公开出让的方式获得资金，由村经济组织动迁并建设回迁安置房
琶洲村改造	临近琶洲会展中心、地铁 2 号线与 4 号线的交汇站	保利地产公司	总投入 170 亿元，其中土地出让金 1.42 亿元；村民安置 47 亿元；6 亿元用于环境与市政工程；117 亿元开发用地建设投资	捆绑拆迁安置的公开出让融资（生地熟让），开发商负责建设"回迁房"，支付货币补偿

项目名称	区位	改造主体	资金投入	改造方式
林和村改造	天河北中央商务区核心临近广州火车东站	林和润扬经济发展有限公司（村集体经济组织）、新鸿基地产、新天地产公司	9.5亿元资金汇入共管账户，其中7亿元保证建设回迁房；3000万元用于华阳小学建设；2.2亿元"临迁费"	自主改造模式，村集体引入开发，由开发商出资建设安置房及集体物业。商业地产部分由林和村与地产公司共同开发，村与开发商3∶7分成
杨箕村改造	毗邻广州新城市中轴线与珠江新城	富力地产公司	土地出让金4.73亿、18.8亿元改造成本	类似琶洲模式
冼村改造	珠江新城核心区旁	冼村实业有限公司、保利地产公司	10.24亿元保证金、25.9亿元改造资金	自主改造，类似林和村模式

在2007年广州第一个城中村改造项目——猎德村改造时，市政府领导确立了"改造主体是村民，公共财政不出资，土地出让收益返还改造"的原则。2008年猎德村以"土地产权"换取"市场资金"支付改造成本的方式，成为首个成功实施的城中村改造项目，改造采用"三三"制原则，该村土地"1/3划为拍卖融资地块，进行商业地产开发（商品房）；1/3用于村集体经济发展（酒店与商业办公）；1/3用作村民安置用地"。继猎德村成功改造后，2009年琶洲村通过捆绑拆迁安置的"公开出让"融资，2010年林和村与开发商签订协议"合作改造"。猎德村改造缘起于城市重大基础设施——猎德大桥的建设，采用"熟地出让"模式，即企业与村不直接合作，通过融资地块公开出让的方式获得资金，由村经济组织动迁并建设回迁安置房。与猎德村改造类似，琶洲村改造同样经过土地公开出让环节，但采用"生地熟让"的方式，开发商承担更多责任。开发商直接与村民签订协议，承担动迁工作并负责建设回迁房、支付货币补偿，拆迁资金由区政府与村共同监管。林和村开启的"自主改造"模式，政府介入程度最低，仅主导编制规划改造方案，村集体自行融资引入开发商进行开发建设，村集体经济组织与开发商设立共管账户，开发商存入保证金与临迁费。

（2）完成项目的共同特征

虽然改造方式"一村一策"，但成功改造的城中村都具有开发条件成熟、补偿条件优厚、建设强度高、资金投入量大、改造企业背景特殊且实力雄厚的特点。补偿通常采用合法产权面积"拆一补一"、增加的安置面积以远低于市场的建设成本价购买、违建面积1000元/m²货币补偿的政策。除此之外还有临时安置补助费、搬迁补助费、按时签订协议的奖励等❶，这些补偿使得改造过程中的村民收益损失降至最低。几个城中

---

❶ 猎德村采取合法产权面积拆一补一，四层以下补偿面积在合法产权基础上适当增加。合法产权以外的安置面积，可按3500元/m²购买，如放弃该部分面积，将按1000元/m²补偿。违建获1000元/m²材料损失。琶洲村改造中，除了改造后的安置房，改造期间村民可获得每月20元/m²的临时安置补助费，超过30个月每月上调100%；每户1200元的搬迁补助费，搬迁损失补偿1万元，在2010年5月30日前签订拆除补偿安置协议的发放2万元奖金。因此改造期间的每户各项补助加总甚至超过改造之前的租金收入。

改造后都有数量可观的集体物业面积，村集体的商业物业面积不但没有损失，还可以享受土地升值收益。

受 20 世纪 90 年代初开发热潮中产生大量"烂尾"工程的影响，社会当中仍然存在对开发商参与改造的疑虑。在城中村改造之初，村集体最初并不信任开发商，"害怕工程烂尾"，认为"最好的办法是由政府主导"（陈晓舒，2010）。开发商能否参与城中村改造，取决于村集体、政府对其信任程度，以及开发公司能够与村集体与政府谈判的资源。从几个已经实施的城中村改造土地出让竞买条件可以看出，无论是政府还是村集体都对注册资本、房地产开发资质有很高要求。除此之外，政府为保障临迁安置，其要求还包括必须是广州本地企业、在改造地块周边有足够自有物业面积❶。因此实践操作中能够竞得土地的企业局限在本地或港资大型房地产企业。

参与改造的富力地产、新鸿基地产、合景泰富、保利地产均为上市公司，其中三家都是在广州发展起来的本地企业，一家是香港最大的房地产发展商之一。长期积累的资金实力、公司信誉与人际关系使得他们作为城中村改造的主体，具有一定的优势与抗风险能力。城中村改造虽然利润可观，但改造过程中需要投入相当的资金，且开发周期也长于普通项目。根据开发商公开的数据，猎德村总投资 100 亿元，琶洲村达到 170 亿元。改造最为迅速的猎德村、林和村、琶洲村从地块出让到安置房建成经历了 3 ~ 5 年时间，猎德村在改造过程中遭遇 2008 年金融危机影响，而因钉子户问题拆迁受阻的杨箕村 3 年才完成搬迁，冼村改造 2012 年开始清拆，但因各种因素严重拖延。

亚运前启动的几个城中村改造项目经济技术指标　　　　表 4-9

改造项目	改造成本（亿元）土地出让金拆迁安置成本总计	每平方米总建筑面积更新成本（亿元/m²）	总用地面积（hm²）	融资地块面积（hm²）	融资地块占总用地面积比例（%）	总建筑面积（万m²）	改造后建筑面积构成（万m²）居民安置面积村集体商业面积商业开发面积	净容积率	拆建比
猎德村	16 / 30 / 63	0.32	33.63	11.41	34%	142.87	68.79 / 17.35 / 56.8	4.2	1:2.65
琶洲村	1.42 / 47 / 48.42	0.26	75.76	39.85	53%	185	85 / 20 / 80	5.82	1:2.64

❶ 冼村改造公告要求参与投标的企业是上市公司，具有独立法人资格和具备一级房地产开发资质，注册资本金不低于 15 亿元，2010 年公司总资产不低于人民币 500 亿元，在全国范围内有城中村改造面积达 50 万 m² 建设的经验。琶洲村土地出让招标条件包括，一级资质的房地产开发企业，注册资本 15 亿元人民币以上；2007 年、2008 年其公司总资产要在 90 亿元人民币以上（含 90 亿元），净资产均达 15 亿元人民币以上（含 15 亿元）。在广州海珠区必须拥有建筑面积 5 万 m² 以上的自有办公、商业物业外，竞买申请人须具有成功开发建筑面积 10 万 m² 以上大型商业、办公、酒店综合项目的经验。

续表

改造项目	改造成本（亿元） 土地出让金 拆迁安置成本 总计	每平方米总建筑面积更新成本（亿元/m²）	总用地面积（hm²）	融资地块面积（hm²）	融资地块占总用地面积比例（%）	总建筑面积（万m²）	改造后建筑面积构成（万m²） 居民安置面积 村集体商业面积 商业开发面积	净容积率	拆建比
杨箕村	4.73 18.8 23.53	0.36	11.5	6.2（可建设面积4.4）	54%	64.8	37.4 — 27.4	7.31	1：1.85
林和村	— 9.5 9.5	0.24	6.4	—	—	40	15 6 18.5	6.3	1：2.65
冼村	— 36.14 36.14	0.34	8.49（净用地面积16.2）	—	—	107.77	62 3 45.7	6.6	—

　　城中村改造中的利益平衡与各方收益，充分体现在各项指标中（表4-9）。改造后的建筑面积构成中，居民安置面积比例最高，属于开发商盈利部分的商业开发面积接近于居民安置面积（图4-15）。这一阶段的城中村改造都是采用地块内经济平衡，根据

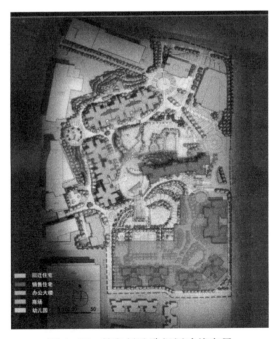

图4-15　林和村改造规划功能布局

来源：广州科城.让城市更精彩——广东省"三旧"改造规划实施与城市更新研讨会集粹[M].广州：广东经济出版社，2012

改造成本"倒算容积率"方式，根据改造成本（拆迁安置总量），以楼面地价倒算地块的开发建设量。几个城中村的拆建比都在 2 以上，即改造后建筑面积翻倍，容积率超高 ❶。成功实施的城中村改造都是通过建筑面积的突破性增加平衡巨大的改造成本，其实质仍然是土地换资本，成功实施依赖于改造前后巨大的地租反差。以市场动力撬动城中村改造，更像是参与主体分食"蛋糕"的过程，成本高昂而公共返还不足，所有增加的基础设施也只是项目配建，以满足该地块内的需求为目标。

4.3.3　典型案例：南华西一期改造

1. 改造模式

南华西改造项目是全市成片改造试点之一，危破房改造中第一个采用公开挂牌出让的方式，因此该项目是典型的政府主导的政商合作。政府完成房屋征收、土地收购，实施拆迁后公开出让，交付开发商建设（土地受让方与建设方为君华集团有限公司）。地块出让条件附加了保留建筑、建设"回迁房"与"复建房"、出售限价房、回迁时限、先保证回迁才能出售商品房、保证金监控等条款，以保障原住民权益。项目先规划后出让地块，实施结果基本与政府规划相符（图 4-16）。项目前期工作由市国土房管局与海珠区政府等部门实施 ❷，区政府负责拆迁与补偿，所需资金由其支出。市土地开发中心将收回的土地公开出让，得到土地出让金后返还区政府的前期垫资。

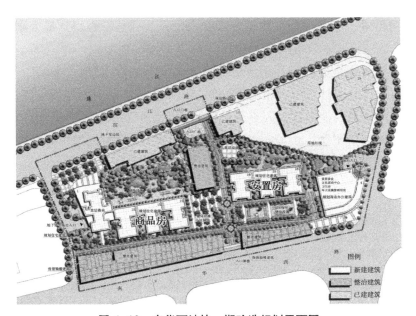

图 4-16　南华西地块一期改造规划平面图

来源：《广州市海珠区危破房改造规划方案（南华西地块一期）》（2007 年）

---

❶ 猎德村的商业开发地块容积率达到 7.98，琶洲村商业开发地块容积率也有 6.07，林和村安置地块容积率 6.18。

❷ 动迁、拆迁工作由国土房管局海珠区分局、南华西街道办事处、海珠区危房改造建设管理所完成。

南华西一期改造模式实现了政府、开发商、原居民三方获益。该项目拆迁补偿方案采用公房异地安置、私房货币补偿，其金额保障可以回购改造后的限价房❶。由于补偿条件优厚，能够回迁，征迁工作进展顺利。政府得到 2.15 亿元的土地出让金，除去安置补偿与拆除成本，剩余仍很可观❷。复建安置住宅除安置回购私房业主外，多出 5500m²，可以用于其他政府项目拆迁居民的安置。南华西一期改造项目 2008 年开始动迁，2011 年完成安置房建设并完成回迁。即使去除建设安置房的成本，开发商在南华西一期的改造项目中也能实现获利。南华西一期总建筑面积有 4.6 万多平方米，去除回迁、公建等面积后，实际上该地块可出售的总建筑面积 2.5 万多平方米（谢蔓，2009），地块出让楼面地价达到 8556 元 /m²（仅计算可售面积）。较高的楼面地价，加上稀缺的区位，2014 年在单价已经达到 5 万 /m² 的情况下依然销售完毕。

2. 实施评价

三方共赢的改造结果得到政府内部肯定，却受到专家质疑。政府领导曾公开盛赞南华西危破房改造一期项目是广州旧城改造的成功范例。但其濒临珠江，本身具有较高的商业和居住价值，改造后地块增值前景都是其他项目不具备的。南华西一期建成后没有得到规划、建筑专家的认同。因为改造只保留了南华西路沿线的骑楼建筑，质疑集中在整体拆除街区、新建建筑体量太高❸（60m 控高）（图 4-17、图 4-18）。南华西一期项目没有实现疏散人口，改造后居住人口不减反增，拆建比 1：2，容积率 2.5。总之，地块内经济平衡、原址回迁虽然使政府、开发商、居民都得到了利益，也成功促使项目快速推进，但在规划、建筑专家看来，公共利益没有得到最大限度的实现，南华西一期的改造模式不值得提倡。

该项目能够顺利推进的条件是历史保护还未成为刚性限制、"中调"与亚运背景下的重点项目，因此能够争取到相对宽松的容积率指标。同属南华西危改试点的南华西二期，位于南华西一期南部，因更为严格的历史保护要求，不再采用危破房改造原地回迁、地块内经济平衡，由原本的危破房改造项目变为历史保护导向的减量更新，改造方式以保护维护历史建筑、局部拆除复建历史景观为主（图 4-19）。为平衡改造

❶ 公房用户安置在珠江新城等地的公租房。货币补偿价格低于当地一手楼、高于二手楼，保障居民能够买到周边区域二手楼房。住宅类被拆迁人可选择购买在原址建设的限价房，每户仅限买一套限价居住用房（被拆迁人认购的限价房面积大于原被拆迁产权面积不超过 10m² 的，仍可按限价购买，再超出部分按市场价购买）。对于住宅面积小于 40m² 的低收入且只有一套产权住宅的家庭，按 40m² 予以补偿。

❷ 南华西一期建设了 370 套，13500m² 住宅安置原居民，其中 8000m² 的回购房给私房业主。按照补偿的最高标准，弃产安置 8700 元 /m²，以弃产 67 户，每户 60m² 计算，货币补偿金额 3497 万；限价回购房补偿金额 7500 元 /m²，按建设 8000m² 回购房计算，需支出 6000 万。前期补偿金额共计 94974 万，这些成本都可以从土地出让金中收回。

❸ 南华西街区是 2000 年广州市第一批 37 片内控历史文化保护区之一，南华西一期改造地块位于南华西街北侧，属于旧城风貌区，街区内部建筑层数以 1～3 层为主，为广州传统居住形式。2011 年 11 月 17 日，《新快报》报道文章《广州南华西街区旧城改造引发文化保护争议》一文，指出南华西一期在历史文化保护方面有值得检讨之处，引用了多位教授、专家的批评意见。

图 4-17　南华西一期商品房项目滨江路
　　　　 入口实景照片

图 4-18　南华西街角度看商品房、安置房、骑楼街

成本，南华西项目在规划编制阶段曾提出与海珠区另一块危破房改造项目（草芳围地块）捆绑，用容积率转移的方法安置拆迁居民。南华西二期自 2009 年确立以来长期搁置，主要原因仍然是经济平衡问题。项目捆绑的方式不易实现，"草芳围"地块加上南华西需要安置的居民，需要增加更多的容积率，其建筑已盖到 33 层（图 4-20）。南华西二期缺乏来自市级层面与市场领域的外界力量。南华西一期的顺利推进与南华西二期的搁置说明，在没有大量政府财政补贴的情况下，非房地产导向的旧城更新难以实施。

图 4-19　南华西二期旧城改造规划总平面
来源：《广州市海珠区南华西旧城更新改造规划方案》（2010 年）

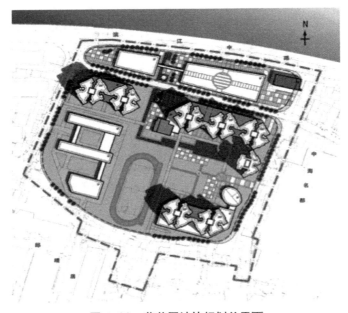

图 4-20　草芳围地块规划总平面

来源:《广州市海珠区南华西旧城更新改造规划方案》(2010 年)

4.4　该阶段特征

4.4.1　政策取向——政府主导与市场主导的方式拓展

中央对土地供给与金融借贷的管控、限制政府市场行为的制度出台、产业升级转型与文化提升的需求、亚运会这一大事件影响、房地产市场繁荣而中心城区土地供应量减少,导致政府提出鼓励城市更新的政策,并对项目运作机制进行调整,接受社会资本参与旧城改造、进行探索性的公私合作。这一阶段广州出台一系列政策,一方面产业发展重点回归服务业,强调"退二进三""腾笼换鸟";另一方面提出"中调"战略,以优化城市功能、提高空间质量与效率为目标。"中调"提出的目的之一就是解决旧城的"历史账",改变政府实施的不足,对新模式进行探索。这些举措说明依靠"土地财政"的城市发展方式已经形成,以往大规模城市扩展的办法受到限制,催生了对已有建设用地进行再开发的需求;城市更新承载的目标愈发多样,例如实现经济结构转型。

亚运背景下政府对城市形象的关注需求超出对经济收益的追求,政府愿意投入公共财政、放弃大部分土地开发收益"让利于民",产生了"政府主导"与"政府退出"两类城市更新项目。这一阶段政府希望利用社会资金进行更新,同时在没有社会资金参与下也具有足够的财政实力实施一定规模的旧城更新。

4.4.2　运作机制

面对承办亚运会带来的巨量城市建设资金投入,国家对新增建设用地与土地出让的控制，使得广州不得不学习其他发达城市的先进经验，对更新机制进行调整。为了减轻财政投资压力、增强政府获取土地并投向市场的能力，广州开始推行政府主导的政商合作模式，暨土地开发中心、国有投融资集团等半公共部门代替政府实施土地收储与一级开发，土地出让金收入用于支付开发成本和城市基础设施建设投入。在国内各大城市的城市更新行动中，利用土地收储机制与附加条款的公开出让已经成为普遍采用的方式，政府下属半公共机构已经成为准市场主体，通过土地出让环节与开发企业建立契约关系，以契约形式实现政府意图。

这一时期政府虽有意愿探索新的更新运作机制，但像以往一样，城市更新策略没有完整的制度安排，无论是旧城更新、旧厂更新，还是城中村改造，都是在政府推动下，通过特殊政策、项目试点的方式完成。激励方式主要为政府允许原产权主体享受土地出租或开发收益、提高开发条件以保障实施方的经济收益。政府为完成集体土地的产权与功能转换、提升城市形象，允许村民、村集体享有土地增值收益，改造建立在政府、城中村、开发商共同得益，三者形成增长联盟的基础上。而"退二进三"目标下工业企业改造为创意产业园，则是政府允许国有企业改变用地功能，出租运营国有资产获得收益，运作机制为政府支持、企业主导、地方文化资本驱动，暨来自政府、市场、民间的三重动力。但经济收益偏低的"文化创意园"只是工厂改造的过渡性选择，追求土地财政的政府、希望获得土地开发收益的国有企业，仍然"青睐"地产导向型城市更新。

1. 政府实施的旧城改造

这一阶段支持政策落后于政府推动旧城改造的意愿，政策创新不足的原因主要来自思想理念。20 世纪 90 年代初大规模旧城更新的负面效应在社会当中仍然存在影响，不能延续"市场主导"的改造模式，无论在政府内部还是社会舆论方面已经达成共识，但是面向实施的新共识还未建立，例如政府、企业、私人业主的权益界限如何确定，历史保护与更新的需求如何协调。在旧城改造中，社会对于政府的企业属性非常警惕，例如政府或者政府代理组织在更新改造中得到经济收益、政府与企业的合作损害原有产权人的权益。而更新与保护的争议更是涉及不特定多数人，危破房清除可以为了公共利益，是改善物质环境的民生工程；同时也可视之为不利于文化保育、损害公共利益。

旧城改造在筹备亚运会的契机下，以危、破房改造重点项目为突破口❶，尝试政府主导、开发商参与的方式，但只有南华西一期采用附加条件的公开出让模式，并且改造完成后对其破坏历史风貌的负面评价居多，想要采用土地收储模式的恩宁路改造以失败告终。政府与市场合作方式在产权关系复杂、保护政策约束下土地升值空间有限的旧城难以运行。这一阶段完成的旧城更新，吸引社会资金参与的尝试失败，基本是政

---

❶ 危破房改造属于国土房管局主要职能之一，成片改造示范工程由各区具体运作实施。在"三旧"改造政策要求市与各区政府成立组织"三旧"改造的专设机构之前，各区项目实施由国土房管局分局、街道办事处、危房改造机构完成，只有荔湾区在 2009 年 2 月就成立了荔湾区城市更新改造工作办公室这一专职机构。

府实施、公共财政支持的公益性项目，不以获取直接经济收益为目的，改造资金多来源于政府出资（国有资产抵押贷款、直接财政支出）。旧城改造的经济收益取决于项目性质，历史保护导向的公益性减量规划没有直接经济收益，需要大量的财政补贴。

2. 市场机制运作的城中村改造

这一阶段城中村改造的实现是通过政府鼓励资本投入完成的，不仅体现在让出土地收益、还有放宽开发建设指标限制。与旧城更新不同，政府允许村民、村集体享有土地增值收益，支持村集体与开发企业之间合作。村民土地产权的确认以及村集体经济组织的作用，使得城中村改造相对于旧城，原有产权人改造积极性更高，谈判能力更强。当城中村成为改造对象，政府退出既是现实选择也具有制度上的合理性，市场机制、利益分配成为支配改造进程的主要因素。城中村改造建立在政府、城中村、开发商共同得益，三者形成增长联盟的基础上。政府让出土地收益给村集体与改造实施者❶，通过改造实现集体土地的产权与功能转换、提升城市形象。村集体与开发企业是政府让利政策的受益者，改造后集体物业面积增加，租金大幅度提升❷；开发商得到黄金区位的土地，改造后收益可观。

在改造中，政府主要起到监管、协调作用❸，不具体参与改造实施，市政府负责指导与协调、区政府与街道办事处统筹组织，实施主体为村集体经济组织。2008年广州市、区两级政府成立城中村改造领导小组，负责改造方案的审批。城中村改造多采用市场化运作方式，成功的案例根据政府介入程度不同，分为熟地出让、生地熟让、自主改造模式。第一种改造模式开发商以出资形式参与，政府提供土地出让平台；第二种模式完全由开发商主导，政府只对开发活动进行监管；第三种模式政府参与程度最低，企业与村集体经济组织作为实施土体，共同参与改造。

4.4.3 政策实施结果及影响

"政府与开发商合作"得到推行标志着广州市政府认可市场运营与市场化运作，"国有投融资集团"以及"土地收储制度"强化了政府主导，并提高其资产性的土地收益，表明随着市场化进程的一系列改革，政府仍然在资源配置中占主导地位。亚运会的契机使得政府投入大量公共财政，产生了政府主导的危破房改造、景观工程等旧城改造

---

❶ 经过土地出让环节的城中村改造大多底价成交，并且大部分返还给村集体平衡拆迁安置成本，或者用于发展集体经济。以琶洲村改造为例，土地出让底价成交（1.42亿元），并且全面改造土地纯收益的60%用于支持村集体经济发展。

❷ 不计算集体经济股份分红，村民个人租金收入也大幅度提高。猎德村6000多套回迁房，4000多套可以出租，2012年改造完成后，村民房屋出租收益增长5倍，自有房屋价值增长7倍多。2014年12套房一年租金可达50多万元，最多拥有二三十套房的村民，一年租金接近百万元。林和村民改造后户均拥有3套房屋，5层村民楼改造前租金每月3100元，改造后折算为500多平方米的安置住宅，租金每月可达3万多元。

❸ 以第一个城中村改造项目猎德改造为例，改造方案由猎德村提出，经区、市城中村改造领导小组批准以后，由猎德经济发展有限公司组织实施。政府只是"代征代拍"融资地块，资金返还给猎德经济发展有限公司进行房屋拆迁与安置房建设。

项目。政府主导的文化导向型公共空间提升项目，相比以往资金投入更多、建设标准更高，取得一定的社会效益与环境效益，但无法摆脱"形象工程"的局限。引入社会资金的意图在旧城难以实现，而在城中村改造中推行。

这一阶段社会力量参与城市更新开始显现，例如推动工厂改造为创意产业园的地方文化资本、恩宁路项目中影响决策的反增长联盟、凭借产权和基层自治与"开发商"合作并得到再开发利益的村集体，体现出随着市场化进程，产权确认与资本积累增强了私人部门的介入能力，以及随之产生的多元价值观念、个体权益意识的增强。

1. 政府主导的政商合作遇到阻力

其他地位类似、经济实力相当的城市已经早于广州，顺应全球化趋势开始探索如何与市场主体合作打造文化消费空间。这一阶段广州想建立城市更新运作新机制，像其他城市一样在城市更新中采取政府主导的政商合作模式，却并没有顺利实施。原因一方面来自共识缺失、另一方面则受限于政府角色。随着社会发展，为扩大改造资金来源引入资本面临诸多限制，改造的启动需要共识的建立。地方政府具有谋取利益、介入市场的倾向，而同时政府公共部门的角色制约，使得其在行使公权力时必须以公共利益为出发点，不能以盈利为目标。这一悖论再加上外界影响因素，导致政府主导的旧城更新以经济导向为目标开始，而实践结果只能是不追求经济收益的财政补贴项目。这一阶段广州旧城改造并没有达到预期效果，市场参与度不高、几乎全由政府出资实施，实践证明"政府与开发商合作模式"在旧城更新中难以运用。

2. 城中村改造推动的经验与问题

政府与开发商合作在旧城受阻，而政府支持下村集体与开发企业之间合作推动了城中村改造。这种让利于民的模式带来了城中村改造的快速推进，为其后的"三旧"改造积累了经验。除了集体土地进入市场交易的政策推动，实践中的成功案例依靠的是特殊背景与其自身开发条件。以城中村改造为代表的自主开发模式是一种政策创新，在此后的"三旧"改造政策中明确并推广。这种模式也存在很多问题，除了改造过程中由于村集体权力过大、缺乏监管带来的"集体腐败"现象，还有公共返还是否足够的问题。以市场动力撬动城中村改造，更像是参与主体分食"蛋糕"的过程，而"蛋糕"的形成则是依靠政府大量的公共投入，以及日渐走高的房地产市场。

3. 开发条件（经济收益）成为关键因素

这一阶段的项目体现出，无论是与开发商联合还是政府单独实施，只要是突破开发条件限制、改造后建设量大幅增加的项目都能够顺利实施，决定项目能否推动的关键因素是经济可行性，如果按照经济收益计算，这一时期"拆建比到 1∶2.5 才有市场资金愿意介入"。在政府让利的前提下，集体土地进入市场进行再开发的增值收益平衡了改造成本，使得城中村改造得以实施。由于改造后的经济收益预期由政府决定，因此政府主导或政府支持的项目可以获得特殊的开发条件。同时，政府既有能力又有"政绩"需要，实施没有直接经济收益的公益性项目。

05 第5章 后亚运时代制度化的公私合作阶段（2010—2015年）

5.1 影响更新政策的因素

5.1.1 发展条件变化

1. 城市更新成为经济发展议题

在以往对于城市更新的官方语境里，多从改善居住条件、城市形象、企业解困、生态保护、产业结构调整等社会合理性出发，随着新增建设用地的限制、经济发展放缓，城市更新更多开始跟经济发展紧密相连，在城市建设中的作用日益重要，集约节约用地成为推动更新的关键词汇。我国城市化发展到一定阶段，面临增量土地紧张、从数量发展到质量提升的要求。国家对超大型城市土地发展规模严格控制，根据上海、深圳、广州到2020年的新增建设用地指标计算，若单靠增量土地，按现有速度都无法维持土地供应❶，如何推动存量土地开发变得日益重要。为了从根本的土地制度中找到突破口，广东省又一次成为改革试点。

2. 国家给予广东特殊土地政策支持城市更新

作为改革开放前沿的广东省，尤其是珠三角地区，由于较早的进入高速工业化与城市化轨道，村镇自下而上的将农用地转变为建设用地非常普遍，政府征地过程中广泛采取留地补偿政策，造就了与国有建设用地并存的集体建设用地。这些集体建设用地中大量存在违法、违规用地，处于不被法律承认的灰色地带，产权权能低于国有土地，因此利用效率低下。随着建设用地指标日益紧缺，珠三角城市化逐渐转向政府主导的背景下，盘活存量土地、将集体用地转变为国有建设用地的需求产生。

为了完成这一目标，必须先解决历史遗留问题，承认既有的集体建设用地产权，对违规用地进行分时间段的确认，而这些需要在既有的土地管理法规之外，自上而下的给予特殊政策。中央对广东省这一需求作出回应，2008年时任总理温家宝提出将广东作为集约节约用地试点示范省。国土资源部与广东省共同推进示范省建设，于2009年制定了《广东省建设节约集约用地试点示范省的工作方案》，该方案中明确"制定扶持政策，

---

❶ 至2020年广州可利用建设用地1772km²，上海规划建设用地将锁定3226km²这一规模，不再增加新增建设用地，深圳新增可建设用地仅59km²。

积极推进旧城镇、旧厂房、旧村庄改造"，这是政府文件中第一次明确"三旧"改造的概念（粤府明电〔2009〕16 号）。"三旧"改造是国土资源部给予广东省的特殊政策，初衷在于解决珠三角特有的"集体建设用地"问题，通过再开发重组土地产权，并且达到产权结构重组的成本最小化（刘宪法，2010）。以节约集约用地、优化土地资源配置为目标的"三旧"改造也不仅限于集体建设用地，其本质是释放土地潜在价值，促进存量建设用地"二次开发"。"三旧"改造政策试图通过给予特殊的土地管理制度、提高开发收益预期（放宽容积率限制）等方式，去除土地获取与利益分配两大障碍，激励政府、市场、民间多方积极参与改造。在其支持下，"存量"再开发在广东省各地方大规模展开。

3. 国家宏观经济政策与区域竞争使得政府看重"土地财政"

在 2010 年住房城乡建设部将广州列为国家五大中心城市之一，作为唯一的非直辖市，广州除与中央分税外，主要税收的四成还要上交广东省，一直以来城市财政压力相对偏重。经过 2008 年、2009 年的宽松货币政策，2010 年以后国家金融调控逐步收紧，受宏观政策影响，2011 年、2012 年广州土地出让金收入未能完成计划。2012 年广州位列土地收入资不抵债的 17 个省会城市之中，并且是唯一的一线城市❶。

除债务问题外，广州市的经济地位面临被超越的趋势。从 2007 年开始天津的GDP 增速就高于广州，2012 年天津经济总量也接近广州。其中很大原因是广州自2003 年起固定资产投资增长开始放缓，增速低于天津、武汉、成都、西安等城市，天津与成都从 2005 年开始每年的固定资产投资总量都超过广州。广州作为特大城市，其建设用地供给受限，2006 年到 2009 年全市每年上报与批准的实际建设用地数量均超过计划指标。2014 年广州可利用的建设用地中只有 90 多平方公里尚待开发，如果按25km^2 每年的速度，增量土地资源将在未来 3 年内消耗完毕。

4. 商品房销售压力增大

面对 2009—2010 年房价的过快上涨，2009 年末开始国家启动新一轮更为严厉的房地产调控政策。2010 年 9 月国家出台"新国五条"，2010 年 10 月广州出台限购令，2011 年国家落实新国八条实施细则，并再次加息（张雷，2011）。在一系列限价限购、楼市调控政策下，广州 2011—2015 年房屋均价稳中有升（林婉清，2015）。广州作为一线城市，房地产市场具有较强的需求支撑，尤其是中心城区，房价一直走高❷。

尽管房屋销售价格逐年上涨，但自 2011 年开始，持续了 7 年的商品房空置面积减少局面发生改变，2011—2014 年商品房空置面积大幅升高，2014 年 12 月广州一手住宅存量达消化率创 10 年来新低（图 5-1）（张秀钦，2015）。商品房销售压力增加的同时，2010—2012 年广州土地出让面积与土地出让金额呈逐年减少态势，2013、2014 年随着土地市场回温才得以恢复增长。

---

❶ 至 2012 年 6 月末，广州全市地方政府性债务余额为 2414.03 亿元，其中政府负有偿还责任的债务余额为1786.15 亿元。

❷ 广州市国土房管局.《关于 2014 年 12 月广州市市房地产市场运行情况的通报》。

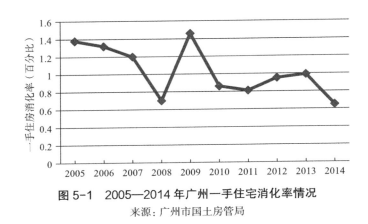

图 5-1　2005—2014 年广州一手住宅消化率情况

来源：广州市国土房管局

存量商品住房消化速度减缓、存量增多现象说明供需结构正在变化，住房匮乏、供不应求的状况已经转变。在政府调控抑制房价过快上涨的背景下，广州房地产市场销售价升量跌的出现表明城市已建成区的更新改造依然存在强大动力。房地产市场销售数据一定程度的供大于求，会使得政府在土地供给、"三旧"改造审批方面更加审慎，以免出现新增建设用地过多而影响房屋与土地价值。

5.1.2　城市建设策略

城市更新成为经济发展议题、国家给予广东特殊土地政策支持城市更新、国家宏观经济政策与区域竞争使得政府看重土地出让收入、房地产市场存量增加使得政府谨慎控制土地供给的背景下，通过平台项目集中政府投资、吸纳市场资金拉动经济发展，谋求土地财政以解决债务问题成为主要目标。这一阶段广州市越发重视城市更新，采取增量扩展与存量建设结合，公共投入集中于平台项目的策略。政府在开发潜力片区给予政策激励，规划保证的高收益预期，例如较高的开发强度、明确的功能定位；政府整合旧村、旧厂、农用地等不同性质的土地推动土地征收。重点平台项目是政府吸引市场资源的常用方式，采取这种模式表明广州的政商合作更为成熟。

在高额债务与地区间竞争的压力下，广州新一阶段的城市发展战略，以政府主导的重要功能区开发为主，增量开发结合存量更新。城市建设目标通过"战略性发展平台"、又一轮行政区划的调整实现。2014 年从化、增城撤市设区后，广州市的发展版图从 2000 年区划调整后再一次扩大，周边城镇成为广州向外拓展的副中心。

2012 年广州市编制了新一轮的 12 年战略规划，提出了"一个都会区、两个新城区（南沙滨海新城、萝岗山水新城）、三个副中心（花都副中心、增城副中心、从化副中心）"的"1+2+3"城市发展战略。2013 年广州市政府提出建设 9 个新城❶，形成

---

❶ 9 个新城包括广州金融城、海珠生态城、天河智慧城、广州国际健康产业城、空港经济区、广州南站商务区、广州国际创新城、花地生态城、黄埔临港商务区。

"2+3+9"共 14 个战略性发展平台，总规划人口预计达到 160 万人（万庆良，2013）。
2013 年广州市规划编制总量 1221 项，是 2012 年的 7.5 倍，"2+3+9"14 个战略性发
展平台 437km^2 的控制性详细规划获得通过（广州年鉴编纂委员会，2014）。2014 年重
点功能区增至 11 个（增补白云综合服务功能区、以及越秀区的北京路文化核心区），
973km^2 的总用地面积超过全市建设用地总量的一半。

这些重点功能区包含大量旧厂、城中村等已建设用地，相应的，广州存量建设的
重心也集中于此。这些区域一般在中心城区边缘，改造成本相对较小，有条件提高开
发强度。例如省政府重点支持、市委市政府重点督办的金融城项目，涉及旧厂、旧村
用地以政府主导、土地统一征收储备方式进行（毕征 等，2012）。老城区改造仍坚持
保护导向，"抽疏"人口、不增加建设量，对于个别重点项目采取政府主导、财政补贴
的改造模式，例如增补的重点发展平台，北京路文化核心区 ❶。

5.2　更新政策的提出

集中政府投资并吸纳市场资金拉动经济发展，谋求土地财政以解决债务问题成为
主要目标后，广州城市更新政策需要维持市场主体积极性的同时，实现政府自身收益。
首先延续与原产权主体分享土地增值收益原则，基于国家给予的特殊土地政策——"三
旧"改造将程序与标准明确化与制度化，适当提高再开发收益的政府所得；其次，政
商合作发展为更高级形式，政府通过公共财政与政策供给者的资源，充分实现土地
的市场价值，做大蛋糕吸引开发商的同时提高政府财政收入；最后，政府需要体现公
共部门的社会绩效，并且这种绩效也不能仅限于经济发展，因此建立专职城市更新部
门——城市更新局，专门机构建立一方面意味着城市更新政策正式面向多元利益主体，
可以有更多政府资源与民间需求形成对接，利于更广泛的公私合作，另一方面将开发
导向的"三旧"政策扩展为兼具社会目标的城市更新政策，以满足社会对政府职能的
要求。上一阶段城市更新中体现出的社会力量，使得政府发觉强行推动更新行动既无
政绩又无收益，新的地方制度（历史保护、房屋征收）趋向尊重居民意愿与社会价值
观念，这也反映出社会力量能够对政府施政产生巨大影响。失去上一阶段展示城市形
象的政绩动力后，政府对旧城转为保护导向，更严格的限制其开发。

5.2.1　市场主导的制度化——"三旧"改造

继广东省出台《关于推进"三旧"改造促进节约集约用地的若干意见》（粤府

---

❶ 北京路文化核心区总面积约 11km^2，东起东濠涌（延至二沙岛），西至人民路，南联珠江，北接环市路。北
　京路文化核心区建设包括：力争将平台内 3.2km^2 的起步区申报建设成为开放式的国家 AAAA 级风景区、南
　越王宫署遗址申报世界文化遗产，以及推动省非遗中心暨大小马站书院街、南粤先贤馆、宗教文化区等重点
　项目建设等内容。

〔2009〕78号）后，广州市发布《广州市人民政府关于加快推进"三旧"改造工作的意见》（穗府〔2009〕56号）指导广州市"三旧"改造的具体运作。实质上在"三旧"改造政策出台之前，旧城、旧村、旧厂改造一直在不同的框架中进行❶。"三旧"改造提出后，之前并行的危破房改造、工厂外迁、城中村改造一同纳入城市更新体系，改造的物质对象更加明确。"三旧"改造之前，改造项目虽本质是土地再开发收益驱动的，但更多以民生名义发起，"三旧"改造第一次以集约节约用地这一目标统辖所有的改造形式，最大化土地收益、最小化产权重组成本的诉求，以公开文件的形式成为正式的更新政策。"三旧"政策的出台有利于将已有实践经验变为正式制度，从"先行先试"变为"谋定后动"。改造过程中的预期收益设定与分配有规可依，不再完全依赖政府个别纲领性文件或改造主体与政府的个案谈判。

1. 突破土地出让制度

"三旧"政策提出"原有产权主体在改造中获得经济收益"，为了增加其发起改造的积极性，允许"自主改造、协议出让"，协议出让的土地出让金价格以一定比例的基准地价收取，远低于市场价格❷；除土地权利人自行改造外，若土地由政府征收后以招标拍卖挂牌方式出让，土地出让金以不高于60%的比例返还给企业与村集体。"三旧"改造突破了现有的土地出让制度，自2004年开始国家禁止采用协议出让方式，所有经营性土地都要公开竞价出让。在"三旧"政策中，旧城更新改造仍然必须公开出让，但鼓励生地出让，将征迁打包给开发单位；旧村与旧厂可以不通过土地公开出让。

旧厂改造的"公开出让、收益分成"模式与"自行改造、补交地价"方式，相对于传统的土地征收出让方式，以损失部分土地收益为代价，减少了前期资金投入以及协商谈判的行政成本，避免了前期投入不能及时收回的风险。相对于在2000年左右进行土地储备投融资体制改革的上海、成都、重庆等地，广州市土地储备的规模、市场资金参与比重都较低（广州市"三旧"改造办公室，2012）。"十一五"期间每年市本级完成的实物储备土地仅6km²左右。因此通过让利市场而提高土地供给量，从而增加财政收入对于政府来说有一定积极意义。

2. 解决农村建设用地合法化

除了土地出让制度，"三旧"对现有政策的突破主要体现在现状建设用地确权。由于历史原因，我国土地使用的合法与非法性处于模糊状态，"三旧"改造是"存量"土地再开发，因此需要对合法建设进行认定。旧村改造能够用合法手段将集体土地正规化，打通了城乡土地的转换路径；违法用地变成合法用地等于增加了建设用地指标。为完成这一目的，首先"三旧"改造根据土地使用的状态与时间来界定"旧"的范

---

❶ 广州旧城改造一直以"危旧房"改造的名义，从20世纪90年代初就开始的旧工厂改造以"企业解困""污染工厂外迁""退二进三"为目标。2008年广州以地方政策文件方式，确定了村集体与村民的合法物业产权、村集体用地进入土地市场的问题，在亚运前开启了改善城市形象为主要目的的城中村改造。

❷ 《关于自行改造协议出让土地出让金计收政策的函》（穗国房函〔2010〕1098号）。

围，即是否可纳入"三旧"改造；其次，通过完善历史用地手续确认土地权属，解决历史用地的合法性问题❶。据统计，广州市通过"三旧"政策可以合法化的建设用地达217km²，而根据最新土规，广州市到 2020 年的新增建设用地指标仅 136km²，这部分存量建设用地如果能够进行再开发，可以缓解新增建设用地的不足。

3. 组建面向市场的专职机构

除了在土地制度上实现突破，"三旧"政策也催生了负责统筹更新改造的专设政府机构。广州市级层面成立"三旧"改造工作领导小组，成员由市政府主要领导、各区政府和相关部门组成，下设市"三旧"改造办公室作为日常工作性机构，负责全市"三旧"改造"相关配套政策、改造方案审批、市级权限范围的立项与审批"。各区也相应成立办公室，各区政府是"三旧"改造的第一责任主体，市级层面负责统筹工作。

随着政策的执行，政府意识到"三旧"改造与机构设置存在一定缺陷，首先"三旧"政策是开发导向的，而城市更新不能从单一经济目的出发，需要解决历史保护、可持续发展、提供公共产品等一系列综合问题（王世福 等，2015）；其次，"三旧"政策的初衷是在一定时间范围内解决历史遗留问题，这就注定其不可持续性，如何把短期的政策红利转化为长期的存量开发动力，必然要在已有的政策基础上更进一步创新。随着促进存量土地开发成为城市发展的重要议题，2015 年广州城市更新局成立，代替"三旧"改造办公室职能的同时，谋求在城市更新中承担更多责任。城市更新局相较"三旧"办职责范围更广，原属国土房管局的危房改造、建委下辖的建筑拆改建修及郊区更新改造、规划部门的历史建筑保护与活化等都将纳入其中。

更高级别的专设常态机构意味着城市改造告别"运动"方式，机构名称变化意味着改造方式更加多样，改造理念内涵与外延的扩充。在"三旧"改造实践中存在的问题，未来有可能在新的政策中加以完善❷。

5.2.2　从政府引导到政府主导，优先推动重点地区改造

"三旧"改造在提供更多存量土地与政府获取土地收益的需求下展开，两者即统一又存在矛盾，这就导致广州市"三旧"改造政策由"政府引导"到"政府主导"的变动。政府既想将集体土地转为国有、推动存量开发，又想从再开发中获得更多收益，即土地出让金收入，这就存在政府与原有产权主体、开发商之间的收益分配问题，政府以何种程度让利成为关键。2011 年广州提出"政府主导优先、成片改造优先、土地储备

---

❶ "三旧"改造将"旧"的时限确定在 2007 年 6 月 30 日之前（2007 年全国范围内进行了土地现状调查，鉴别是不是 2007 年以后的违法建筑可以航拍图为准），在此之前不是已建设用地不能列入改造范围，没有合法用地手续的已建设用地可以补办产权；在此之后的违法建设不再补办合法手续。

❷ 例如改变"三旧"改造中地块内经济平衡的局限，争取区域平衡；更多的公众参与，引入公众监督机制，最大程度实现公共利益；改造方式多样化，从单纯的拆除重建改造方式转变为保护、修缮、功能更新；城市更新局作为代表政府的机构扮演半公共、半私人部门性质的角色，能够集中资金与公权力，直接参与城市更新，用盈利项目补贴非营利项目。

优先、节约集约优先"的原则，2012 年又出台了《关于加快推进"三旧"改造工作的补充意见》（穗府〔2012〕20 号）强化政府主导、优先土地储备，对旧厂的收益支持与补偿方式、旧村的改造主体与运作方式进行调整。2015 年 8 月第一次公开的《广州市城市更新办法征求意见稿》增加了政府主导范围，政府土地收益分成相应提高❶。

基于"三旧"的城市更新政策核心是与原产权所有者（村集体、企业）分享土地增值收益，但由于我国地方城市建设机制高度依赖土地财政，而推行"三旧"改造则有挤压政府土地出让收入的风险。因此 2011 年后广州市开始倡导政府主导的"三旧"改造，2012 年推出多个涉及成片连片改造的重点发展平台项目，标志着广州市的城市更新政策从"三旧"改造提倡的自主改造，转变为政府主导，改造模式多采用"规划设计、征地拆迁、逐步出让"的操作步骤，土地储备以区为主，经营性用地由市统一出让（赵燕华 等，2011）；改造单元从独立的旧城、旧村、旧厂产权地块发展为包含三者的综合发展片区。

广州在 2012—2013 年间启动 13 个片区改造项目（处于实施阶段）（杜娟，2015），2015 年增至 44 个❷。其中的连片改造项目基本与市、区级的重点建设项目一致，例如国际金融城、北京路文化核心区、广钢新城（花地生态城的一部分）、鱼珠旧城（位于黄埔临港商务区）、海珠生态城等，都是 2013 年启动的广州市战略平台项目。成片改造与重点项目重合体现了广州城市建设进入了存量再开发的时代。

5.2.3　地方制度体现尊重居民意愿和历史保护观念

在亚运会过后的官方语境里，广州城市更新已经不再强调改善居住环境目标。如果说亚运会背景下的旧城更新的动力更多来自提升城市形象，那么后亚运时代这种倾向则有所减弱。这一方面因为对于城市形象改善的理解变得多元，另一方面巨大公共投入需要具有影响力的重大事件启动。因此广州开始通过地方制度建构强调历史保护，让其成为旧城更新的真正限制；在"三旧"政策、拆迁补偿制度中体现对于居民意愿的尊重。

1. 历史文化保护制度成为旧城更新的刚性限制

这一阶段受文化保护社会意识增强、市领导个人理念的影响，历史保护制度愈发完备，《历史文化名城保护规划》审批通过以及《广州市历史建筑和历史风貌区保护办

---

❶ 旧厂改造基本采用政府收储，只有政府不收储的片区可实施"工改商"，并且调低了旧厂改造中的企业补偿比例（由土地成交价款中 60% 调至 40%）；旧村改造"政府与村集体分享旧村改造中节余融资地块的土地收益、规划节余建设量"。

❷ 《广州市城市更新 2015 年度计划（第一批）》包括同德围、金沙洲、罗冲围、大坦沙岛、国际金融城、广钢新城、广纸片区、北京路文化核心区、鱼珠旧城、海珠生态城等。有些是"三旧"政策背景下的成片改造，如大坦沙岛的城中村改造、"三旧"改造实施后唯一获批的旧城改造项目"鱼珠旧城"；有些是安置房、保障房集中区域的公共设施改善项目，如同德围、金沙洲、罗冲围；国际金融城、广钢新城、广纸片区则是旧厂与旧村打包的连片改造项目。

法》的出台，弥补了广州在整体性的保护规划、历史建筑保护办法方面的滞后。《保护规划》认定历史城区范围并对其提出了控制建筑高度的要求 ❶，其核心内容纳入《广州城市总体规划（2011—2020）》，意味着保护规划不仅是旧城更新的管控依据，同时将成为具备法定效力的刚性限制。同时，广州市对中心城区的历史建筑进行了全面普查 ❷。历史文化保护从过去的文物保护走向整体历史建成环境保护。在组织机构方面，2010 年在政府机构职责调整中，明确建设管理部门承担历史文化名城保护职责 ❸，为此规划局设立了名城保护处（历史文化名城保护委员会办公室）。

　　政府与社会对"历史保护"的日益重视直接影响了旧城更新。2010 年《广州市旧城保护与更新改造规划》开始编制，以指引"三旧"改造中的旧城。受保护理念的影响，该规划在名称上就不同于基于"中调"战略的《广州市旧城更新改造规划纲要》，依据《广州市历史文化名城保护规划》所制定的整体保护要求限制建设总量。规划确定 54km² 旧城区建设规模基本维持现有水平。在历史街区内，保护规划设定的容积率已与现状容积率相当（表 5-1），无法做增量建设使得引入开发商参与"碰壁"。

规划前后分区建设容量测算表　　　　　　　表 5-1

	总用地面积（万 m²）	现状		规划		对比	
		总建筑量（万 m²）	毛容积率	总建筑量（m²）	毛容积率	建筑量差值（m²）	容积率差值
绝对保护区	409	521	1.27	519	1.27	−2	−0.01
重点保护区	567	938	1.65	840	1.48	−98	−0.17
风貌协调区	1896	2908	1.53	2842	1.50	−66	−0.03
更新改造区	2528	4646	1.84	4812	1.90	166	0.07

来源：《广州旧城保护与更新规划纲要》（2013 年）。

2. 拆迁补偿制度体现出尊重居民意愿的改进

　　广州市的"三旧"政策明确提出改造应征询居民意愿，同意改造户数达到 90% 以上（含 90%）的才能启动改造；签订房屋拆迁补偿安置协议的居民户数达到 2/3 以上（含 2/3）的，方可实施拆迁。这项规定是广州制度建设的进步，实际上给了居民否决权，是将居民纳入改造过程决策的第一步。这一政策调整说明政府意识到更新改造想要进行，居民意见具有很大影响，他们能否达成共识是项目能否推进的关键。

　　2011 年 1 月《物权法》颁布后长久未出台的国家"房屋征收与补偿条例"终于公

❶ 风貌保存较为完整的 1949 年以前形成的城市建成区范围为历史城区，面积 20.39km²。其中历史文化街区核心保护范围面积约 2.57km²，新建建筑高度控制在 12m 以下；历史文化街区建设控制地带面积约 2.66km²，新建建筑高度控制在 18m 以下；环境协调区面积约 15.16km²，新建建筑高度宜控制在 30m 以下。
❷ 至 2014 年 9 月已确定两批共 478 处历史建筑，随后续上报确认历史建筑将达到 800 ~ 1000 栋。
❸ 2010 年广州市政府办公厅印发了《广州市规划局主要职责内设机构和人员编制规定》。

布(《国有土地上房屋征收与补偿条例》取代了《城市房屋拆迁管理条例》),依据此条例,2014年11月《广州市国有土地上房屋征收与补偿实施办法》(穗府〔2014〕38号)出台。新的办法中出现了以往没有的内容,包括公共利益前提、社会风险评估要求、补偿资金保障、公众参与环节、住房保障❶,针对普遍存在的"住改商"、临建房、符合住房保障条件的低收入群体拟定了补偿标准(征收人符合住房保障条件的,优先给予保障房,不受轮候限制)。新办法体现了尊重被征收者意愿、平衡各方权益的特征。征收中新增前置条件使得屋征收比以往有了更多限制。这意味着政府对于房屋征收持有越发谨慎的态度,征收行为更加规范、居民拥有更多话语权。

5.3 更新政策的实施

在2010年完成的"三旧"改造规划中,统计全市"三旧"资源为399.52km²,约占城乡建设总用地的1/3。其中,旧城镇改造用地占9.53%;旧厂房改造用地占35.50%;旧村庄改造用地占54.96%❷。2012年底,广州"三旧"改造用地总面积增至554.2km²(广州年鉴编纂委员会,2013)。实际的改造进度是,旧城与旧村改造难度大,旧厂改造阻力相对较小。根据广州市"三旧"办公布的消息,截至2014年10月,已批复全市业主申请"三旧"改造项目253个,其中旧城改造方案1个(远离老城区的黄埔区)、城中村改造方案31个、旧厂改造方案221个。

5.3.1 政府主导的历史街区活化

亚运过后,"大事件"诱致的政府对旧城的关注、大量的直接财政投入不复存在,旧城在产权关系、社会组织、承载集体记忆方面的特殊性,使得开发导向的"三旧"政策难以激励旧城更新,同时广州尊重居民意愿和社会价值观念的政策调整,也表明政府放弃对于旧城更新的强力推动。

辖区范围局限在旧城的行政区仍然有动力推动更新,谋求特殊政策支持、突破开发限制。在历史保护的前提下,充分利用原有特色空间,"腾笼换鸟"、产业升级成为较为可行的方式。例如荔湾区继续上一阶段取得成功的景观工程与安置房建设;越秀区启动的旧城更新项目以小微金融、旅游、文化等产业发展为导向,适应广州发展金

---

❶ 该办法第一次提出国有土地上的房屋征收应当满足公共利益需要,并初步界定公共利益范畴;为规避社会风险,新办法规定,征收之前进行社会稳定风险评估并制定风险评估报告,征收项目涉及征收人数达100户以上(含100户)的,应当经本级人民政府常务会议讨论决定;为保障房屋征收的公开透明,办法对征收方案公示方式、公开征求意见的时间、公告应载明内容作出具体规定,并特别提出因旧城区改建征收房屋,半数以上被征收人认为补偿方案不符合条例的,房屋征收部门应组织由被征收人和公众代表参加的听证会。在补偿资金保障方面,办法明确规定资金要足额到位,针对不同资金来源制定相应的管理、使用措施,特别提出非财政拨款项目,项目单位应在房屋征收前,将征收补偿金额存入专用账户。

❷ 广州市城市更新局.广州市"三旧"改造规划(2010—2020),2015.

融业、文化产业的倾向，现有空间的再利用方式因不涉及增量开发，较易通过市级规划决策，免受专家质疑。

亚运之后的旧城改造失去上一阶段的巨大财政支持与行政推动力，进展缓慢甚至停滞。在历史保护的前提下，资金筹措是旧城更新的最大障碍，以前依靠市场开发方式在对开发强度进行限制的前提下已不可行。广州作为珠三角区域的一线城市不能享受国家提出的棚户区改造政策补贴；而 2010—2011 年左右国家收紧房地产贷款政策，政府难以从"国开行"等政策性银行融资❶。以历史文化保护为前提的旧城更新有很强的公益性质，在现有条件下政府是唯一的实施主体。此外，政府主导的个别项目的策划终究无法代替正式制度的作用，旧城良性可持续发展需要有针对性的支持政策出台。

1. 文化导向——北京路文化核心区

北京路文化核心区位于越秀区广州老城中心，是唯一在历史城区之内的广州市重点发展平台项目。2014 年市委市政府将北京路文化核心区纳入"2+3+11"战略发展平台，该区域总面积约 11km²，约占越秀区总面积的 1/3（陶达嫔 等，2014），其中起步区 3.3km²❷（图 5-2）。核心区也是唯一以文化为核心要素的重大平台，该项目的设立一方面为了提高广州市的文化软实力，另一方面也是为了平衡各区利益。重大发展平台一般位于中心城区边缘，有充足的旧厂、旧村、农地等土地开发资源，而越秀区处于广州市中心，可再开发用地资源最为紧缺，所以需要以激发历史街区再生、优化产业布局为目的的改造行动。该项目潜在可利用的土地包括在建与闲置地块、改造升级专业市场、企事业闲置物业。

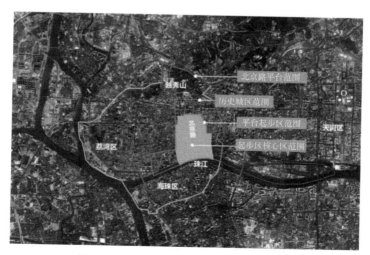

图 5-2　北京路文化核心区范围与区位图
来源：《北京路文化核心区总体规划》（2014 年 5 月）

---

❶　信息来自对荔湾区"三旧"办工作人员的访谈。
❷　包括民间金融街、东园地区、以北京路步行街为中心的周边区域。

部分重点建设项目

❶ 老字号一条街（二期）
❷ 惠福美食花街（二期）
❸ 粤海名城商业广场
❹ 捷登都会大厦
❺ 东方文德广场
❻ 恒基中心地块
❼ 大小马站书院群复建保护项目
❽ 珠光路北复建房项目
❾ 现代旅游服务一条街
❿ 景豪坊
⓫ 天字码头旅游港
⓬ 广东省非物质文化遗产展示中心
⓭ 广府文化博物馆
⓮ 昌兴街历史文化街改造
⓯ 文德路文化街改造
⓰ 高第街（许地）历史文化街区改造
⓱ 西湖路绿化广场建设工程

▨ 五片文化街区
━━ 文物径
⟷ 北京路主街

图 5-3　北京路文化核心区部分重点项目图
来源：《北京路文化核心区总体规划》（2014 年 5 月）

北京路文化核心区内的重点项目采用迁出居民，由开发商或政府成立的公司进行开发运营的更新模式（图 5-3）。以核心区第一批重点项目大小马站书院群保护与更新为例（图 5-4），该项目是以公益为目标的政府行为，由政府迁出原有居民，给予住房安置与补偿，对该片区进行保护与更新相结合的整体改造。具体做法是以文化保护为导向，修复、复建历史古迹与建筑（图 5-5），建设非物质文化遗产博物馆，复建与新建建设空间来自闲置土地、拆迁烂尾地、部分已批未建用地（图 5-6）。大小马站书院群改造设想早在 2003 年就已提出，由于

图 5-4　大小马站书院群在北京路文化核心区的位置
来源：《广州市大小马站书院群保护与更新规划》（2013 年 3 月）

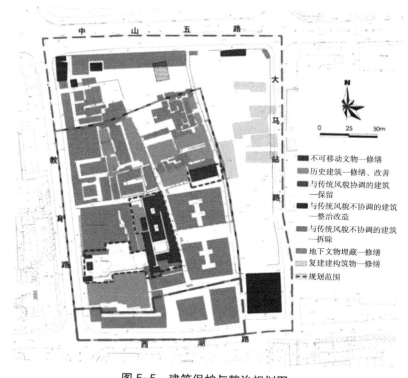

图 5-5　建筑保护与整治规划图

来源：《广州市大小马站书院群保护与更新规划》（2013 年 3 月）

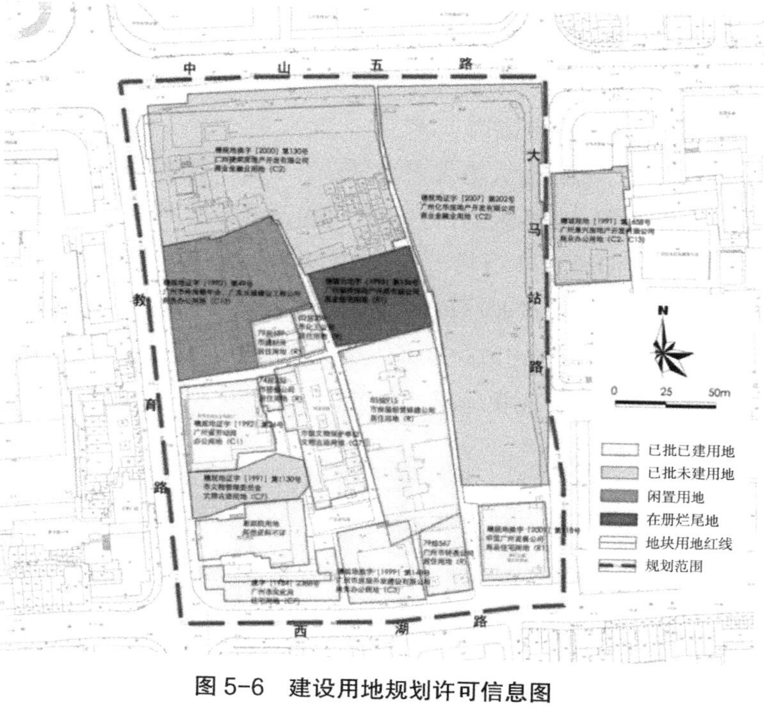

图 5-6　建设用地规划许可信息图

来源：《广州市大小马站书院群保护与更新规划》（2013 年 3 月）

产权关系复杂、涉及拆迁、没有明确的实施主体而被长期搁置（陈维澈，2015）。2010年市政府明确改造实施责任主体为越秀区政府，促成了改造的启动。书院群一期1.5hm²，预计投资 11 亿元，主要由政府财政承担。

从 2012 年开始编制规划到 2015 年首个重点项目大小马站书院街初步实施，该平台的主要工作集中在规划、筹备、寻找开发商、组建实施主体，建设成效并不显著。相对于其他开发导向的重点平台，北京路文化核心区建设是一个更长期过程，处于旧城中心、以文化为核心要素的性质，使得该项目与以往的更新改造案例不同。市重点平台项目的身份为其享有特殊政策、集聚资源提供了条件，需要解决的问题与旧城其他片区类似——若引入开发商则遇到历史文化保护的种种限制，由政府利用财政资金实施则终究难以为继。实施机构以及公众参与的筹建组织，相对于以往的旧城改造项目是一种进步（图5-7），核心区管委会以及下属管理服务中心，兼具政府管理与企业运营双重职能❶。而该项目的继续推进，则需要特殊的财政、规划变更、物业利用、土地使用等政策支持。

图 5-7　北京路文化核心区实施机构与公众参与机制
来源：根据越秀区政府网站公布的《关于征集广州北京路文化核心区公众咨询委员会委员的通告》（2014-07-15）绘制

2. 产业导向——广州民间金融街

2011—2012 年间，广州提出大力发展金融业，在这一背景下，省、市领导提出对长堤大马路及周边街区进行整体规划，打造民间金融街。广州民间金融街是广州第一个以产业发展为先导的旧城更新项目，自 2012 年启动以来，作为金融业发展重点工程，连续两年成为广州市重大产业项目。金融街规划范围以长堤大马路段为核心，约41hm²。作为典型的广州老城传统风貌区，历史文化保护要求高（图5-8）、已有建设量大、更新开发无序（图5-9）、现状趋于衰落❷。因此该项目采用政府主导，统一规划、

---

❶ 在机构组织方面，市区两级政府根据规划建议，成立工作联席会议、越秀区规划建设领导小组、核心区管委会三级领导机构，并筹备组建公众咨询委员会。管委会负责统筹规划建设各项工作，下设事业单位性质的管理服务中心（招商投资服务中心），承担文化核心区的招商、宣传、租赁等商业行为，以及公共服务职能。公众咨询委员会由人大代表、政协委员、专业人士、利益相关方（核心区范围内的机关团体代表和居民代表）等组成，负责提出意见、监督工作、沟通协调等职责。

❷ 广州民间金融街以中国金融第一街长堤大马路为核心，长堤的繁荣源于从一口通商就开始的水运区位优势，是广州金融发源地；长堤作为中国外贸的前沿阵地，众多银行在此开业；改革开放后长堤沿线成为广州核心商圈。城市主要交通方式由水运转为陆运后，长堤迅速衰落，商业业态逐渐走向低端批发市场，由于一德路专业市场的发展，约 50% 的住宅建筑被用作仓储用房。

统一出租经营，通过环境整治、业态置换促进衰败历史街区活化。规划在保护传统商贸与居住功能的基础上，逐步引入民间金融、商务办公和文化旅游功能（郭环 等，2015）。

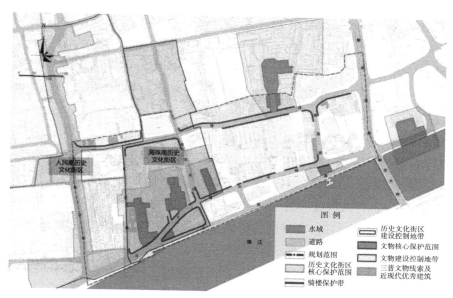

图 5-8　广州民间金融街历史文化要素分布图
来源：《广州市民间金融街规划》（2012 年 12 月）

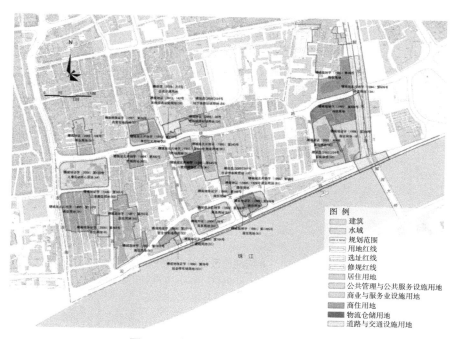

图 5-9　广州民间金融街征地信息图
来源：《广州市民间金融街规划》（2012 年 12 月）

　　除了摒弃整体拆除重建的开发模式、以新产业融入为激活手段的规划创新外，在运作实施中该项目也进行了新的尝试，建立管理委员会、管理有限公司、商会，进行运营管理，他们的性质分别是政府领导下的准公共机构、国资公司、民间团体。其中广州民间金融街管理委员会由越秀区政府领导，负责发展规划、政策制定、招商引资与综合协调；民间金融街管理有限公司是为吸引企业进驻并为其服务的国有独资公司，其职能为资产运营、招商引资、物业维护等工作；民间金融商会 2013 年成立，属非营利性社会团体法人，发挥企业与政府的纽带作用。目前该区域的活化取得了初步成功，至 2015 年民间金融街三期建成，该区域已入驻 152 家金融机构，2014 年提供超 1 千亿元融资给全 1.5 万小微企业和个人 ❶。

3. 景观建设——西关广场项目

　　在亚运背景的旧城改造行动中，荔枝湾涌、东濠涌等景观工程获得了良好的社会反响。亚运过后景观工程减少，但广州市历史景观节点分散，成规模有影响的工程仍然缺乏。在形象工程诉求与荔枝湾涌的示范效应下，产生了西关广场项目 ❷。该项目由荔湾区政府提出，得到时任市领导的支持，采用政府主导、成片改造、保留与改造相结合的方式。

　　该项目所在的泮塘周边地区环境优美、又是荔枝湾涌整治工程的一个重要一环，适合集中再造广州古代历史传说景观节点（图 5-10）。从操作层面来说，泮塘周边地

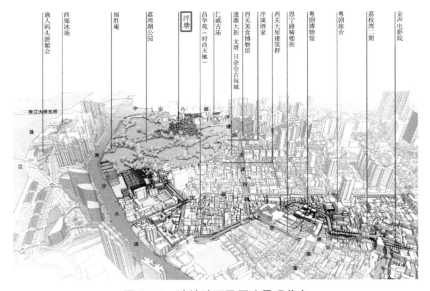

图 5-10　泮塘地区及周边景观节点

来源：《荔湾区泮塘地区改造（西关广场）地块（AL0117、AL0118 规划管理单元）控制性详细规划修改》

（2013 年 9 月）

---

❶　广州民间金融街官网. 广州民间金融街简介 [EB/OL]. http://www.gdjrb.gov.cn/topic_content.jsp?special_news_id=518，2013-03-12.

❷　该部分信息来自对规划方案设计者的访谈。

区也有条件置换出公益用地与安置用地（图 5-11）。该项目规划定位于"展示岭南和广府文化的岭南园林式城市客厅"，建成后由景观广场、泮塘三约安置区、泮塘五约传统聚落构成。泮塘五约与仁威庙保留整治、泮塘三约部分保留更新、仁威庙西侧与广场片区连片更新（图 5-12）。如按照规划要求，项目完成后能够达到减量规划、疏解人口的目的❶。

图 5-11　西关广场项目基地现状鸟瞰

来源：《荔湾区泮塘地区改造（西关广场）地块（AL0117、AL0118 规划管理单元）控制性详细规划修改》
（2013 年 9 月）

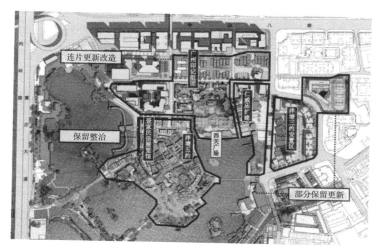

图 5-12　西关广场项目总平面及改造方式分区

来源：《荔湾区泮塘地区改造（西关广场）地块（AL0117、AL0118 规划管理单元）控制性详细规划修改》
（2013 年 9 月）

---

❶　建筑面积将减少 2.3 万 m²，增加公共绿地 1.7 万 m²，人口减少 1220 人。

经过一系列控规调整规定环节，该项目控制性详细规划 2013 年通过规划委员会审批，进入房屋征迁阶段，成立泮塘人家安置房建设指挥部，筹备安置房建设。泮塘三约安置区将建设 8 栋高层住宅，容积率达到 4.62，因西关广场项目以及考虑地块前部保留临街建筑，住宅突破限高的方案得以通过。该方案突破了历史文化保护规划的限高要求，完成了地块性质与权属的腾挪调整，在法定的程序与框架内获得了更好的发展预期，为实现政绩或经济利益提供了条件 ❶。

5.3.2 市场主导的旧厂与旧村改造

1. 旧村改造——政府引导

亚运之前，政府推动城中村改造的力度非常可观，2010 年广州市"三旧"办成立之初曾提出"争取在亚运会前完成 9 条城中村的清拆工作"。在广州市 2009 年底发布"穗府 56 号文"❷ 附件中，明确提出"力争用 10 年时间完成全市在册的 138 条'城中村'的整治改造任务，3 年至 5 年内基本完成其中 52 条村的全面改造"。"三旧"政策出台至 2015 年底，旧村改造已批复项目虽然有一定数量，但进展较为缓慢，远没有达到政策推出时的目标。实际进程是，提出亚运之前完成清拆的 9 条城中村只有猎德村、林和村、琶洲村完成，其中猎德村是 2007 年就已启动的项目，琶洲村 2009 年完成土地出让，林和村 2010 年初与开发商签约。截至 2014 年底，只有这 3 个城中村完成村民回迁。自 2007 年天河区猎德村、荔湾区花地村列入城中村改造以来，截至 2014 年 10 月，广州市已批城中村全面改造项目 27 个（不包括从化、南沙、增城、花都）。其中 3 个完成居民回迁，杨箕村与冼村回迁预计可在 2016 年完成，12 个项目处于拆迁建设阶段（其中荔湾区花地城中村、西塱裕安围整治改造项目一期已经完成回迁，其余均在签约、清拆、安置房建设阶段），其余 12 个未签订安置补偿协议（均为"三旧"改造政策出台后批复项目）。

从城中村改造的实际进程可以发现，已经取得的改造成果虽在"三旧"背景下完成，其根本动力仍然是亚运会的契机。2007—2014 年已批复的 27 个项目中，有 9 个在广州市"三旧"政策出台前启动（2007 年至 2009 年 6 月），除完成项目之外均在建设过程中，18 个经"三旧"政策渠道批复，只有 6 个处于协议签订与建设当中，2009 年、2010 年两年间批复的项目数量占 8 年间总数的 44%（图 5-13、表 5-2）。在"中调"背景与迎接亚运的动力下，"三旧"政策与上一阶段广州探索出的"政府支持、村民自主、企业实施"模式类似，其目标都是将集体用地转变为国有用地、集约利用土地，通过与原有产权人分享土地增值收益的激励机制推动更新改造。但政府谋求城市形象的强烈动机不再存在，已经改造完成的成功案例都是开发时机成熟的产物，即优越的

---

❶ 泮塘安置房除了能为本项目提供安置外，还有可观的剩余房源、地下停车、负一层商业等物业面积归区政府所有，达成项目内的经济平衡。

❷《广州市人民政府关于加快推进"三旧"改造工作的意见》（穗府〔2009〕56 号）。

区位、良好的经济形势。

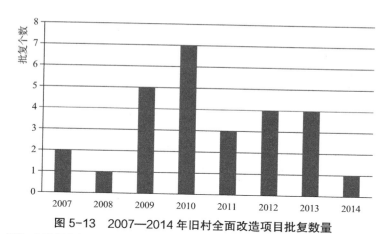

图 5-13　2007—2014 年旧村全面改造项目批复数量

来源：广州市城市更新局网站公布旧厂改造已批项目情况统计（截至 2014 年 9 月）

2007—2014 年旧村全面改造项目批复情况　　　　　　　　　　　　　　表 5-2

时间	批复个数	容积率	项目名称	进展情况
2007 年	2	2.27	花地城中村	一期竣工
		4.2	猎德城中村	完成回迁
2008 年	1	7.51	杨箕村改造	完成拆迁
2009 年	5	1.35	西塱裕安围整治改造	一期竣工
		2.87	茶滘城中村改造	一期部分竣工
		2.06	东漖城中村改造	一期施工
		4.61	黄埔区文冲村（石化路以西）改造	一二期竣工
		6.3	林和村旧村改造项目	完成回迁
2010 年	7	3.82	琶洲村城中村改造	完成拆迁、施工中
		3.66	黄埔区横沙村改造	拆迁签约与施工中
		6.6	冼村城中村改造项目	拆迁签约与施工中
		—	萧岗村城中村改造	改造暂缓
		—	棠下村城中村改造	改造暂缓
		2.5	新塘新合公司城中村改造项目	拆迁签约与施工中
		—	三元里村城中村改造	筹备阶段
2011 年	3	—	沥滘村城中村改造	筹备阶段
		2.85	萝岗区东区街笔岗社区笔村旧村改造	拆迁签约与施工中
		—	黄埔区茅岗社区茅岗路以西城中村改造	拆迁签约中
2012 年	4	—	荔湾区大坦沙岛西郊、坦尾、沙河村改造	筹备阶段
		—	农民工博物馆及周边整治工程暨马务村城中村综合整治改造	筹备阶段
		5	潭村城中村改造项目	拆迁签约与施工中
		—	萝岗区联和街华沙社区华侨社旧村改造	筹备阶段

时间	批复个数	容积率	项目名称	进展情况
2013 年	4	3.5	关于番禺区东郊村及周边成片更新改造方案的批复	拆迁签约与施工中
		—	田心村城中村改造	筹备阶段
		—	萝岗区东区街火村社区旧村改造	筹备阶段
		—	太平镇元洲岗旧村改造	筹备阶段
2014 年	1	—	白云区小坪村	筹备阶段

来源：广州市城市更新局网站公布旧厂改造已批项目情况统计（截至 2014 年 9 月）

除了推动改造的外部条件变化外，"三旧"改造在旧村、旧城改造方面实施效果不佳的原因是类似的。"三旧"改造政策以"自主改造"为主要推动方向，在已批复的旧村改造项目中，基本全部采用自行改造模式。但旧城与旧村涉及多个产权主体、历史遗留问题较多，在项目发起与安置补偿方面难以达成一致意见。"三旧"政策出台后的实践情况与亚运背景下改造成果对比可以看出，涉及复杂利益主体的更新改造，仍旧依赖外部契机与政府的推动力度，并且其自身改造动力最为重要。

2. 旧工厂改造——政府支持

（1）"三旧"政策推动工业企业改造

广州市"三旧"政策针对旧厂改造提出了"自行改造、补交地价"；"公开出让、收益支持"；"公益征收、合理补偿"三种模式（赖寿华 等，2013），相对旧城与旧村，从实施效果来看"三旧"政策对旧厂改造的推动最为明显。在"三旧"政策出台之前的 7 年间，通过市土地开发中心收储后进行出让的国有旧厂不到 6 宗，实施"三旧"两年，收储地块就达 48 宗。在 2014 年底已批复的 221 个旧厂改造项目中，政府收储项目 116 个，用地面积 5.99km²；自主改造 105 个，涉及用地 5.97km²，两种改造方式数量基本相当，这意味着旧工厂改造为居住与商业功能项目数量相近（图 5-14）。旧厂改造成为提供房地产开发用地的重要途径之一，2014 年推出的商品住宅用地中，有大批旧厂改造地块❶。基于"三旧"改造政策，除了较为普遍的将旧工厂改造为商业地产项目、创意产业园，在改造方式上出现了结合安置房建设、结合城中村的重点地区改造等新模式。

（2）创意产业园改造

"三旧"政策出台后，由于产业结构调整与升级仍然是广州市发展的长期目标，因此改造为创意产业园仍然是旧工厂改造的主要途径之一，只是改造方式有所变化。"三旧"改造政策的提出为旧工厂拆除再开发提供了依据，因此改造项目基本采用拆除重建或拆除重建与保留相结合的再开发方式，例如海珠区的广州联合交易园、珠江文化

---

❶ 2014 年荔湾区铝厂地块、油制气厂地块、人民水泥厂地块、广日电梯地块和鱼珠木材市场居住地块进入市场。其中黄埔鱼珠木材市场居住地块用地面积接近 10 万 m²。

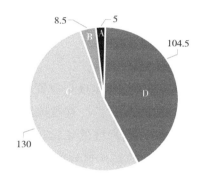
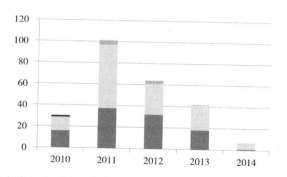

公开出让（D色）；　自行改造（C色）；　公益征收（B色）；　政府收储（A色）

图 5-14　2010—2014 年广州旧工厂改造方式统计
来源：广州市城市更新局网站公布旧厂改造已批项目情况统计（截至 2014 年 9 月）

创意产业园，只有暂时无法纳入"三旧"的旧工厂，才会选择旧厂房再利用的改造模式。将旧工厂改造为创意产业园仍旧受到各区政府的支持，新的创意产业园改造项目主要集中在旧工厂分布较多、区位相对边缘的白云区（姚瑶，2014）、番禺区，2010—2014 年白云区出现多个村社工业、私营工厂转变为创意产业园的案例。2010 年"三旧"改造政策出台为旧工厂改造提供正规且更能释放其土地升值潜力的途径，在其影响下以低租金、过渡性为特征的旧厂房再利用方式在空间上开始从中心到边缘的转移。例如位于天河区的星坊 60 创意园拆除后，原运营公司在番禺开设了星坊 60 华侨仓文化创意产业园（张建林，2013）。

5.3.3　典型案例：广钢新城

1. 改造背景

以旧厂改造为主的重点地区改造，一定程度延续 20 世纪 90 年代以来的既有动因，源于工业企业外迁、中心城区"退二进三"、用地功能调整，但在改造模式上与以往不同。广州市"三旧"改造政策出台后，要求改造为居住功能的旧厂必须以"土地收储、地价返还"的方式进行，广州市政府 2012 年开始提倡重点地区采用"政府主导、成片改造"模式。2013 年推出的广钢、广纸、广州金融城项目，都采用高起点规划、统一收储后交由地产公司开发的方式。这种收储—规划—出让模式，一方面提高了土地出让价格，另一方面能够引导市场按照政府思路进行开发，是政府经营土地方式的一种进步。

广钢新城项目是结合城中村的重点地区改造典型案例，其改造契机是在企业转型重组❶、广州市环保要求与土地财政需求共同作用下产生的。首要解决的问题是经济可

---

❶　1958 年建立的广州钢铁厂是广东省第一个钢铁企业，1996 年成为第一家上市的钢铁公司。广钢地处广州市芳村白鹅潭，在高速环城路以内、临近地铁，早在 1999 年广钢搬迁已在政府规划之中。由于产能落后广钢盈利能力不断下降，而同时其厂区所在地的土地价值持续上升，广钢所在的土地价值，足以补偿停止生产带来的损失，如果其自身开发现有土地，产生效益已经远超经营钢铁产业所能产生的效益。

行❶，企业本身需依靠盘活广钢地块筹措资金217亿元，"三旧"改造政策的出台为改造启动创造了条件。

2.改造模式

广钢新城项目的意图是通过更高起点的规划，从市场筹措资金，实现企业资金需求与城市发展的双重目标。"向市场要价值"的诉求是通过"三村一厂"连片改造以及"新世纪特色宜居新城"的定位实现的。广州市政府提高广钢片区的定位，利用"三旧"政策，提出纳入周边三个城中村，实施政府主导、成片改造（黄巍俊，2014）（图5-15）。

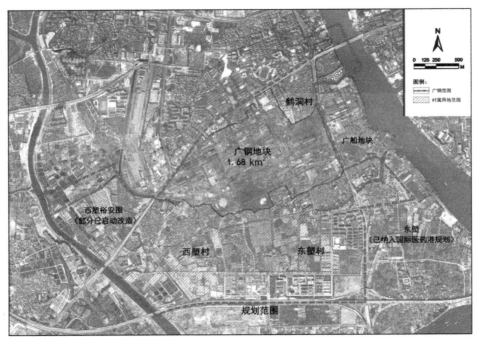

图5-15　广钢新城范围与现状权属
来源：《广钢新城控制性详细规划修编》（2013年7月）

广钢与城中村整体改造，不但可以提升土地价值，改造后三条村集体土地面积大幅减少，多出的土地可由政府统一配置利用。除"村复建安置用地"外，政府统筹其他村建设用地、农用地与国有土地，解决改造融资、市政建设配套、政府安置房需求❷。广钢新城范围内可出让总用地151.4hm²，建筑面积647.6万m²，其中包含三条

---

❶ 早在2008年广州市就开展了白鹅潭地区城市设计，广钢厂区规划建设为工业遗址中央公园以及住宅街区。为筹措广钢的转型发展资金，2011年完成的控制性详细规划缩小了中央公园面积，但围绕公园用地规划为商务办公用地，仍然无法完成支持广钢搬迁的经济收益。由于广钢厂区与周边村用地相互交错，如果不将周边城中村统筹规划，广钢权属范围的零散用地也难以出让。

❷ 广钢新城总面积6.46km²，包含广钢地块1.68km²，西塱、东塱和鹤洞村土地2.91km²。

村改造融资与政府安置房地块 42.6hm²，218.7 万 m²。广钢现有用地由政府收储后进行出让拍卖，所得收入的六成返还广钢作为补偿，用于该厂偿还债务、安置职工、进行转型发展，除资金补偿外，广钢还可在现有地块上建设总部大楼用于办公与出租（何姗 等，2013）。为了增加安置房、保障房供给，广钢新城土地拍卖采用"限地价、竞配建"的方式，设置地价竞拍上限，开发商在拍得土地上建设安置房和一定比例的基础设施建设。

　　广钢新城是广州市重点平台项目——花地生态城的重要组成部分（位于花地珠江西岸，临近老城区与中心城区，疏散中心城区人口的载体之一）（图 5-16），以居住为主的功能定位保障了开发收益，居住用地面积占土地利用规划总面积的 27%（图 5-17）。包括安置房在内的广钢新城居住建筑面积 550 万，预计容纳 202 万居住人口（网易房产，2015）。其居住功能定位与开发量，只有 20 世纪 90 年代的华南板块、2000 年代的珠江新城可以与之比较。

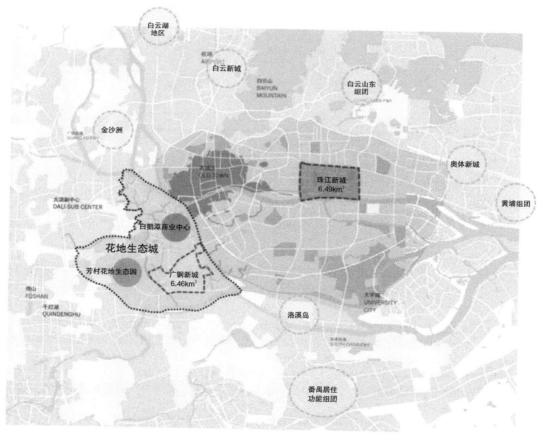

图 5-16　广钢新城区位

来源：林隽，吴军. 存量型规划编制思路与策略探索：广钢新城规划的实践 [J]. 华中建筑，2015（2）: 96-102.

广州老城周边地区基本已建成，可出让土地资源逐渐枯竭，居住用地尤其稀缺❶。广钢新城依靠稀缺资源的成规模供给、政府的大力推动，项目进展迅速❷。从 2013 年规划公布并获批到 2015 年第一个楼盘建成仅用了两年时间，2014 年拍卖土地收入 277 亿元，已出让土地对应建筑面积 200 万 m^2，占可出让建筑面积的 1/4。已出让地块集中在广钢遗址公园北侧，城中村改造相对滞后。虽然村集体与政府都有改造意愿，但利益分配仍然是需解决的主要问题❸。3 个城中村虽纳入广钢新城范围统一规划，每个村的改造仍需按照有关"三旧"政策，具体的改造方案以市"三旧"领导小组审批结果为准。

图 5-17 广钢新城土地利用规划图
来源：《广钢新城控制性详细规划修编》（2013 年 7 月）

---

❶ 近年来广州重要的平台项目大部分偏重产业发展，广州中心区与广钢新城定位类似的只有珠江新城与白云新城，珠江新城住宅开发早已进入尾声，仅有个别项目在售。相比白云新城，广钢新城又因临近老城区又有广钢的服务设施基础，享有更好的区位交通与公服配套。

❷ 在政府的大力推动下，该项目进展迅速。2014 年 2 月广钢新城第一次拍卖 5 宗土地获得 155 亿元土地出让收入、38.64 万 m^2 的配建面积、6440 套安置房。2014 年 9 月第二次拍卖受房地产市场转冷影响，也以总价 122 亿元拍出 6 宗地块。

❸ "三旧"改造政策出台后，东朗村、西塱和鹤洞村都有改造意愿，2009 年陆续开始编制改造方案，已经通过区审查。对于广州市政府来说，三条村纳入改造范围不仅能够解决周边环境提升问题，改造后将腾挪出 203.3 hm^2 土地可供政府利用。西塱村临近花地河，地块分布零散，因此改造范围内包含大面积的绿地公园，村物业面积减少（现状村物业面积 60.4 万 m^2，改造后复建 42.6 m^2），导致复建建筑量少于现状建筑量。西塱村认为本村的复建面积相对另两个村低，对此提出意见，希望减少绿地面积、增加复建住宅面积。但现有规划方案已经是考虑各种因素、区域平衡的结果，指标改动难度较大。

3. 实施评价

广钢新城采用政府主导、房地产导向的改造方式，在广州城市更新历程中具有一定程度的里程碑式意义。此种改造模式具有最大程度利用市场资金、充分体现土地价值、项目进展迅速、降低改造风险、实现更多公共返还的优点。该改造模式是目前国内各大城市成片改造的主流方式，在广州还处于初步探索阶段。

（1）政府参与程度高，建设主体以国企为主

广钢的改造虽延续了 20 世纪 90 年代以来工业企业改造的动因，改造模式却不同以往，体现出更多的政府介入。政府参与体现在"开发预期设定（规划编制与审批）、捆绑城中村改造、统一收储出让"这些行动。从市场主体性质来看，20 世纪 90 年代之后出现的开发建设主体"国退民进"趋势不复存在。2014 年拍得土地的 7 家房地产企业全部为实力雄厚的国企（保利、中海、方兴、金融街、北大资源、深振业、华发）（图 5-18），改变了以往广州市更新项目多由私营企业、港资企业参与的特点。

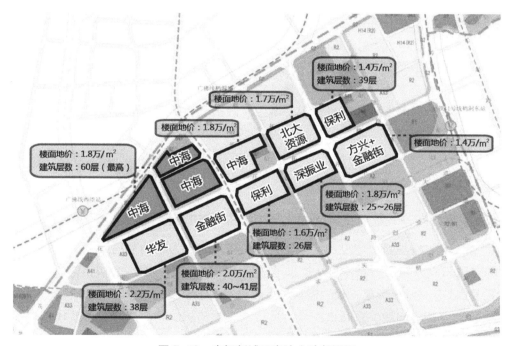

图 5-18　广钢新城已出让土地归属图

来源：新浪乐居 . 房企国家队集体进驻 . [EB/OL].[2015-07-23]. https://gz.leju.com/news/2015-07-23/17136029911001405898877.shtmlz?wt_source=newslist_nr_83.

（2）"向市场要价值"初见成效，后续开发还需大量投入

广钢新城 2014 年两次土地拍卖收入 277 亿元，从数字来看相当成功地实现了"向市场要价值"的目标，然而这一数据与政府公开表示广钢新城两年要投入 1000 亿元还有差距。这些预期投入包含给予企业的补偿、广钢中央公园、广场绿地等公共服务设

施建设（谢蔓，2015）。按照预先设定的收益分配模式，土地出让收入的六成要返还给企业，目前已获得土地出让收入仍让还未能满足的 217 亿元的企业转型发展资金需求。广钢新城未来发展还要取决于中央公园、地铁线路等重大项目能否依规划实现，周边城中村改造能否顺利推进。

此外依靠市场筹资的改造方式必然受到市场走向的影响。广钢新城 2014 年 2 月第一次土地拍卖楼面均价在 1.9 万 ~ 2.3 万元 /m² 之间，并且竞配建环节获得可观的安置房面积；而 7 个月后，第二批土地出让楼面地价降至 1.4 万 ~ 1.8 万元 /m²，同样是"限地价、竞配建"，拍卖会上没有一块土地达到最高限制地价，"竞配建"也没有出现。两次土地拍卖巨大的价格差表明，即使在政府支持的情况下，房地产导向的改造模式很大程度上依赖经济大环境。

（3）高地价、高房价、高强度特征

广钢新城的定位使得其建设呈现高地价、高房价、高强度的特征。由于被称为"广州老城最后一块居住新城"，广钢新城地块出让吸引了多家大型房地产企业，在第一次拍卖不仅拍出了高地价还附加了安置建设，如果加上建安（3000 元 /m²）成本，最高楼面地价达到 23546 元 /m²，成为当年荔湾区最高，而最终这些成本会转换为该地区的高房价。按照市场预期，广钢新城房价应超过 40000 元 /m²。建设强度上广钢新城的楼盘高度也创造了历史，迄今为止最高楼宇高达 60 层，最低 25 层，刷新了广州最高住宅纪录；51 层的安置房超过市中心城中村改造的回迁房，也创造了安置房的建设高度（王雯倩，2015）。

5.4 该阶段特征

5.4.1 政策取向——政府主导的强化与市场主导的规范

面对经济危机与新增建设用地限制，中央将广东作为集约节约用地试点城市，给予"三旧"改造政策，为城市更新提供了政策依据。"三旧"改造之初正处亚运建设的最后阶段，政府对城市形象工程的需求依然超出对经济收益的追求。亚运阶段的"超前"投入产生地方债务问题，广州市的经济地位面临被超越的趋势，增加财政收入与固定资产投资成为"亚运"之后政府亟须解决的问题。在这一背景下广州新一阶段的城市建设战略以政府主导的重点功能区为主，增量开发结合存量更新。随着促进存量土地开发成为城市发展的重要议题，政府设立专门机构，城市更新从运动式治理转变为常态化政策，市场主导的更新模式制度化。

这一阶段城市更新政策经历了"从政府引导到政府主导，从政府放权到收权"。"三旧"改造政策颁布之初，强调政府权力的部分退出、让出开发收益、激励既有使用权主体与开发商参与城市更新；2011 年以后倡导政府主导，加强政府介入、重新设定收益分配规则，谋求更多财政收入。作为第一个针对"存量"土地变更制度，"三旧"改造政策的目标是"最大化土地收益、最小化产权重组成本"。为推动更新改造，政府允许企业、村集体自主改造，选择一定程度上与产权主体分享土地增值收益。然而在经济增长下滑、房地产发展面临压力、依赖"土地财政"的背景下，政府对于土地出让数量控制更加谨慎，不再追求改造数量而面临"市场风险"与"社会风险"。2011 年以后政策变动体现了政府"掌控开发建设的主导权、提高改造中的政府收益分成"的意愿。除了经济收益问题，开发导向的"三旧"政策也难以解决"历史保护、可持续发展、提供公共产品"等一系列要求，因此新的城市更新政策在"三旧"政策的基础上进行调整，在保留"三旧"改造激发原有产权主导动力的基础上，提倡政府主导与成片改造。

5.4.2　运作机制

1. 政府让利提高土地供给量

政府通过"三旧"政策想要达到的目的是低成本、高效率的增加建设用地；能够用合法手段将集体土地正规化，简而言之就是挖掘存量建设用地的利用潜力，为达到这一目的，政府调整开发收益分配，与原产权主体分享；提倡市场运作，政府减少对商业开发的介入。"三旧"政策是以改造后有经济收益为前提的，并且改造收益是改造主体（开发商、原产权所有者、政府）的参与动力。

（1）与原产权主体分享土地增值收益

在常规的房地产开发过程中，土地出让金是开发成本的重要构成，而存量更新的高成本使得城市政府不得不采取放弃部分土地出让收入。在全面推行公开出让之前，协议出让就在城市更新中普遍采用，其初衷是减少开发商、政府的前期投入。"三旧"改造政策推动开发的方式类似于"协议出让"，增加市场主体的责任与收益、减少政府所得收益比例以补偿原产权主体。例如"三旧"政策提出的"自主改造、协议出让""公开出让、收益返还"。尽管后续颁布的"三旧"改造政策补充意见、城市更新征求意见稿，调低了给予原有产权所有者的土地出让金补偿比例，但仍然确认这种分享的收益分配方式。

（2）明确市场运作机制与收益分配规则

基于"三旧"改造的城市更新是对以往开发商与产权主体合作（城中村改造、工业企业改造）成功模式的总结，创新之处在于明确市场运作机制，产权所有者与开发商的改造实施主体地位得到确认；成立管理更新改造的专设机构；收益计算与分配有了明确规则。

"三旧"改造采用政府主导，市场参与的方式，政策鼓励产权所有者与开发商自主决策。"三旧"政策在改造主体方面的突破体现在两方面，首先政府成立专设部门管理"三旧"改造，其次原产权所有者拥有发起并运行改造的权利。与以往的城市更新活动一样，各区政府依然是"三旧"改造的第一责任主体，市政府起到主导、统筹的作用。

原土地使用权人、农村集体经济组织、市场主体都可以申请改造。

在 2015 年 8 月对外公布的《广州市城市更新办法征求意见稿》中再一次重申了"政府主导、市场运作"的原则，并强调"利益共享、公平公开"。"三旧"政策之所以能够提出多方改造主体，并成为城市更新政策的基础得到持续确认，主要原因在于，随着市场化的深入、物权法的颁布，市场主体与政府的行动范围更加明晰，政府能够使用公权力介入的领域只有出于公共利益的项目，而大量城市更新项目属于商业开发，需要社会资金完成。政府作为裁判员而非运动员，城市更新应由市场主体实施，在政府引导下实现。

在以往的城市更新项目中，对原有产权主体的补偿并没有建立统一标准，而拆迁补偿直接决定了改造成本。市场运作的"三旧"改造，成本核算与利益分配成为政策核心，原有产权主体所得利益即"改造补偿"的多少决定了参与改造主体各自能够获得多少收益。"三旧"改造的一系列政策明确了旧村、旧厂的补偿标准，尤其是城中村改造的赔偿标准规定尤为详细。城中村改造项目的利润空间完全取决于改造成本的确定，融资地块建设量的确定以覆盖改造成本前提下取得正常的开发收益计算❶。

2. 政府主导的政商合作

"三旧"的政策红利及其有限性都出自原业主可享受土地增值收益，这一特殊政策不符合我国的土地管理制度，与土地增值收益归公的原则矛盾。

首先，政府不会长期满足于土地收益让利市场，追求增加土地供应量，为效率而牺牲质量。债务压力与宏观经济下滑的背景下，市政府更加关注短期的财政收入增加❷。在土地收储不断完善、土地市场是卖方市场的条件下，无须让利市场也可以推动收储。其次，"三旧"改造中存在巨大的灰色收入空间，可能会带来寻租问题。"三旧"改造尤其是旧村改造潜藏社会风险，影响社会稳定。政府的意愿还是征收土地，掌控开发建设的主导权，2011 年以后的政策变动体现了这一倾向。政府介入城市更新的程度加深，其发挥的作用日益增加。

这一时期广州采用国内普遍采用的政商合作模式，政府主导开发更具规模的项目，用土地收储后公开出让的方式获取收益。例如政府主导的"重点功能区"改造，是改造对象以旧厂为主，结合旧村的成片整体更新，采用"规划设计、征地拆迁、逐步出让"的操作步骤（例如金融城、广钢等各种重点项目）。此种改造模式充分体现土地价值、项目进展迅速，是目前国内各大城市成片改造的主流方式。这意味着广州城市更新已

❶ 2012 年广州市发布《"城中村"改造成本核算指引》的通知，对"村民住宅复建总量、村集体物业复建总量、不予复建的建安成本补偿、市政配套及公共服务设施、临迁费、拆运费、搬家补偿费、不可预见费等改造成本"的计算做出了明确规定。新的《广州市旧村庄更新实施办法（征求意见稿）》进一步对住宅与集体物业复建量进行了规定。这些标准都是为了在旧村改造"拆一补一"原则基础上建立统一的赔偿标准，区分"合法""违法"等不同产权权益的补偿尺度。

❷ "亚运过后城市政府有 2000 亿～3000 亿贷款需要偿还（直接贷款与有义务偿还企业的），每年利息超过两千万"。该信息来自对于"广州市国土资源与城乡规划局"工作人员的访谈。

经从过去依靠市场转变为政府主导下的公私合作。2015 年出台的"广州市城市更新办法征求意见稿"，明确增加了旧厂改造、旧村改造中的政府收益分成。

5.4.3　政策实施结果及影响

1. 政府"让利"的推动作用初步显现

"三旧"强调改造的市场化运作，确立原产权人、开发商的主体地位，其推动作用在旧厂与旧村改造初步呈现。旧厂改造实际进行的项目中政府收储与自行改造两种模式的数量基本相当；旧村改造鼓励村集体经济组织自主实施，在已批复的旧村改造项目中，基本全部采用"自主"改造模式。由此可见，自主改造已经成为"三旧"改造的主要方式，"三旧"政策对于村集体与企业的激励作用已经显现。

2. 旧村、旧城改造推动有限

从实施进程来看，"三旧"改造在旧村、旧城改造方面实施效果不佳，一部分原因在于"三旧"改造政策以"自主改造"为主要推动方向，旧城与旧村涉及多个产权主体、历史遗留问题较多，在项目发起与安置补偿方面难以达成一致意见；另一方面受政府推动缺乏积极性影响，若没有特殊的外部条件则缺乏推进动力。

3. 更新改造仍以获取开发收益为目标

广州"三旧"改造政策及后续调整，显示了政府对"土地财政"的依赖，在 2000 年中期就已提出的发展方式转变还未实现。尽管在更新改造方式上不断进步 ❶，但无论从"政绩"需求还是经济利益考量，政府都摆脱不了对土地建设投资的追求。因此城市更新实践体现出"战术"进化而"战略"停滞的状态。更新改造仍倾向于增长目标，开发收益是形成合作联盟并推动改造的前提。通过再开发政府追求推高土地价值、开发商希望得到更多开发建设量、原产权主体寄望更多经济补偿。获得更多开发收益通常采用增加建设量的方式，高容积率是"三旧"改造项目的普遍特征，城中村改造已完成和在建项目的平均容积率已达到 4，在旧厂改造已签协议的 114 个项目中，80 个容积率在 2 ~ 4 之间。

---

❶ 对"三旧"改造政策进行加强"政府主导"的调整、各种性质的改造对象（旧城、旧厂、旧村）结合开发，有利于提高改造收益的公共返还、提升区域整体环境。政府通过前期规划设定特定用地功能、公共基础设施投入，增加土地价值的同时也利用市场投资实现其自身的发展意图。

第6章 政府发起并实施的成片旧城更新案例

广州市地方政府对城市更新的直接介入有限，政府统一土地收储、统一开发的改造机制建立时间较早，却不是旧城改造的主要模式。在为数不多的政府发起并实施的大规模旧改项目中，金花街旧城改造与恩宁路旧城改造是不同时期的典型代表。

金花街旧城改造开始于20世纪80年代，21世纪初才基本完成，是市场化初期试图通过政府主导，借助市场资金进行成片旧城改造的探索，其运作机制具有发展型政体、政商增长联盟的特征，联盟由开发商（港资为主）、政府及其下属开发公司、原产权所有单位及其下属开发公司组成，受转型过渡时期旧有产权体系与制度影响较大。进入21世纪，在全国范围内政府主导土地开发的趋势加强，亚运背景下政府以危破房改造为突破口，试图启动又一轮旧城改造，恩宁路旧城改造是这一阶段的典型案例。与以往房地产开发导向城市更新不同，政府的设想是利用恩宁路的历史文化氛围，学习国内其他城市政府主导的先进经验，进行商业休闲功能开发。这种以增加空间附加值、提升城市形象为目标的新式增长诉求遭到原住民与知识精英的强烈反对，二者结成反增长联盟，其主要参与者身份主要是原住民、发起公共议题的媒体、民间组织，以及在舆论压力下加入的地方政府。

6.1 金花街旧城改造（1983—2003年）

金花街旧城改造是政府发起、政府主导的危旧房改造项目，在20世纪80年代与越秀区的东风街一起列为广州市旧城改造的试点工程。该项目自1988年正式启动，2003年基本完成，经历了成片综合开发、20世纪90年代中期开始的国企地块再开发、政府对该地块的基础设施完善三个主要阶段。广州20世纪80年代初期政府开始有意主导城市建设，该项目是从见缝插针式改造转变为连片改造的典型案例。政府对该项目没有直接投资，也没有提供低息贷款。开发商承担项目实施成本，可出售商品房获益；以较低的成本获取土地，但是承担包括拆迁、居民安置补偿、市政基础设施与公共服务设施的建设费用，这是当时普遍采用的方式。

6.1.1　改造前概况

金花街位于荔湾区东北部,在明清时期还是城墙以外的郊野,清末开始形成居民区,民国时期成为工业区和住宅区（图 6-1）。改造前金花街已经成为旧城的一部分，人口密集（金花街平均人口密度为 67215 人 /km²）。改造前金花街的居住房屋以私房为主，包括直管房和单位自管房在内的公房仅占房屋数量的 6.8%[1]。私房中大部分在中华人民共和国成立前就已存在，1958—1996 年间金花街曾经以自助公建的方式将部分木屋改造为砖瓦房，维修、拆建用作居住的祠堂庙宇，此后再无成规模的改造行动。

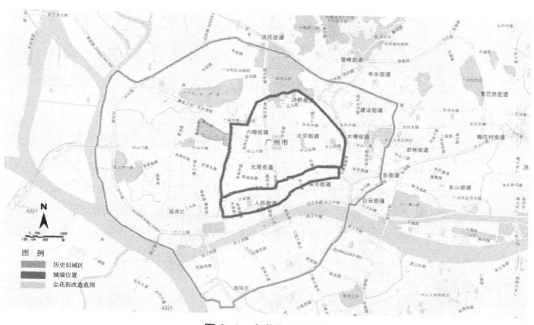

图 6-1　金花街区位图

金花街历史上是穷人聚集区，自 1958 年以来就响应政府号召开办街道企业，街道经济有一定基础，在广州市处于较高水平，其改造之前居民职业构成以工人为主（魏清泉，1997）。改造时金花街不存在经济上的衰败，其主要问题是老城普遍存在的居住环境不足。金花街地势低洼，逢暴雨经常出现水浸街现象；由于传统街巷道路狭窄、房屋紧邻，存在消防隐患；居住与工业混杂（图 6-2）；建筑密度高、居住面积狭小。

---

[1]　广州城市规划局 . 金花街小区规划 [Z]. 1983.

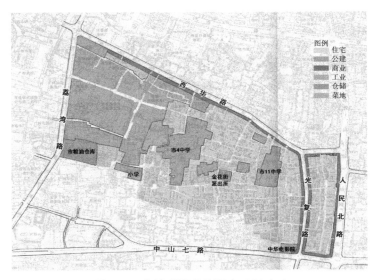

图 6-2　土地利用现状图（1983 年）

来源：魏清泉. 广州金花街旧城改造研究 [M]. 广州：中山大学出版社，1997:50. 作者改绘。

　　在 20 世纪 70 年代末至 20 世纪 80 年代初开始编制的总体规划、街区规划、住宅建设标准中，成片规划、综合开发、配套建设成为旧城改造的主要方针。广州市规划局编制的《金花小区规划》在 1983 年通过审批，是第一个通过的旧城区内居住区规划（图 6-3）。金花街区总面积为 41.71hm²，纳入规划地区的面积为 31.43hm²，占街区面积的 75.4%。由于缺乏资金，街区规划指向的成片改造并未启动。1986 年市政府将金花小区的改造任务交给荔湾区政府依据《金花小区规划》进行改造，金花街成为荔湾区成片改造的试点。

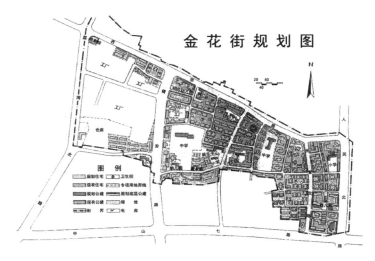

图 6-3　金花小区规划总平面

来源：叶浩军. 价值观转变下的广州城市规划（1978—2010）实践 [D]. 广州：华南理工大学，2014: 78.

6.1.2　改造过程

金花街改造启动之时,外部条件并不十分成熟。当时其左侧的南北交通干道康王路、贯穿老城东西的地铁 1 号线还未修建,其区位优势并不突出;国内外住房市场均受限制,国内售房实行限价销售政策、开发公司不能直接向海外售房;广州市以前缺乏大规模拆除重建式旧城改造的经验。这些项目启动之时就存在的不利因素,加上项目进行过程中国家两次大幅度的宏观调控,导致改造筹资困难、建设缓慢,自 1988 年正式启动到 2003 年基础设施的全部完成历经了 15 年,期间经历了三任市长,国家层面的多次相关制度变化。

1. 1988 年启动国有开发公司主导的成片综合开发

（1）启动阶段遭受全国治理整顿,项目进展缓慢（1988—1991 年）

1988 年广州市城乡建设委员会与广州市城市建设开发总公司荔湾分公司签订合同,该公司成为改造主体,负责组织拆迁安置、土地开发、市政基础设施与公共服务设施建设。除荔湾开发公司这一主要改造主体外,西关建设开发有限公司、荔华房产经营公司作为国有开发公司共同参与金花街改造。金花街改造范围在人民路以西,西华路以南,除荔湾北路以东,兴起里以北,29.26 万 m² 的规划范围,其中拆除重建用地面积 23.38 万 m²,保留建筑面积 8.09 万 m²,占原有建筑面积的 22%,需搬迁居民7492 户,占 1988 年金花街区总人口的 83%,规划新建房屋总建筑面积 65.58 万 m²（表 6-1）。改造范围被分为 27 个地块（最终改造开发 24 个地块）,由 3 家国有开发公司共同改造（图 6-4）。改造预计期限为 5 年半,然而项目开始不久就遇上 1989 年全国治理整顿、压缩基建,项目进展缓慢。1989—1991 年新开工面积为 112782m²,竣工面积仅占施工面积的 1/3（王林生,2009）。

金花街规划主要经济技术指标（1988 年方案）　　　　表 6-1

规划用地面积（万 m²）	拆除重建用地面积（万 m²）	建筑拆建比	原容积率	规划容积率	搬迁居民（人）	规划总人口（人）
29.26	27.74	2.36	0.75	2.51	25188	41180

（2）项目得到市政府支持,全国大环境转变（1992—1995 年）

1991 年时任市长黎子流视察金花街小区,明确表示对旧城改造的支持,要求再用5 ~ 6 年的时间完成改造。1992 年 2 月 6 日广州市人民政府印发了《关于加快东风、金花小区旧城改造的通知》（穗府办〔1992〕9 号）,明确金花小区是市政府旧城改造试点工程,由荔湾区政府具体组织实施,"用五年时间基本完成小区开发建设任务,要求有关单位、部门支持小区的改造工作"。1992 年外部环境改观,邓小平"南方谈话"后全国迅速掀起发展热潮,相关政策随即变化。金花街可以直接向海外售房,调动了

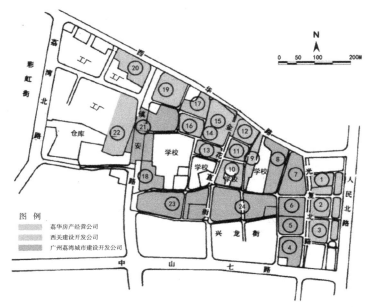

图 6-4　金花街改造项目地块分配图
来源：荔湾区建委

国有开发公司、外商投资的积极性。为了能按时完成改造，区政府采用激励与强制的方法加快拆迁。至 1995 年，已完成搬迁 6133 户，占需搬迁总户数的 75.5%。

（3）宏观调控背景下项目陷入资金危机，市政府支持下继续推进（1996—2003 年）

1995 年国家实行宏观调控，开发公司出现资金周转困难。由于开发公司将大部分资金投入拆迁，同时"临迁费"加重了经济负担，造成回迁建设资金短缺，而此时完成回迁或永迁的只占已拆迁户数 30%，安置房建设跟不上拆迁进度。回迁无期、"临迁费"发放困难激起了居民行动。1995 年拆迁户 80 多人要求荔湾开发公司发放临迁费，事件在政府、公司、拆迁户的谈判后得以解决，区政府决定借款 100 万元给荔湾公司（王林生，2009）。该事件标志着金花街项目由于资金问题已陷入瓶颈。1996 年底，金花小区项目与市政府 1992 年提出的改造进度差距甚远，荔湾区政府请示广州市政府要求解决改造中的突出问题（荔府报〔1996〕25 号），市政府决定给出一系列优惠政策❶，项目得以继续推进。

2. 20 世纪 90 年代末的国有工业企业地块再开发

在国企改革与污染企业外迁的背景下，20 世纪 90 年代位于金花街西部的 6 个工厂迁移或关停，其所在的 11 个地块用于再开发（图 6-5）。与 20 世纪 80 年代末启动的街区综合开发不同，这种以企业产权地块为单位的改造，由国有企业自身独立完成

---

❶ 时任市长林树森给出一系列优惠政策，包括：落实兑现市政府给予的优惠政策、税费原则上不增加；市政配套费按 4% 收取，专款用于小区市政设施建设；保证修建康王路；部分写字楼可改为商住楼、未签约的拆迁户可改为永迁。

或寻找系统内部或外部的房地产开发公司合作，政府仅给予政策支持，对项目进行许可与审批。按照政策规定，外迁的国企可在 5 年内使用、开发、转让其土地（Liu，2006）。这 11 个项目开发过程复杂且各有不同，包括改变用地性质、寻找合作伙伴进行开发、转让土地给新的使用者三种方式（表 6-2）。除三块仅是转变功能，将原有厂区厂房变为商业、商务用途，其余均进行了拆除重建。改造后的住宅与办公楼部分提供给员工或单位自用，其余则用作商铺售让或出租。

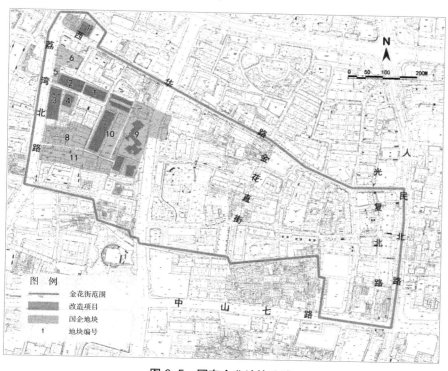

图 6-5　国有企业地块改造

来源：规划许可证，广州市规划局；广州市地形图（2006），广州市城市规划勘测设计研究院

工业企业地块改造过程　　　　　表 6-2

地块	原土地使用方	面积（m²）	改造过程	改造时间
1	全新针织厂	2734	1993 年申请住宅建设，1995 年与本集团下属金纶房地产开发公司合作开发金纶大厦	1993—1996 年
2		3305	1995 年与金纶房地产开发公司合作开发完成商品楼金奴大厦	1995—1996 年
3		—	1996 年该厂重建扩大了车间，2001 年资产转至华夏康隆公司变为商业用途，该公司承担土地出让费用与针织厂债务	1996—2001 年
4		2757	1999 年与金纶房地产开发公司合作开发商品住宅华康居，停滞后广州市金延房地产有限公司接手与珠海中珠股份于 2006 年合资完成	1999—2006 年

续表

地块	原土地使用方	面积（m²）	改造过程	改造时间
5	全新针织厂	—	重新装修后改变用途为全新商务中心	—
6	广州丝绸印花厂	3599	1996年欲将厂房改为商业用途但因为资金问题没有动工，之后与金纶房地产开发公司合作依然没能成功，后转移资产，厂房用作商业商务用途	—
7	市泰盛染织厂	2625	与广州安业华侨房地产有限公司合作开发商品住宅泰安楼，与金纶房地产开发公司合作未完成	1999—2001年
8	广州叉车厂	7102.3	1996年申请开发办公与住宅，2002年资产转让	1996—2002年
9	市第一机械制造厂	12938	2000年转让土地给荔华房产经营公司，后由万科房地产公司建成万科金色康苑商品住宅2007年销售	2000—2007年
10	广州市食品公司	6926	1993年自筹资金进行部分改造开发，后与富力房地产公司合作开发商品住宅富力皇上皇，1999年销售	1993—1999年
11	广州市商业储运公司	—	该地块转变用地性质改为市电子配套市场	—

来源：荔湾区建委档案；广州规划局规划许可档案

（1）企业自主改造

由于土地利用性质一旦转变就有利可图，一些企业尝试自主改造。企业自主改造虽然能得到全部收益，但自身在资金、开发经验方面的限制也造成了改造形式的局限。首先企业自主改造不能成规模开发、以利用现有建筑转变功能为主，3个没有进行拆建的地块都是企业自主改造或自主改造未能完成。

（2）合作开发

为了弥补资金与房地产开发能力的不足，企业寻找房地产开发公司联合开发是工业企业改造的常见方式，通过合作国有企业获得资金，房地产公司得到开发的机会并节省了购买土地支出。在改造的11个地块中有5个采用合作开发，且全部是商品住宅，改造完成后由企业与开发商分享收益。通常国有企业集团内部下属房地产开发公司最有可能获得开发机会❶。在房地产市场繁荣的20世纪90年代前期到中期，企业下属房地产公司完成了部分项目，但其他项目因资金问题都未能完成。由于国有城市开发公司实力不足，20世纪90年代中期以后国有企业开始与逐渐发展起来的私营房地产企业合作，如广州市食品公司与富力房地产公司合作开发商品住宅富力皇上皇。

（3）土地使用权转让

按照当时的工业企业改造规定，当国企转让其所拥有的土地时，必须上交至少44%的土地出让费用给政府（土地出让收益返还），转让后企业完全失去了土地使用权，因此转让土地往往是国有企业的最后选择。21世纪初，金花街异地搬迁的企业面临改

---

❶ 例如金花街的几个工业用地改造中，隶属纺织集团的全新针织厂、广州丝绸印花厂、市泰盛染织厂都曾经与集团下属的金纶房地产开发公司合作开发。

造的最后期限，不得不将土地使用权转让以获取收益❶。在国有企业土地使用权转让过程中，购买方需要支出补偿给企业，因而土地出让价款被压缩。

6.1.3　相关主体分析

1. 政府作为决策主体是增长联盟的发起者

（1）区政府主导项目实施并支持企业

区政府是直接介入项目的实施者，执行市政府决策并为企业提供帮助、去除种种限制，作为项目责任方极大地推动了金花街改造。1988 年底至 1989 年初，荔湾区成立了金花街旧城改造指挥部，由荔湾区政府主持改造。当金花街改造项目一方面可以得到市长关注、市政府支持；另一方面，"加快改造、用 5 ~ 6 年时间完成"给区政府和开发公司带来压力。区政府的行动主要体现在帮助开发公司完成拆迁工作❷、争取优惠政策、帮助企业解决财政问题方面。荔湾区政府的作用不仅是扶助企业，很多时候承担决策主体的角色，其制定改造策略与计划以行政命令方式传达给开发公司完成。1992 年市政府提出用五年时间完成改造任务，荔湾区旧城改造指挥部根据这一要求制定开发计划、国有开发公司每年需要完成的开发任务（表 6-3）。

金花小区（1992—1996 年）五年改造计划安排表　　　　表 6-3

单位　　　　　　面积	1992—1996 年新开工面积（万 m²）	1992 年新开工面积（万 m²）	1993 年新开工面积（万 m²）	1994 年新开工面积（万 m²）	1995 年新开工面积（万 m²）	1996 年新开工面积（万 m²）
荔湾开发公司	26.3	7	6	7	4	2.33
西关开发公司	18	6	6	3	2	1
荔华经营公司	16.1	2	3	5	4	2.1
总计	60.4	15	15	15	10	5.43

来源：王林生 . 城市更新：亲历广州旧城改造 [M]. 广州：广东人民出版社，2009：14

对于企业来说，区政府是积极、强力的合作者，因为二者在尽快完成改造方面具有完全的利益一致性。当项目实施滞后，遇到推进困难时，区政府全力配合开发公司完成任务，并将具体问题反映到市政府寻求其支持。例如当荔湾公司出现资金困难，无法发放临迁费，引起居民不满时，区政府只能借款给开发公司以解决危机。金花小区开发公司不能按时完成安置、拖欠临迁费，按照规定需要赔偿拆迁居民❸。考虑到支

---

❶　广州全新针织厂将其临荔湾路地块的厂房转让给华夏康隆百货有限公司用作商业用途；广州市第一机械制造厂把地块转让给荔华房产经营公司，建成单栋商品住宅康怡居，余下地块后由万科房地产公司建成万科金色康苑商品住宅。

❷　区政府制定的拆迁政策，以不同的补偿标准激励居民尽快响应拆迁，积极响应拆迁补偿更多。

❸　1997 年广州市人大常委会印发了《关于公布施行〈广州市城市房屋拆迁管理条例〉的通知》（穗常发〔1997〕42 号），规定回迁期限，以及超过期限的惩罚性条款。按照该条例，如果超过回迁期限，"拆迁人要按照原临迁费的 300% 给予延期补助"。

付罚金更难以解决回迁安置问题，荔湾区通知法院暂时停止受理金花小区延期安置案，已受理案件要慎重处理（王林生，2009）。

尽管政府与企业利益更多体现为一致性，但由于两者存在利益需求与承担责任的不同也会出现目标的不一致。在该项目中，政府的责任在于维护社会稳定、支持地方与外资企业；企业的利益需求在于盈利，因此居民回迁安置、"临迁费"发放、基础设施建设被置于次要位置。金花街改造项目的基础设施建设由地方企业负责，但自1988年项目启动至1997年，十年间基础设施建设滞后，只完成了少部分临时道路。鉴于此状况，区政府组织进行配套设施的规划，进一步明确开发公司的负责地段，从开发公司的销售所得与合作企业投资中抽取10%作为市政设施建设专项资金，由区建设局管理并监督实施。

（2）市政府下达指令并支持区政府实施

市政府的角色是下达指令并支持区政府实施，对于金花街项目，给予行政指令式的优惠政策、针对制度变化的特事特办。1991年底经济形势好转、土地批租政策出台，广州时任市长黎子流提出引进外资加快旧城改造步伐；在1992年、1996年项目遇到困难时，广州市政府给予旧改项目特殊政策，要求相关部门现场办公，用行政命令的方式推进改造。中央政府启动的制度变革对项目实施具有有利与不利两种影响，地方政府在执行过程中，根据项目情况选择性执行，消除制度变化阻碍项目进程的因素。例如1989年广州开始执行土地有偿使用，1995—1996年《公司法》出台、区属公司进行体制改革。在制度变化前，负责开发的公司以国有企业的身份获得土地，改革后这些公司理应补交土地出让金。考虑到旧城改造项目的特殊性，市政府特批体制改革后的开发公司仍享有地价优惠政策，重新签订的土地出让合同，按地价的5%，甚至是1%~2%收取。

2. 房地产公司成为增长联盟的主要参与者

企业是联盟的重要参与者，他们负责实施并通过其资本带来明显的物质空间改变，但是离不开政府的支持。在20世纪80年代末到90年代的改造中，北京、上海等大城市普遍采用地方企业出地、外方出资的模式（刘欣葵，2012），金花小区改造也不例外，参与的企业包括国有开发公司与香港开发公司。

（1）国有开发公司代替政府完成居民补偿安置与基础设施建设

国有开发公司可以看作半公共半私人的组织，其与政府存在紧密关系，也存在营利需求。金花街成片改造工程由荔湾城市建设开发有限公司、西关建设开发公司、荔华房产经营公司三家国有开发公司共同参与，"荔湾开发公司"建设面积最多（表6-4）。

金花街改造项目开发面积分配表 表6-4

单位	荔湾开发公司	西关开发公司	荔华经营公司	总计
负责开发面积（万m²）	32	23	16.7	71.7

来源：王林生.城市更新：亲历广州旧城改造[M].广州：广东人民出版社，2009：14.

金花街旧城改造采用实物地价的方式出让土地，获得土地的公司以承担居民拆迁安置与市政基础设施建设为条件获得土地使用权。回迁安置房、基础设施项目面积分别占总建设面积的38.3%、22.9%（表6-5）。开发公司承担7492户居民回迁安置，该项目建设的57栋楼宇中有44栋是回迁安置房，总建筑面积基本与商品住宅与办公面积持平。基础设施建成后开发公司免费或以很低的价格交付给政府。除了提供金花街区内的服务设施，国有开发公司还为康王路建设承担了金花街范围内的拆迁。

金花街改造项目建设项目面积比例表　　　　　　　　表 6-5

土地使用类型	建设面积（m²）	比例（%）
安置房	28,2000	38.3
商品住宅、办公	28,5680	38.8
公共设施	16,9000	22.9

来源：《金花街旧城改造项目预算（1999）》，荔湾区建设委员会档案

国有开发公司的资源在于可以从政府获得土地，劣势是资金与开发经验不足，由其主导的拆迁补偿安置、基础设施建设都无法顺利完成。实施金花街改造的国有公司并没有充足的资金积累支持改造项目运行，其资金全部来自借款、外商出资、出售房屋。

改造项目进行过程中，居民回迁给国有开发公司带来了沉重的资金负担，除了安置房建设，每月还需按人数付给居民的临时安置补偿费。广州旧城普遍存在特殊产权性质的华侨住房，华侨住房若要拆除更新，不仅需要安置现有租户，而且需要补偿住房给华侨。金花街改造涉及100栋这样的房屋，加重了本就艰巨的拆迁安置任务。

由于计划5年完成改造，1992—1995年拆迁占用了大量资金，1995年后受市场环境影响，回迁房与商品房建设受阻，国有开发公司陷入资金短缺，回迁房不能按期建设，只能拖欠临迁补偿费。为了推动项目进行，政府通过开发条件调整帮助国有开发公司实现资金平衡，金花街改造规划的容积率从2.1调至2.79（魏清泉，1997），个别地块实际许可容积率远高于原规划容积率，用地功能也以提高开发收益为目标进行调整。

（2）外资、私营公司投入资金与国有公司合作开发商品房

金花街成片综合开发项目的运作模式是通过商品房开发获取收益，其中部分补贴改造成本其余则是开发公司的收益。金花街改造之前的容积率为0.75，改造后容积率3.0，增加的建筑面积一半是补偿给居民的回迁房，一半作为商品房出售。由于国有开发公司缺乏资金，商品房开发必须寻求与社会资本合作，当时的资金持有方多为港资房地产开发企业。尽管项目启动初期的1988年，房地产市场形势并不明朗，但随着1992年的"南方谈话"，市场迅速升温，大部分商品住宅与办公项目找到了港资或国内私营房地产开发公司合作（图6-6，表6-6）。通过与国有开发公司合作，外资公司可以低成本获得从正规市场难以获得的可开发土地，然而也同时面临国内政策与市场的不确定性。

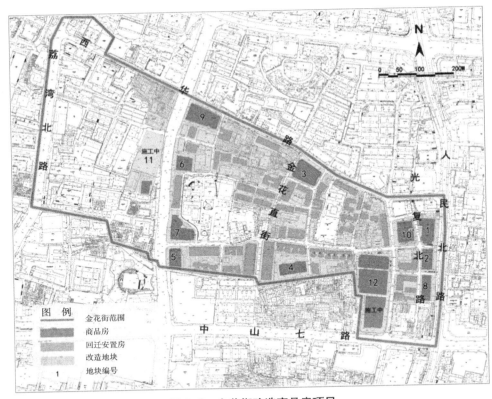

图 6-6 金花街改造商品房项目

来源：规划许可证，广州市规划局；广州市地形图（2004），广州市城市规划勘测设计研究院

金花街改造商品房项目 表 6-6

编号	项目名称	土地持有方	开发公司
合作开发			
1	金门大厦	广州荔华房地产开发有限公司	广州华丰房地产发展有限公司
2	荔湾大厦	广州荔华房地产开发有限公司	广州华丰房地产发展有限公司
3	金平大厦	广州荔华房地产开发有限公司	广州金平房地产开发有限公司
4	金花苑	广州荔湾城市建设开发有限公司	广州荔湾城市建设开发有限公司
5	康王阁	广州荔湾城市建设开发有限公司	广州荔湾城市建设开发有限公司
6	金禧大厦	广州荔湾城市建设开发有限公司	广州荔湾城市建设开发有限公司
7	荔康大厦	广州荔湾城市建设开发有限公司	广州荔雅房地产开发有限公司
8	金信大厦	西关建设开发公司	广州市金信房产开发有限公司
9	港丰大厦	广州荔华房地产开发有限公司	广州荔华房地产开发有限公司
土地使用权转让			
10	荔情居	广州荔华房地产开发有限公司	广州万基房地产发展有限公司
11	万科金色康苑	广州荔华房地产开发有限公司	万科地产
12	西门口广场	广州荔湾城市建设开发有限公司	广州盈发房产发展有限公司（香港爪哇公司下属）

来源：规划许可证，广州市规划局；百度百科、搜房网、新浪房产、安居客等；现场调查

与从属于政府的国有开发公司不同，外资企业是独立的市场主体，因拥有资金在合作中占主导地位，可以随时退出或要求增加股份占比。由于 1995 年后房地产市场急转直下，在安置拆迁居民的压力下，国有房地产公司对于资金的需求更为迫切，外资在谈判中处于强势地位。在一些地块开发中，外资公司享受了政府给予的弹性规划条件，诸如提高容积率、改变土地利用功能等，无须支出条件更改带来的相应土地出让金❶。

3. 居民被赋予"事实产权"

改革开放初期住房供给还未市场化，因此 20 世纪 80 年代至 90 年代初，广州市旧城改造实行实物安置补偿，要求被拆迁人回迁。金花街改造项目是由政府发起的全市试点，因此补偿安置标准较高，包括公房住户在内的多数居民得以回迁安置。我国宪法规定"城市土地属国家所有"，回迁安置补偿几乎是将居民对土地的使用权等同于所有权的高标准补偿，因此金花街改造中居民在一定程度上被赋予了对于土地的事实所有权，除了住房补偿，搬迁居民还可以得到搬迁费、临迁费等额外补偿。

尽管居民不是改造发起者，而是被动地接受重新安置，但都获得居住条件的改善。按照拆迁政策，原有居住面积超过人均 5m^2 的，按原有面积回迁，不足 5m^2 的回迁时补足，超出原居住面积的按照商品房价购买。虽然户均住房面积仍然不大，但是有独立的厨、厕、浴用房，改造后的公共服务设施有较大提升，如公共停车场、文化娱乐中心、敬老院、肉菜市场等，相比改造之前无论是居住面积还是居住质量都有所改善。

原住民中根据产权状况不同，获益程度不同。私有房产业主比国有房产、单位房产住户有选择优先权。原公房住户由开发公司和有关部门进行安置，大多被分在无电梯的 7 ~ 9 层（魏清泉，1997）。除了原地安置的回迁户，金花街改造中有 2500 居民实施异地安置❷，尽管面积有所增加，但失去了城市中心的居住区位，长期受到交通、就医、上学不便，治安状况差的困扰，原来有店铺经营的居民丢失了很大一部分收入来源。

6.1.4 实施评价

政府以改善居住、促进城市物质环境的现代化作为行使公权力的合理性来源，项目实施的结果基本完成了政府的初衷，私人部门的加入有效的改变了该片区的物质形象与城市功能，大部分居民居住质量提升。项目诉求与定位、增长联盟成员及其资源、合作方式、成员之间的关系体现了转型期特征。

---

❶ 例如荔湾公司与香港爪哇公司共同开发西门口广场，因香港公司拥有资金在合作中占据主动，要求提高分成比例与修改开发条件，最后按照其要求修改用地性质与容积率，中方公司分成比例降至 5%。
❷ 永迁安置一些由于市政道路建设，例如位于康王路建设预留用地上的居民；一些在项目难以按计划实施时还未签约，为了减轻安置压力政策安排永迁。永迁户被安置在郊区，补偿面积按照 1：1.2。

1. 市场化初期利用社会资金实施的民生工程

（1）利用社会资金的实物地租开发模式

金花街改造项目是在市场化进程中政府试图利用社会资金实施的民生工程，这一定位使得该项目具有复杂的双重属性。由于民生工程从公益出发，需要通过更新提高片区居住环境与质量，给予居民超出常规的合理补偿，如果按照民生工程的常规运作模式，政府必然在拆迁补偿、基础建设方面投入大量资金。而改革开放初期，政府自身资金有限，希望免去财政资金的直接投入，从房地产市场获取资金完成改造。因此金花街项目尝试借助市场的力量，由开发公司承担居民补偿与基础建设费用，作为交换，政府放弃了直接的土地批租收益。民生工程的性质以及利用社会资金完成改造的决策，使得该项目的开发收益由开发企业、地方政府、居民分享，这是该项目得以实施的前提。

金花街改造模式通过实物地价、国有开发公司实施的运作模式启动，并最终完成，一定程度上达到了改善建筑质量与城市形象的目标预设（表6-7）。改造项目在改善空间环境的同时，引入一些街区之外有经济实力的新住户，推动该片区住宅的商品化。

改造前后人居质量数据对比 表 6-7

项目	1988 年未改造前	规划建成之后
人均住宅建筑面积（m²/ 人）	9.14	14
人均公建建筑面积（m²/ 人）	1.78	5.6
人均专用绿地（m²/ 人）	0	0.5
人口毛密度（人/hm²）	1114	1426
人口净密度（人/hm²）	1755	2678

来源：魏清泉 . 广州金花街旧城改造研究 [M]. 广州：中山大学出版社，1997：156

但是受限于回迁安置的设定、缺乏资金前期投入、开发企业能力不足等项目性质及开发模式的影响，改造带来的物质空间提升有限，金花街规划方案体现居住环境的人均指标上低于《广州市规划管理办法实施细则》（1987 年）（表6-8）。政府为推动项目不断提高容积率，金花街改造后从原有的 3 万余人增至 4 万多人（按照规划预计），与疏散旧城人口的城市整体发展策略相悖。

金花街小区人均指标与广州市规定指标对比 表 6-8

项目	广州市居住区人均用地指标要求（m²/ 人）	金花街规划方案（1990 年）人均指标（m²/ 人）
居住用地	6 ~ 11	3.5
公建用地	3.5 ~ 5	1.73
道路用地	2.5 ~ 4	0.83
绿化用地	2 ~ 3	0.5

来源：魏清泉 . 广州金花街旧城改造研究 [M]. 广州：中山大学出版社，1997：57

（2）转轨期特征使得开发公司与私人业主既得利又受损

金花街改造是制度转轨阶段旧城改造典型案例，一方面受过去社会主义计划经济影响，旧有的土地权属格局、政府目标与行为方式还未改变，新的适应市场经济的相关制度还未建立；另一方面伴随着市场化进程，土地批租、分权化改革的开启，政府有强烈意愿推动旧城改造，拥有土地的国有企业与开发公司出于自身利益也愿意参与其中。但国有公司开发能力不足、房地产市场还处于发育期、商品房需求与土地价值还未充分体现，导致通过出售商品房筹资实施困难。

我国的改革开放是一场渐进式变革，金花街旧城改造体现出旧制度的影响。面对启动开发的正当性危机，在根植于社会主义思想观念的公平价值观下，政府将解决住房困难、改善住房条件作为项目出发点，因此居民得到了等同于私有土地产权的事实产权，享受回迁安置补偿。由于宪法规定土地国有，政府完全掌控土地支配，在逐渐产生的土地市场中政府与国有开发公司、国有与私营公司形成承包合约。国有开发公司作为政府的代理，可以拿到土地并通过转让或折价入股换取开发资金。

在国有工业企业改造中，国企之所以可以转变土地利用性质、自主改造或与房地产公司联合开发，也跟过去的制度有关。计划经济时期单位是组织生产生活的基本单元，因此国有企业的土地使用权等同甚至超过所有权，国企土地并不由地方政府支配，在特殊政策支持下可以一定时间内使用、开发、转让土地，并得到土地带来的收益。受计划经济时期的制度设定与价值理念影响，只有土地使用权的居民、国有开发公司、国企，在新出现的市场交易中得到了相当于产权的收益。对于参与改造的相关主体而言，这种转轨特征既带来超出法理规定、成熟市场体系的种种好处，同时其利益也难以保障。

首先，市场化初期划拨与公开出让并存的双轨制，使得国有企业、开发公司名下的国有土地使用权价值不能完全被市场确认，产权权能受限。由于金花街改造项目的特殊性，土地出让并没有经过土地公开出让程序，也因为没有明确土地价格，给国有开发公司借款和与香港开发公司合作带来困难。国有开发公司难以将土地作为资源换取资本，在利用市场资源方面受阻。在地方开发公司与香港开发公司合作开发中，其分成比例不高，体现了作为市场主体地方开发公司的弱势。

其次，金花街项目的参与者都不得不面临转轨期的政策变化与市场波动❶。改造之初市场经济制度未正式确立，经营活动受到限制。1992 年后的市场爆发式繁荣带来过于乐观的开发预期。随着宏观调控政策的实施，市场迅速转冷，国有房地产公司的资金供给出现问题。

受旧有制度影响，金花街改造项目并不是单纯的市场行为，而是借助市场资源的

---

❶ 在改造之初，城市商品房出售实施限价政策，利润只能在 5% ~ 8% 之间，1989 年金花街商品房的出售价格仅为 1300 元/m²，1992 年相似区位的商品房售价也仅在 1700 ~ 2400 元/m² 之间（世界银行，1993）。1992 年后市场繁荣使得金花街商品房价格在 1995 年飙升至 8000 元/m²，超出当时多数居民的购买力。

政府行为，其决策以政府行政命令为主。在不成熟并且非常不稳定的市场环境下，政府基于主观愿望的项目实施计划往往与现实情况脱节。国有房地产公司与政府的密切关系具有双重作用，既享受优惠政策又不得不接受行政命令，金花街改造中企业自身能力与市场环境使得其难以完成政府下达的任务。

2. 政府与国有企业的联盟关系降低交易费用

产权是市场经济运行的基础，市场化初期产权关系分析能够充分解释开发模式的成因。更新改造必然面临产权变动，而现有土地使用者不愿其产权权益受损是项目启动的最大障碍。市场经济出现后的地租上涨给更新改造创造了条件，金花街改造项目在旧有产权结构基础之上形成政府—国有企业—居民之间的增长联盟，尤其是政府与国有企业之间的利益共同体关系，降低了产权再组织的交易成本。在居民、国有企业得到收益补偿的前提下，社会主义计划经济体制下形成的土地使用产权系统被新的商品化的私有产权体系取代。

我国的市场化改革是承认既有利益格局的增量式变革，在保留国企、土地国有等公有制要素的同时，为了适应新生开放市场的出现，转轨期的城市建设形成了政府与国企之间的"委托－代理"模式，一定程度上政府从直接经济活动中脱离，但却拥有了更强的直接实现其意愿的行动力，金花街成片综合开发就是这一模式的代表。在处于转型的社会中，由于"政治权利与市场机制并存，因此混合产权可以降低交易成本"（倪志伟，1992），国企的产权结构使其能与政府形成长期稳定的利益共同体。

（1）在综合开发中政府与企业的命令－从属关系

金花街综合开发的民生工程性质决定了政府的强势介入。尽管有私人部门加入，仍然是政府主导的改造。因此，金花街改造中政府与国有开发公司并不是标准意义上的增长联盟。与广州市城乡建设委员会签订协议的改造主体——广州市城市建设开发总公司荔湾分公司，其主管部门是荔湾区建委，而西关开发公司、荔华经营公司也由荔湾区政府建立。因此，金花街改造项目实际上是政府部门委托其下属公司进行改造开发，开发公司并没有独立性，其角色可以理解为代替区政府行使市场活动的工具。荔湾区政府与国有开发公司存在行政命令关系，区政府制定开发任务、拆迁政策，国有公司投入资金执行拆迁与建设任务。

（2）特殊制度供给激励国有工业企业改造

面对城市中心土地的强大市场需求，计划经济时期遗留的大量国有企业划拨用地成为最大的存量供给。然而相比旧城居民的房屋居住权，国有企业对其所属土地产权更完整，政府难以介入，普通的征迁补偿不能使其放弃土地使用权，政府主导的成片综合开发模式不适用于国有企业所属土地，需要特殊的制度供给激励国有企业用地改造。除了对于建设用地的需求，政府之所以有意愿支持工业企业改造，源于双方的特殊关系。作为国企所有者，企业运营也与政府息息相关，国企亏损带来的企业转型与职工安置需求自然也是政府的责任。

在释放中心城区土地、为企业解困提供资金的双重需求下，国有企业被赋予改变用地性质、合作开发或转让其所属土地并享有收益的权利，即在一定时间内实际上具备对于其所属土地的使用、处置、收益的完全产权权利。由于改造开发由国企所属集团公司监督，同一企业集团下属的房地产开发部门往往得到与改造企业合作的优先权。

国有工业企业改造是以政府让利为前提，特殊的政策供给是增长联盟形成的基础，在政府、国有企业、房地产开发公司组成的增长联盟中，国有企业在改造过程中获得资金，作为交换，其按照政府安排进行合并重组、外迁安置；政府达成了其提升城市形象、促进经济增长的目标；房地产开发公司减少了改造成本投入并获得发展机会。

6.2　恩宁路旧城改造（2006—2015 年）

广州恩宁路旧城更新是亚运"大事件"推动下，以提升城市形象为目标的特殊案例。恩宁路作为"中调"战略下的试点工程，并不是仅仅以改善民生为目的的危旧房改造项目，实质上是以危改项目的名义承担了广州提高城市软实力战略诉求。政府是该项目实施主体，项目计划按照政府征迁后地块出让开发的方式运作，但由于征迁受阻、减量规划方案的确认，引入社会资金的想法尚未实现。在恩宁路之前的广州旧城改造，并没有重视历史街区的文化价值，而只看到现状房屋的破旧，一般采用房地产开发的改造方式。恩宁路更新改造是广州旧城更新历程中的一次创新，项目诉求与定位不同以往。

6.2.1　改造前概况

恩宁路是广州最完整和最长的骑楼街，街道两侧的街区内部分布着连片的西关大屋、竹筒屋等岭南传统民居。恩宁路周边地区有着浓郁的岭南风情和西关文化特色，是粤剧的发源地之一，具有良好的戏曲文化氛围，集中了十多处文化景观（图 6-7）（慎重波，2007），虽紧邻上下九步行街、但仍是宁静的居住街区（图 6-8）。2006 年，荔

图 6-7　恩宁路骑楼街与粤剧行业会馆（八和会馆）

来源：《荔湾区恩宁路旧城更新规划》（2009 年）

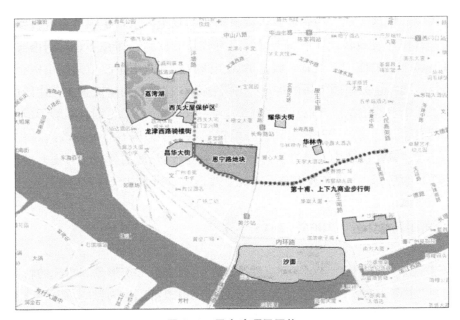

图 6-8　恩宁路项目区位
来源:《荔湾区恩宁路旧城更新规划》(2009 年)

湾区政府提出以恩宁路地块连片危破房改造作为旧城更新改造的试点，改造范围为恩宁路以北，宝华路以西，多宝路以南的街区。2007 年 5 月，荔湾区政府宣布了拆迁用地红线，正式拉开实施帷幕。红线范围内涉及 2100 套住房、11.37hm² 用地，207134m² 建筑面积，11 栋历史建筑。

　　改造片区外围的恩宁路、宝华路、多宝路沿线的骑楼建筑质量较好，是近代广州西关民居的典型代表，而内部建筑环境较差（图 6-9），内部建筑质量低于外部有其历史原因。以改造片区的安土街为例，该街原是河涌边的烂地，中华人民共和国成立前非广州的广府人到此定居，从事社会地位较低的工作，成为没有房产证的棚户区，1964 年政府号召"木改砖"房屋改建，改造后可申请房产证。因此该片区外部多为中华人民共和国成立或"文革"后出走的富裕阶层留下的政府代管房，现状可能由多户人租住；内部由棚户区改造而来的房屋，历史价值相对较低，也是危破房集中区域。除此之外，还有提倡单位自主零星改造时代留下的多层与高层住宅。恩宁路改造区域建筑风貌混杂、产权关系复杂，具有旧城街区的典型特征（图 6-10）。

　　改造之前的产权状况包括私有住房、公有住房、公私混合住房（公私混合住房属 1949 年后收回的华侨住房，从 20 世纪 70 年代起，这些房子由政府以极低的租金租给个人居住），需动迁的 1950 户中，公房 702 户、私房 1248 户，私房占大部分比例。在需动迁的约 14 万 m² 中，被定为危破房的约 2.5 万 m²，仅占 18%，但由于连片改造的需要，不在危破房之列的房屋同样需要拆迁。

图 6-9　恩宁路现状建筑分类
来源：《荔湾区恩宁路旧城更新规划》（2009 年）

图 6-10　改造前恩宁路
来源：《恩宁路旧城改造项目进展情况的汇报》（2010 年）

6.2.2　改造过程

　　规划专家、中山大学教授袁奇峰曾用"先搞了—搁浅了—改变思路—成为残局"来形容恩宁路的改造过程（曾冬梅，2012）。由于恩宁路特殊的区位条件、丰富的文化底蕴，实施之前，政府层面就达成共识，认为更新后该片区应成为体现岭南文化与广州西关民俗风情的旅游休闲区。改造初期恩宁路项目决定采取政府出资规划、征迁，再进行土地招标的模式。后因拆迁带来的社会压力、亚运会的契机，确定了文化导向的减量规划，但无法实现地块内经济平衡，变成完全依靠市政府财政补贴的公益项目。恩宁路项目 2007 年开始实施，2012 年完成拆迁任务后进入建设阶段，其中最大最完整的一个地块用于建设粤剧博物馆。

1.2006—2007 年决策阶段，成片改造与历史保护的矛盾显现

（1）危破房改造模式与历史文化保护的矛盾

为了落实"中调"战略、广州市部署"政府主导的旧城区危破房成片改造工作"。2006 年 5 月市政府提出"由荔湾区政府牵头，市有关部门配合，启动恩宁路地块的危破房改造工作"（穗市长会纪〔2006〕15 号）。恩宁路改造项目因其特殊的区位、作为成片改造试点而带来的关注，历史文化保护从一开始就成为决策者最关心的问题。市长办公会议决定成立市级层面的"荔湾区历史文化街区保护和危破房改造领导小组"，负责对重大事项进行审议。2006—2007 年，恩宁路编制了两版危破房改造思路的规划方案❶，改造前恩宁路的现状毛容积率已经达到 2.0，两版规划方案都会产生破坏历史风貌的消极影响，但若不建高层住宅，原有居民安置与经济平衡都无法实现，危破房改造与历史保护要求产生了矛盾。在恩宁路改造的最初阶段，开发优先还是保护优先并没有达成共识。因此在该项目动迁方案迟迟未获审批，工程进入拆迁阶段规划方案都还未确定。

（2）区政府提出政府主导、引入开发商的改造方式

自 1999 年广州禁止开发商介入旧城改造后，危破房改造以完全政府实施的方式进行（例如解放中路改造）。以往的实践让政府意识到单靠政府力量无法运行一定规模的旧改项目，恩宁路改造启动之初，区政府就决定尝试通过市场机制运作的改造方式，恩宁路成为全市"重新引进开发商资金参与旧城改造"的试点项目。时任市长张广宁到荔湾区调研危破房改造工作加快了改造进程❷，随后荔湾区政府提出的《恩宁路连片危破房改造项目工作方案》（穗府会纪〔2007〕174 号，下文简称《工作方案》）获得通过。方案中明确了土地收储、引入开发商、项目内资金平衡的改造方式，并提出了主要工作阶段的时限要求。区政府制定拆迁计划并实施拆迁，所需资金由市土地开发中心融资垫付，拆迁完毕后将由市土地开发中心组织公开招标，中标开发企业按照规划开发经营。改造项目资金封闭独立管理，争取收支平衡，如政府土地出让收入大于支出，结余部分用于改造区内公建配套。这一改造方案中，区政府将自己定位于实施征迁的角色，想要依靠市级土地收储资金、市场主体运作。在既要历史保护为先，又要实现项目内资金平衡的目标下，恩宁路项目的拆迁补偿方式没有原地回迁的选择，成为广州第一个不能实现回迁的危破房改造。

2.2008—2012 年拆迁阶段，征迁受阻、恩宁路受到关注

（1）先征迁再规划，拆迁遇到阻力

为了完成市政府下达的 2010 年亚运会前完成土地平整的任务，在没有经过全面的

---

❶ 第一版建筑层数以多层居住为主，保留建筑面积太少；第二版保留部分比例增加，但考虑原地回迁，需要建高层安置房。

❷ 2007 年 7 月 12 日，张广宁市长指示，"全力推进恩宁路项目改造工作，早日改善旧城区居民的居住条件和生活环境，让人民群众共享广州改革开放和经济社会发展的成果"。

居民改造意愿征询,也没有确定街区建设规划方案（危破房改造规划、修建性详细规划）的情况下,恩宁路改造 2007 年 5 月开始动迁,9 月发布拆迁公告。在此期间,规划局与文物部门下属设计单位对该片区的保留建筑范围,改造后功能形态等问题进行了研究,编制了一系列方案,以这些方案为基础,2008 年 4 月完成的《恩宁路危破房改造地段历史建筑保护与利用规划》确定了保留建筑范围,拆迁依此规划进行。恩宁路项目动迁开始后,受到部分居民抵制与社会关注❶。

（2）确定规划方案,引入开发商的计划无法实现

为了指导征迁后改造工作的进一步实施,2009 年 9 月荔湾区委托政府之外的高校设计机构编制《荔湾区恩宁路旧城更新规划》（以下简称《更新规划》）。此时,在应对征迁带来的社会质疑,以及想要更好利用亚运会机遇的背景下,恩宁路改造项目被寄予成为广州城市名片的期望。政府打造形象工程的愿望与设计单位提出的"保护风貌特征、提升街区定位"的建议实现契合,恩宁路的定位提升为商业功能的精品消费街区,容积率不增反降。《更新规划》得到了市领导肯定❷,文化保护优先的价值观得以确立,恩宁路变为文化导向的更新项目。从规划方案的调整可以看出,规划新建建筑面积逐渐减少、保留建筑面积增多、道路结构也调整为尊重现状（表 6-9）。

然而就项目实施而言,改造后功能定位的公布并没有促进征迁工作,居民认为恩宁路改造是商业开发项目,183 户居民联名签署建议书,反对规划方案,要求停止拆迁;同时低容积率、建设总量的控制也造成原计划的改造方式无法实施。荔湾区也召开项目推介会,寻找开发商洽谈,但因缺乏经济可行性没有开发商愿意参与❸。功能定位转变后,恩宁路改造成为完全依靠市财政补贴的公益项目。

恩宁路项目规划方案演变过程　　　　　　　　　　　　　　　　　表 6-9

| 编制时间 | 规划名称 | 主要功能 | 经济技术指标 | | | | | 总平面图 | 拆迁安置补偿与经济平衡 |
			总用地面积（hm²）	拆建比	拆除建筑面积	容积率	建筑密度		
2006 年	《恩宁路地块广州市危改房试点规划方案》	以居住为主	9.2	1:0.72	—	1.78	34.2%		原地回迁、改造区域内部经济平衡

❶　媒体曝光了拆迁建筑范围与动迁工作疏漏;居民发起维权行动,上书全国人大,认为恩宁路拆迁违反《物权法》。至 2008 年 11 月开始拆迁之时,已经签约居民只占动迁总户数的 48%,实际进度落后于《工作方案》中计划的 2008 年 10 月 31 日完成动迁,2008 年 12 月 31 日前完成拆迁。

❷　2010 年 8 月,时任市长万庆良视察恩宁路项目,充分肯定了《更新规划》要求征集各方意见进行深化,并要求将恩宁路项目打造成"改善民生的标本,文化传承的品牌,旧城改造的典范"。

❸　该信息通过对荔湾区更新改造办公室工作人员的访谈获取。

编制时间	规划名称	主要功能	经济技术指标					总平面图	拆迁安置补偿与经济平衡
			总用地面积（hm²）	拆建比	拆除建筑面积	容积率	建筑密度		
2007年7月—9月	《恩宁路地段旧城改造规划》	拆除部分发展休闲旅游、文化娱乐、创意产业、居住功能仍占很大比例	11	1:0.49	57.2%	1.4	40%		原地回迁，改造区域内部经济平衡
			11	1:0.96	57.2%	2.0	40%		原地回迁，改造区域内部经济平衡
2009年9月—2010年4月	《荔湾区恩宁路旧城更新规划》（公示方案）	体现民俗风情的精品消费街区、以商业功能为主	11.37	1:0.52	67%	1.29	47%		货币补偿、异地安置、就近安置，区域经济平衡
2011年6月—9月	《荔湾区恩宁路旧城更新规划》（审批方案）	体现民俗风情的精品消费街区、以商业功能为主	11.37	1:0.34	56%	1.2	40.32%		货币补偿、异地安置、就近安置，区域经济平衡

（3）社会各方关注促使居民补偿标准逐渐提高、政府打开公众参与渠道

居民的抗争与媒体的曝光导致恩宁路更新改造项目受到社会广泛关注，随着项目的进行，媒体对涉及历史建筑保护、拆迁安置、规划方案制定等相关事件跟踪报道。居民的集体诉求在媒体报道、舆论呼声之下影响了政府决策，使其得到更多利益❶。

鉴于日益增长的公共关注所带来的舆论压力，政府开始危机公关，逐步建立一些听取建议的渠道，包括公示规划阶段性成果、向社会征求意见、居民顾问小组、媒体通报会和专家顾问团等。2009年12月荔湾区更新办对《更新规划》进行公示，公示规划成果象征着恩宁路更新从没有公众参与转变为象征性的告知。2010年8月，荔湾区规划局、荔湾区更新办联合召开发布会，承认恩宁路最初规划走了弯路，宣布成立恩宁路改造项目顾问小组，顾问组的建立以及成员的多元化（包括建筑和历史专家、人大代表、政协委员、居民代表），意味着公众参与走向安抚性阶段，政府开始接受各方建议。2012年公示的《广州市历史文化名城保护规划》草案，根据反馈意见将整个恩宁路更新地块都纳入历史文化街区范围，这一举动也显示出公众参对政府决策产生了实质性影响。从项目提出到拆迁完成，媒体、专家、居民、民间组织的介入，对项

❶ 恩宁路自2007年发布拆迁公告至2012年，从增加就近安置到提高单位面积的补偿价格，补偿标准的不断提升，政府对坚持不搬的"钉子户"不进行强制征迁，最后仍有按规划应该搬离的30户居民选择留守。

目进程施加了影响，促成恩宁路项目的性质、规划理念、政府决策的转变，政府在外界压力下从初期的封闭决策转为逐步打开公共参与渠道（图 6-11）。

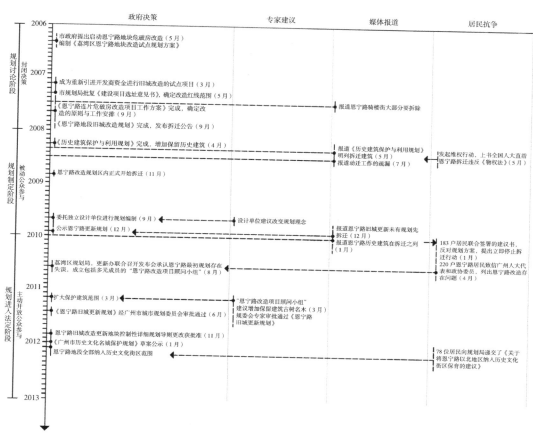

图 6-11　恩宁路项目相关主体介入过程以及相互影响

3. 2012 年以后进入建设阶段，粤剧博物馆与荔枝湾涌三期成为项目主体

荔枝湾涌一期项目获得成功后，《更新规划》中提出的"揭盖复涌"建议得到实施，恩宁路大地涌段成为荔枝湾涌项目的第三期工程❶。《恩宁路保护与更新规划》2011年 6 月获得规委会全票通过，为恩宁路控制性详细规划的编制提供了引导，规划部门按"红线让紫线"的原则修改控制性详细规划，维持现状道路宽度、控制建筑高度，贯彻保护旧城肌理的意图。2011 年 11 月，《恩宁路旧城改造更新地块控制性详细规划导则》更改获批准，为恩宁路旧城更新提供了规划法定依据，使得历史文化保护的愿景可以通过规划管理控制来实现。

规划的确立为市场主体进入创造了条件，但规划理念转变后，新的功能定位对于

---

❶　该段河涌景观工程将串联宝庆大押、泰华楼、李小龙故居等多个文物点，2011 年 12 月开始动工改造。

开发商来说缺乏经济可行性，开发风险过高 ❶，只有政府继续接手并依靠市财政投入。亚运过后，经过 2011—2012 年市领导换届，2012 年新领导上任后市政府提出"将恩宁路改造地块列为建设粤剧艺术博物馆的首选地" ❷。2013 年 10 月通过两轮控规调整，恩宁路项目清拆范围中最大最完整的 16000 多平方米作为粤剧博物馆的建设用地划拨给市文广新局。恩宁路改造后建成的主要项目是"荔枝湾涌"三期景观工程与粤剧艺术博物馆，其余地块因保护建筑与钉子户散布、呈碎片化分布，难以整体开发，恩宁路改造最终成为一个文化导向的公益项目（图 6-12、表 6-10）。

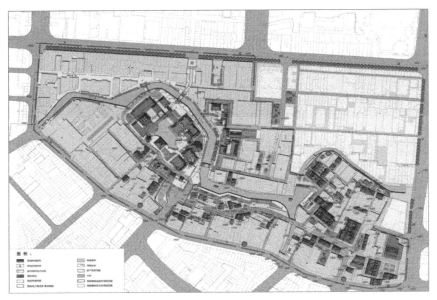

图 6-12　荔湾区恩宁路地段旧城更新修建性详细规划图
来源：《荔湾区恩宁路地段旧城更新修建性详细规划》（2015 年）

荔湾区恩宁路地段旧城更新经济技术指标　　　　　　　　　　表 6-10

项目	单位	数值
规划总用地	m²	113658
原总建筑面积	m²	215200
原建筑密度	%	67.6
原容积率	—	1.89
规划总建筑面积	m²	164553.08
保留建筑面积	m²	132513
新建建筑面积	m²	38252.98

❶　如果引入开发商资金填补拆迁平衡，楼面地价达到 7000 ~ 8000/m²。

❷　市领导提出后，粤剧博物馆快速完成审批流程，7 月市发改委批复"粤剧艺术博物馆项目"立项，11 月粤剧博物馆进行了奠基仪式。

续表

项目	单位	数值
新建地下建筑面积	m²	6212.9
规划建筑密度	%	42.62
规划容积率	—	1.45
规划绿化率	%	19.12

来源:《荔湾区恩宁路地段旧城更新修建性详细规划》(2015 年)

6.2.3　相关主体分析

1. 政府作为实施主体

（1）组织架构的条条块块使得改造主体分散

恩宁路改造项目中整体与各个程序的决策与实施分属不同主体（图 6-13），包括市、区两级政府与市发改委、市建委、市财政局、市国土房管局及其下属部门——市土地开发中心、市规划局等部门。其中市、区政府组成的领导小组是恩宁路改造项目的决策与组织部门，区政府负责具体实施方面的决策与协调，市政府对重要事项进行决策，并对各部门起到督促作用，其他各部门分管其职责之下的工作 ❶。

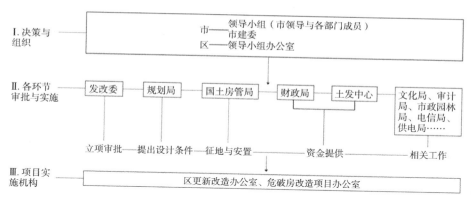

图 6-13　恩宁路项目中决策主体组成及其相关职责图

尽管政府内部组建了统一决策主体（领导小组）负责统筹协调，并建议各部门内部组成日常机构、减少审批环节，政府体系中还存在非常有效的上下级约束关系，但各个层级政府与部门只是执行上级决策，从自身利益出发只对职能范围内负责是不可避免的。荔湾区连片危破房改造项目办公室负责征迁工作、市财政局与土发中心提供资金、规划局给出设计条件，各级政府与各个部门都对改造项目不负有完全责任，只

---

❶　土地与房屋征收、拆迁安置等工作属国土房管局及土地开发中心职能范围之内。国土房管局需要审批拆迁许可与拆迁通告、拟定公房的安置方案并提供一定房源、制定私房业主的拆迁安置政策；土地开发中心负责土地储备与出让，主要是拆迁、土地整理资金的审核与筹集。此外，市规划局负责牵头编制特色建筑物的保留方案、给出规划方案设计原则与要点（开发指标）。

要完成任务即可。

在项目决策中，市、区级政府因所处层次不同，关心的问题也不同。荔湾区政府作为编制工作方案并组织实施的具体运作方，更关心项目的可行性及改造带来的直接经济利益。市政府作为项目的最高决策方，希望该项目能够有更强的示范效应、带来积极的社会反响。

（2）实施程序

恩宁路最初计划在 2010 年亚运之前完成，而开始实施时已是 2007 年。对工作效率的要求，导致决策过程与程序的简单化。项目在启动之前缺失风险评估、纳入私人部门合作、与居民协商达成一致等环节，规划未正式确定就先拆迁。

政府与居民矛盾的焦点——拆迁安置与补偿，充分体现了决策过程简单化，困难预测不足埋下的隐患。为了保障拆迁工作能够进行，恩宁路项目按照惯常做法，红线范围内所有建筑都得到了拆迁许可，这其中也包括政府承诺保留的建筑，一些居民签订拆迁协议后发现自己的房子属保留建筑（陈文，2008），拆迁工作引起居民与公众舆论的不满。此外，因为程序问题，在拆迁红线范围内增补的历史建筑，其产权合法性仍然难以解决❶。政府对拆迁困难、房地产市场变化预计不足，2007 年第一次拆迁公告发布时，拆迁截止日期是 2009 年，实际到 2012 年才完成拆迁。

恩宁路项目主要规划作用与公众参与程度 表 6-11

编制时间	规划名称	规划作用	公众参与程度
2006 年	《荔湾区恩宁路地块改造试点规划方案》	为建筑保护与动迁工作提供依据	政府内部讨论，未公开
2007 年 5 月	《恩宁路改造项目文物及历史建筑保护方案》	为建筑保护与动迁工作提供依据	政府内部讨论，未公开
2007 年 7 月—9 月	《恩宁路地段旧城改造规划》	为建筑保护与动迁工作提供依据	政府内部讨论，未公开
2007 年 11 月—2008 年 4 月	《恩宁路危破房改造地段历史建筑保护与利用规划》	增加保留了一批有争议的待定历史建筑，动迁依此进行	政府内部讨论，部分内容被媒体公开
2009—2011 年	《荔湾区恩宁路旧城更新规划》	为以后的项目建设与规划管理提供依据	进行公示，听取意见

恩宁路项目体现了为最小化舆论压力而减少信息透明度的行动倾向，从提出更新议题到方案讨论与制定，一直由政府执行并进行封闭式操作，整个过程都将居民、公众等相关主体排斥在规划决策之外。在项目初期阶段，规划局与文物部门下属设计单位对该片区的保留建筑范围，改造后功能形态等问题进行了研究，编制了一系列方案（表 6-11）。但动迁开始时，并没有经正当程序认可的规划方案，更谈不上公开。在确

---

❶ 公布的拆迁红线范围内的建筑理应当全部拆除，后因社会舆论，补充增加了一些保留历史建筑，产权收归国有。因为按照程序不能办理拆迁结案，这部分建筑无法更换新房产证。

定了保留建筑后，其他未列入保留范围的建筑都先进行动迁工作，拆迁与规划修改同时进行，项目启动两年后规划方案才进行公示。

（3）运作结果评估

政府的制约来自其行为必须以公共利益为初衷、不能以营利为目的。政府需要承担一般市场主体不愿做的事情，但其行为结果很难以简单的经济绩效衡量。继土地开发中心垫付 2.5 亿元拆迁资金后，项目无法按照原计划实现经济平衡，截至恩宁路项目拆迁与安置全部完成，政府共投入 18 亿元，后期建设费用仍需政府买单。

2. 居民采取各种方式满足自身诉求

（1）居民维权行为引发公共议题

恩宁路改造片区的居民是恩宁路改造的直接利益相关者，他们对改造的意见最为强烈，关注的焦点在于拆迁补偿与安置。恩宁路不能实现原地回迁，因此原住民普遍抵触商业开发。在不能原地回迁的情况下，更多居民不愿意放弃好的区位和老城区的生活习惯。

居民对改造过程中的具体意见集中在拆迁程序不公开透明、没有听取业主意见；没有确定规划就先拆迁；不属于危破房的也要拆除；商业开发不属于公共利益范畴，政府没有权力对其房屋实施征迁。居民维权多采用传统的信访方式，向相关部门、全国人大、广州人大与政协致信，要求公布拆迁范围、认为拆迁违反《物权法》，反对规划方案。起初的信访并没有什么效果，在媒体的帮助下，居民意识到恩宁路改造包含的公共议题，居民维权行动为媒体报道提供素材，媒体报道又强化了居民维权的正当性。居民与媒体多次对规划方案提出异议本是源于自身利益的行为，却进一步将恩宁路改造制造为一个公共话题，涉及了包括根据《物权法》保障公民相关权益、传统文化保护、公众参与等诉求，维护个人利益的局部诉求突破了个案边界，得到了事件非直接相关者的广泛关注。

（2）居民维权行为得到回应

居民的维权行为换来更高的拆迁补偿，不愿搬离可以不拆的回应。拆迁补偿最初采用货币补偿与异地产权调换（图 6-14），异地安置可以获得更多居住面积，但相对于原居住区位差距较大。由于房价上涨、不愿离开老城等各种原因，居民对补偿标准不满。在抗争之后，补偿方式有了就近安置（表 6-12），货币补偿每平方米单价逐年提高。居民签订拆迁合约越晚，得到的补偿就越高，到 2012 年的最后拆迁阶段，异地安置可获得 60% 的面积增幅（陈文 等，2012），最高货币补偿价达到 19800 元 /m²，是 2007 年项目启动之初的 1 倍多。随着恩宁路事件的持续发酵，政府接受"拆不动就不拆"的解决方案，2011 版方案拆除建筑面积占总建筑面积的 56%，比 2009 年方案减少了 11%，并且提出允许"居民自主更新"。恩宁路改造范围内至今仍然有约 30 户居民没有签订合约，坚持留守，虽然可能获得改造后的土地升值利益，但是需要忍受建设过程中各种安全、卫生问题（图 6-15）。

东漖北路丽馨庭	党恩新街经适房	茶滘安置房	宝盛沙二期（宝盛家园）

图 6-14　异地产权调换安置房分布图

恩宁路改造项目居民拆迁补偿安排　　　　　　　　　　　　　　　　表 6-12

时间	货币补偿（元 /m²）	异地安置	就近安置
2007—2008 年	9000	私房：金沙洲、芳村芳邻美地； 公房：珠江新城誉城苑	—
2009—2010 年	10000	期楼：芳村茶滘、源溪； 现楼：芳邻美地、荔湾区东漖教师新村；党恩新街经济适用房	逢源路宝盛 沙地二期
2011—2012 年	19800（最高）	芳村中市恒晖阁、东漖北路丽馨庭、茶滘安置房、西湾路安置房	逢源路宝盛 沙地二期

图 6-15　改造中的恩宁路与钉子户

来源：笔者拍摄

（3）居民不愿签约的原因

尽管补偿标准根据市场价格与居民意愿不断提高，但仍然有很多居民不愿意搬迁。这其中有 2009 年开始房价不断上涨的原因，也有政府为了快速推进拆迁而前后标准不一；而拆迁户自身原因既有历史遗留产权问题，也有经济利益与文化感情因素（陈文 等，2012）。旧城人均居住面积本就偏低，贫困、老弱人口集中，即使按照 1 : 1 的补偿面积也很难让居民满意；一栋房屋多户人家、多产权的现象普遍存在，多产权导致协商困难、面积分割后补偿不够；由于历史原因没有明确产权的房屋较多，住户长期以实际占有的方式居住而没有合法产权证明。在截至 2010 年 8 月 20 日没有签约的 363 户私房中，未签约的原因多达 11 种，主要障碍集中在：业主认为补偿不够、居住条件尚好且深爱现居住地、产权关系复杂、违法建筑面积补偿等问题，其中增加补偿的要求占总数的 51%（表 6-13）。该区位附近房屋一直供不应求，即使补偿价格不断提高，但每个阶段的货币补偿都不够拆迁人在同等位置买到比较好的公寓。尤其对于产权面积小、不愿异地安置又无经济实力的居民来说，货币补偿无法让他们购买到合适的房屋。产权问题包括产权人不明与产权分配纠纷。广州老城区普遍存在 1949 年之后很多原产权所有者已经离开，这些房屋只能由房管局代管，居住者没有产权，找不到产权人或产权人已去世；很多房子因经过继承存在多产权人的情况，在利益分配方面无法达成一致。老城区居住面积狭小，为满足居住需求，居民加建阁楼、夹层等现象非常普遍，这部分面积在拆迁补偿中作为非法建筑面积补偿远低于合法产权面积，居民对此不满。

恩宁路改造项目私房拆迁户未签协议原因（截至 2010 年 8 月 20 日）　　表 6-13

序号	被拆迁户要求	户数	占总数比例
1	要求提高补偿单价	35	10%
2	要求现楼安置	42	12%
3	要求原址回迁安置	33	9%
4	要求返购两套以上就近安置住房	24	7%
5	违章部分要求按产权面积计算补偿	32	9%
6	业主要求由项目办清理私租户	13	4%
7	要求按居住面积调换就近安置房屋，或增购面积不补差价	5	1%
	要求增加补偿的户数合计	184	51%
8	业主死亡或失踪（已办理代管）	57	16%
9	业主死亡或失踪（未办理代管）	63	17%
10	业主家庭内部矛盾，意见不一	29	8%
11	不愿协商	30	8%
	非增加补偿要求合计	179	49%
	合计	363	100%

来源：广州市荔湾区城市更新局

3. 媒体推动恩宁路改造成为公共议题

媒体的新闻需求与居民希望扩大事件影响力的需要相契合。居民的抗争与媒体的曝光导致恩宁路更新改造项目受到社会广泛关注，让恩宁路旧城更新从局部的旧城改造扩大为具有极大影响力的社会事件。更多的关注与站在居民立场的报道给政府施加了极大的压力，促使其逐步建立一些公众参与渠道。

（1）"恩宁路事件"中的媒体参与

为整理媒体报道对改造的呈现度，报道内容与整体改造进程的关系，本书按照重要节点事件划分，用百度搜索引擎以"恩宁路改造"关键词，对一定时间段内的互联网新闻进行搜索。随着改造进程的前期决策、开始征迁、规划公布与审批等事件的进行，媒体报道的态度经历了宣传、监督与质疑、回顾与思考三个阶段，从最初替居民发声、质疑政府行为、吸引社会关注到对事件整个过程进行深入解读与思考（表6-14）。

媒体主要报道内容与政府回应 表6-14

时间阶段	报道内容	媒体作用	媒体与政府的互动
2006年改造启动—2007年公布拆迁范围之前	恩宁路尝试新的改造方式，成为引入社会资金参与旧城改造的试点	宣传恩宁路改造项目	政府主动向媒体透露改造方式、"赴港招商"等信息
征迁开始后至2009年《更新规划》公布前	拆迁范围、骑楼街保护、拆迁补偿标准、居民维权行动、动迁进度	消息披露与监督政府行为	政府回应媒体对拆迁对象的质疑，强调保护骑楼与历史建筑
2009年底到2011年6月《恩宁路保护与更新规划》通过规委会	对规划方案及其理念转变的回顾、民间文化保育行动的报道、"旧城改造须和谐"等议题成为主流	媒体进入主动问责阶段，公众的知情权、参与权成为关键词	政府进行公示《更新规划》、召开新闻发布会、成立顾问小组等打开公众参与途径的回应
2011年6月《恩宁路保护与更新规划》通过规委会后	回顾改造历程、对存在问题及其原因进行思考	话题范围也扩展至政府权责、媒体作用、程序合理性	政府公布后续拆迁、建设等相关信息，并对新的改造方式表示认同

2006年1月1日到2007年公布拆迁范围之前，新闻报道以宣传为主，内容集中在"恩宁路尝试新的改造方式，成为引入社会资金参与旧城改造的试点"。征迁开始后至2009年《更新规划》公布前，媒体主要起到消息披露与监督作用。2009年底，以《新快报》集中报道恩宁路改造问题为标志，媒体进入主动问责阶段，公众的知情权、参与权成为关键词。荔湾区政府鉴于舆论压力对《更新规划》进行公示是对问责的反馈，但公布信息的不全面以及居民对《更新规划》的反对又引起了新一波的追问。2011年6月《恩宁路保护与更新规划》通过规委会，意味着保护为先原则的确立，对恩宁路改造的质疑告一段落，媒体开始回顾自2006年开始的改造历程，对存在的问题进行反思，报道更为深入理性，话题范围也扩展至政府权责、媒体作用、程序合理性。

（2）从话题追随者到创造者，媒体的自身定位

在恩宁路改造过程中，媒体的角色不单单是话题追随者，而是成为居民、公众、政策影响者之间的联络人，如邀请专家考察恩宁路、为居民提供建议、联系人大代表等，促成了意见联盟的形成与发挥作用。媒体之所以成为重要角色，具体行动而言是这些建议与串联行动制造了更多新闻热点，背后是其对公共议题的挖掘。在对恩宁路改造进行报道的众多媒体对中，《新快报》最为突出，在恩宁路改造事件中，其角色不再是新闻的追随者，而成为话题的创造者。从最初以骑楼街去留开始，到最后将报道引至公共决策的高度，《新快报》成功设置了公共领域议题，通过公共议题的讨论与质疑，形成舆论压力，政府在对议题的被动回应中逐渐公布有关信息，对决策产生了影响。引用《新快报》对其自身的评价，其在恩宁路事件中扮演的角色就是"通过议题设置参与创造历史"。在其看来，媒体应该成为"公众表达、讨论公共事务"平台；满足公众的"知情权、参与权、监督权"；"维护社会公众利益"，即《新快报》将其自身定位于独立的公共利益代言者，以此为前提的媒体才能够成为参与并影响决策的主体。

4. 民间组织成为参与的新生社会力量

在恩宁路改造过程中，关注恩宁路的民间组织——恩宁路学术关注组与广州旧城关注组吸引了多家媒体的报道。两个组织极为相似，发起人都是热爱广州的年轻人，看到媒体对旧城改造的报道，而有了建立小组的想法，最终想发展为 NGO 组织；小组致力于引起公众对旧城改造的关注，以期实现对城市发展的反思，其成员从自身兴趣出发进行完全公益性的工作。作为政府、居民、媒体之外的非利益相关者，他们受传统媒体深入报道的激发，通过网络虚拟社区（豆瓣小组、QQ 群）联络志同道合者，经过核心成员的策划组织，将关注转变为实际的参与行动。恩宁路改造项目中民间组织的出现表明与旧城改造相关的文化保育、公共利益等公共领域议题正在形成并受到关注。

以持续跟踪恩宁路改造项目，并形成一定影响力的恩宁路学术关注组为例，成员主要是专业背景多样的广州高校学生（赖妍，2011）。他们通过对该片区进行调研走访、帮助居民、组织各种活动的方式介入更新过程。据该小组统计，自 2010 年 3 月成立至 2013 年 8 月正式解散，他们进行了包括讨论、聚会在内的 132 次活动，2010—2011 年恩宁路项目快速推进之际他们组织的活动也最密集（共组织各类活动 90 次）❶（图 6-16）。他们的工作起到联络地方居民、专家学者、媒体、民间团体、人大代表、公益事业关注者的作用，建立起人际关系网络，不仅让更多人关注了恩宁路，同时也为拆迁前恩宁路从物质环境到社会文化，进行了存档。

❶ 起初活动以现场调查、居民与专家访谈为主；而后小组活动从观察转为更多参与；随着小组知名度的提高、恩宁路改造方向的确定，组织展览讲座、接待联络对恩宁路感兴趣的个人与组织，成为小组活动的主要内容。

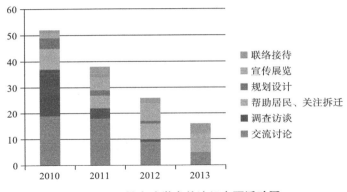

图 6-16　恩宁路学术关注组主要活动图
来源：恩宁路学术关注组提供

　　恩宁路学术关注组主要由学生组成，这决定了组织构成同质又松散，他们从自己专业和兴趣出发，充满理想主义的参与书本之外的现实世界；以学术为名可以规避敏感误会，通过提供专业建议的方式介入事件，有利于从不同专业不同角度推动持续参与（赵新星 等，2011）。但该小组无法像真正的 NGO 组织那样发挥作用，小组成员在参与中各取所需，完成自己或研究或实践的目标，随着组织扩大难以协调；能力有限与现实所迫使其未能成为理性的第三方平台（何裕华 等，2014）。小组的产生来自对于恩宁路拆迁改造这一事件的快速应对，随着恩宁路项目的尘埃落定也宣告解散。恩宁路学术关注组案例说明离开成熟社团组织、政治制度支持，依靠人际关系与短暂的公共关注，民间组织的参与是非常局限的（黄冬娅，2013）。

6.2.4　实施评价

1. 一元决策面对多元主体的实施困境

　　尽管恩宁路旧城更新具有创新意义，但是缺失了正确的决策程序，项目推进阻力重重，除恩宁路项目具有旧城更新的固有矛盾外，排斥其他主体的一元主导思路，是导致大量批评质疑的原因所在。

　　（1）一元目标代替多元目标

　　旧城更新，尤其涉及社区更新，普遍存在局部利益与整体利益、保护与发展的矛盾，规划目标背后体现的是利益分配与价值观念。政府一元决策倾向于自身诉求，将相关主体排斥在外，以经济发展为导向，获得城市发展用地、体现城市形象，趋向采用简单技术标准进行建设。在广州的地方背景下，恩宁路旧城更新中政府的一元目标与多元目标的矛盾分歧主要体现在经济、文化、环境三个维度（图 6-17）。由于政府目标与居民利益存在根本冲突，从始至终居民都被排斥在决策之外。项目初期目标确定阶段的公众参与是对一元决策的修正，但在恩宁路项目中，公众参与的不及时使得出现较大争议的议题，如更新目标、更新方式、更新后的空间环境预期（建设强度与形态），并没有得到讨论。恩宁路事件表明，旧城更新项目若不从目标确定阶段开始，由政府、社区居民、第三方组织共同探讨决定该地区的发展方向，达成共识，而是由政府一方确定更新目标后便开始实施，必然会为其后的工作埋下隐忧。

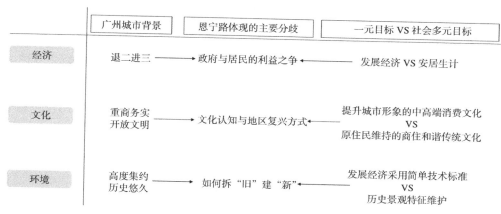

图 6-17　恩宁路项目中的矛盾分歧

（2）缺乏合作与程序合法性

恩宁路旧城更新项目也是政府一元决策受到挑战的典型案例，既体现出以强制性为主的政府治理模式在旧城更新决策中的缺陷（姜杰 等，2005），又反映出政府作为单一主体与其他利益主体缺乏合作。恩宁路项目中，政府负责前期拆迁实施与相关资金筹备的全部事宜。从提出更新议题到方案讨论与制定，一直由政府执行并进行封闭式操作。政府本是代表公共利益，却因与居民利益相悖、项目缺乏商业可行性，导致得不到居民与社会资本的支持。

政府决策与行动过程理应受到公众监督，程序合法在整个行动过程中至关重要。恩宁路改造的政府决策中体现的减少信息透明度以最小化舆论压力（宋立泰 等，2013）、制定规则又执行规则的传统一元运行模式遭到舆论质疑。政府的初衷本是文化保育、改善民生，但却因为身兼项目发起者、执行者、监督者三个角色，决策初期缺少公众参与、居民改造意愿征询等环节，失去了程序正义，导致其在整个事件进程中都处于舆论"被动"。

（3）公共利益与私人利益的冲突

在恩宁路改造过程中，政府在历史文化保护与经济平衡的双重压力下选择居民异地安置的改造方案，恩宁路居民联合媒体的抗争给政府施加了巨大压力。究其原因，政府虽拥有公权力，在改造过程处于主导地位，但并没有将代表公共利益作为体现其行动正当性的根据。

恩宁路作为试点工程实质上是以危改项目的名义承担了广州市的战略诉求——"通过物质环境建设实现旧城复兴与提升城市形象"。按照项目初期的政府决策，恩宁路改造在某种程度上是政府代表公共利益获得城市发展用地、调整用地功能的行为。但是这一行动与居民的愿望形成较大反差，导致公共利益与个人利益的冲突。而居民将自身利益与公共性诉求捆绑，公共利益成为其维权的理据。

2. 多元主体介入的积极作用与局限性

项目推进过程中的多元主体逐渐介入，决策团体之外以媒体、民间组织、专家学者、政协与人大委员为代表的知识精英形成了反增长联盟。反增长联盟成员之间形成了信息传递、诉求表达的链条：居民与媒体是联盟的发起者，媒体设置的公共议题、居民的意见表达，吸引了民间组织、增长联盟之外的专家学者、政协与人大代表参与，他们的加入进而创造了更多话题而引起更多公众关注，例如从专业角度提出设想意见；利用"参政议政"的权利，向政府反映改造中存在的问题，共同构成了反增长联盟对政府决策施加影响（图6-18）。多元主体的介入起到维护居民权益、促进公共参与的积极作用，使得更多市民意识到历史文化的价值。

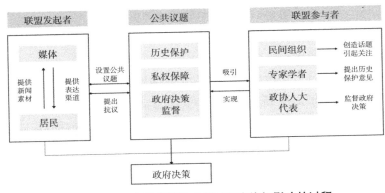

图6-18　反增长联盟形成并对政府施加影响的过程

在旧城更新中，涉及其切身利益的居民通常被排斥在决策之外（卢源，2005）。旧城的居民多以中低收入者为主，反馈的渠道并不畅通，需要一个代表本身利益的信息组织体，跟踪整个旧城改造过程（张肖珊，2010）。在恩宁路事件中，居民的意见有了表达渠道，并通过反增长联盟的行动被强调。同时其他参与主体也借居民这一利益直接相关主体的诉求得到了参与机会，例如新闻媒体成为代其发声的信息组织体，推动公众参与、影响博弈格局；而专家学者则成为专业顾问、技术支持等角色；民间组织通过历史保护、居民维权等相关议题完成了对社会事务的参与。

"恩宁路事件"是广州旧城保护更新公众参与的转折点。参与主体的多元化打破了政府垄断实施进程的局面，并促进其由排斥公众参与走向开放公共参与渠道。"恩宁路事件"让文化保护观念深入人心，成为从政府到普通民众的共识。

3. 新形势下的旧城更新困境

恩宁路改造是一次开发与保护、局部与整体、内部居民与外界干预力量之间矛盾的集中爆发，在这个事件的舞台上，各方展示利益诉求，让历史文化保护与公众参与成为社会上下共识。恩宁路旧城更新决策过程体现出制度惯性，同时也体现了特殊条件下，决策的特殊性。

在现有制度背景下，城市更新不能没有政府参与甚至主导，但恩宁路改造的历程显示出政府的力量受到各方行动的影响与限制。恩宁路为以后的旧城更新改造树立了类似于判例的典型：政府的意图如果缺乏原有产权主体、市场资金、舆论的支持难以实施；以历史保护为代表的公共领域已经形成；成片整体更新在资金有限的情况下难以实施；保护规划的刚性限制，使得市场力量很难获得高额利润，通过房地产开发推动旧城改造也存在诸多困难。在新的发展趋势下，"旧城改造不再是单一的政府或市场行为，而是一个兼顾公共利益和私人利益的集体行为"（王桢桢，2010）。

6.3　总结：从增长联盟到反增长联盟

6.3.1　联盟生成机制及特征

增长联盟的形成基于参与主体的产权权利，其核心是土地的再开发收益；而反增长联盟的形成则来自参与主体自身的价值追求或社会角色定位。相对于增长联盟，反增长联盟构成多元、组织松散，一方面反增长联盟来源于危机应对，所针对的事件具有广泛的动员基础，不同价值与利益追求的参与者可以迅速聚拢；另一方面，由于参与者价值追求的不同、缺乏组织力与认同基础，联盟会随着影响政府决策的完成而瓦解。

1. 金花街改造中的增长联盟

金花街改造中增长联盟是产权权利与开发利益的联合（表 6-15）。国有开发公司与国有企业与政府存在产权联系，被政府优先赋予开发权；拥有开发权与土地的国有开发公司、国企与开发商合作，完成了土地与资本的结合；政府支持这种合作，因为改革初期社会资金匮乏，寻求发展的动机需要借助资本来完成。由于该项目受多种因素影响，进展并不顺利。

增长联盟成员的作用与得益　　　　　　表 6-15

身份	成员	资源	作用	得益
土地所有权方	政府	土地所有权公权力	给予实施主体开发权、控制项目整体实施进程	城市形象提升
既有土地使用权主体	国企	土地、开发权	提供再开发所需土地，让出或部分让出土地使用权	经济收益
	居民	土地		居住质量提升
开发权获得方	国有开发公司	开发权、资金	开发出资方、实施主体	完成政治任务、经济收益
	私营房地产公司	资金		经济收益
	国企	土地、开发权、资金		经济收益

在增长联盟中，政府、居民、国有企业、国有开发公司、开发商，分别以土地所有权与公权力、土地使用者、开发权获得者、资金提供者为资源加入。政府作为增长联盟的发起者，借助与国有开发公司的"命令—从属"关系对改造进行全程控制；国有开发公司可以看作半公共半私人的组织，一方面其与政府存在紧密关系，另一方面也存在营利需求，其代替政府完成居民补偿安置与基础设施建设；国有开发公司、国企缺乏资金与开发经验，因此寻求与私营房地产公司合作，通过合作，私营房地产公司可以获得可开发土地。

2. 恩宁路改造中的反增长联盟

该联盟的形成机制是恩宁路片区的文化与精神价值、原住民空间使用权利与政府经营空间的诉求形成冲突；经媒体挖掘后引发历史保护、私权保障、政府决策监督等公共议题；在网络社会以及相对宽松的媒体环境中快速传播、吸纳更多主体加入反增长联盟；反增长联盟的行动促成改造项目演化变为公共事件，给政府造成舆论压力并最终影响决策，使其转向反增长联盟（表6-16）。

反增长联盟成员的作用与得益 表6-16

身份	成员	作用	得益
利益相关方	居民	其反对意见为其他主体介入提供计划	得到表达机会、更高的补偿收益
知识精英	媒体	设置公共议题，联络居民、专家、知名人士	得到新闻素材、完成其自我角色定位
	民间组织	帮助居民、引起更多人关注	得到介入社会公共事务的机会
	专家学者	提供历史保护设想与意见	完成自身价值追求
	政协、人大代表	向政府提出恩宁路改造中存在问题	实现参政议政责任
决策方	主要领导	最终决定项目走向	体现其关注民生、民意

恩宁路改造涉及的公共议题是联盟形成的基础与黏合剂，为联盟成员表达角色利益与价值诉求提供机会。媒体为其他参与者提供表达渠道，其他参与者为其提供新闻素材；居民作为利益相关主体、现有空间的使用权人，他们的意见是"反增长"的强有力声音，给其他主体介入提供"正当性"的同时也得到表达机会并影响政府决策；民间组织帮助居民、引起更多人关注，也得到介入社会公共事务的机会；向政府主要决策者提出恩宁路改造中存在问题的政协人大代表，起到传递社会诉求、影响政府决策的作用，也实现了自己参政议政的职责；专家学者为其他主体提供设想与意见的过程中也完成了自身价值追求，即使是与政府一同处于发展联盟中的专家学者，也为兼顾项目推进与历史保护，提出了有限增长方案，改变了项目的规划理念。

6.3.2 联盟中的政府角色

介入城市更新的力量主要是国家（政府）、市场（私人部门）、社会（社区），三者能否在政府的支持下实现联盟通常是项目顺利实施的关键。根据国内外实践历程，政府在城市更新运作过程中主要有以下作用：依靠公共财政拨款操作实施、吸引私人投资并与其结成公私伙伴关系、提供社会福利与维护公共利益。从金花街到恩宁路，政府起初都想放弃公共财政支持的政府实施，而选择与私人部门合作、吸引市场投资，但最终都因涉及社会福利与公共利益不得不深度介入，并提供财政支持。恩宁路在反增长联盟的推动下，甚至项目性质发生转变，由开发变公益导向。

相对新城建设，政府发起的成片旧城改造，目的不在于直接的土地出让金收入，其得益来自城市形象提升。金花街项目政府让出土地批租收益用来支付改造成本；恩宁路工程，政府前期垫付了大量财政资金，后期又建设粤剧博物馆、荔枝湾涌等公共项目。旧城改造项目启动的合法性来自民生议题，两个项目都是因"危破房"的隐患、提高居住质量的需要而列入重点示范性项目。尽管政府在旧城改造中不追求直接土地收益，但其也不愿将旧城改造当作福利工程，投入公共财政给特定人群换取政治收益，因此乐于增长联盟的产生，借助市场资金换来城市面貌的快速变化。在两个项目中，政府都作出支持增长联盟的行为，制定开发导向的规划、设定发展目标与开发预期、协同组织相关部门运作、利用公权力与信用担保促成产权变换（征迁）的作用。

07 第7章 权力运行视角下的城市更新政策形成与变化

正如政体理论所言，权力由"社会生产"，政府面对多元利益主体、上级权力约束、地区间竞争，必须利用资源创造利益共同体、合作联盟。城市更新政策的制定与实施过程，就是政府将资源变为有效行动力、达成目标的过程。地方政府所拥有的资源主要是制度、资金、政策观念，资金由公共财政和市场资金构成；制度则包括正式的国家、地方法规，以政府文件形式发出的行政决策；地方政府有代表市民提出并倡导阶段性发展理念的职责，这种理念来自当时流行的社会主流价值观念。资源随着国家制度与宏观经济管控、资本流动而变化，阶段性城市更新政策是政府根据内外发展条件变化的调整。在城市更新中为实现有效权力，政府除了作为政策制定者，提出共同目标、通过"选择性激励"组建合作联盟，还参与其中，成为合作联盟的核心成员，甚至是实施主体。政府依靠内部动员机制、土地所有权，直接介入城市更新活动，其角色接近于市场主体，但也有别于以成本收益为判断标准的企业，其行动体现强烈的政治色彩。

7.1 政府可利用的资源及其变化

7.1.1 相关法规制度

法规体系是长期稳定不易变动的，地方法规必须承接国家制度，难以表达地方意图，城市更新中政府经常使用时效期较短的行政文件（决定、通知、意见、办法等）进行选择性激励，赋权给相关利益主体。但正式法规是地方政策的框架性基础，给予地方政府长期确认的权力，短期行政决策建立其上。

正式的法规制度是地方政府对相关利益主体进行开发激励与限制的基础性资源，土地批租制度决定开发运作方式与利益分配；城市规划制度是引导城市建设的工具，通过对开发主体的激励与限制实现政府目标；拆迁补偿法规给予土地获取制度支持，同时也调节开发实施主体与居民的利益、实现政府"维稳"意图；历史文化保护制度直接体现了国家与社会"反增长"的理念，对开发起到限制作用。广州地方制度基于经济理性与自身利益会不断根据国家制度进行调整、创新，城市更新相关制度就很好地体现了这种调整。

1. 土地批租制度——决定开发运作方式与利益分配

土地批租是政府作为国有土地的管理者，进行土地租出并获得收益的制度，决定了更新利益在参与主体之间的分配、政府与开发商的合作方式。我国城市更新的土地批租有三种方式，第一种是政府征收土地后将地块公开出售，第二种是将土地征收与开发权直接给予开发商，第三种则是允许开发商与更新地块的原权利主体联合。这三种方式政府介入程度依次降低，其直接收益也相应减少。第一种土地批租方式是国家倡导的，但在城市更新中实施，政府需要承担征收补偿及土地整理，支出费用高，在市场化初期并不被广泛采用。城市更新中政府对于土地批租收入（土地资产性收入）的期望，很大程度上决定了城市建设策略与更新政策。若建设用地紧缺、政府财政资金充裕、经济市场化程度高，则更趋向于减少直接的土地出让收入从而相应增加开发机会，以及开发商与原权利主体的得益（例如深圳市的城市更新政策）。

（1）建设用地供给是开发权给予的过程

在我国，建设用地供给的过程同时也是土地开发权给予的过程，由于垄断土地一级供应市场，政府成为介入土地开发的重要角色，土地批租方式决定了政府的介入程度。土地批租制度的建立加速了城市更新。广州自 1989 年颁布并实施了《广州市城市国有土地使用权有偿出让和转让试行办法》以来，土地批租制度逐步建立。土地经济的复苏带动城市更新快速进行，至 2010 年，广州旧城中 1978 年之前建成的建筑面积仅占建筑总面积的 17.1%，荔湾旧城范围内的土地出让、划拨达到 7000 多宗（黄慧明 等，2015）。

土地批租方式的转变一方面来自自上而下的制度完善，另一方面源于土地价值的凸显。转型初期国家与社会资金不足、独立市场主体还未形成等因素决定土地价值难以体现，这一阶段土地批租以行政方式为主，并没有引入市场竞争，政府具有依靠市场力量来减少公共投入的倾向。随着市场经济发展，资金、开发主体、市场需求等要素逐渐增多而土地资源有限，导致土地价值升高，同时在制度上国家要求规范土地征收与供给途径，因此土地储备与公开竞价出让成为主流（附表 3）。逐渐完善的市场竞争方式主要应用于营利性项目，以减少寻租现象，带来更多土地收益。土地征收与供给制度的完善增加公开、公平、竞争等市场属性的同时，也使政府主导作用加强。

（2）市场化初期的"协议出让""实物地价"

为了鼓励开发商参与旧城更新，地方政府的优惠政策往往是土地政策。旧城更新的特殊性使得政府直接从中获得土地收益难度较高，协议出让却为政府不投入或少投入资金、依靠市场完成建设提供了可能性，土地划拨、协议出让、减免土地使用权转让费用等是常用开发权给予方式。采取这种方式一方面是旧城改造的性质决定的，一定程度上可归因于政府没有能力完成大量的前期土地整理、供给公共产品，因此希望部分转嫁给开发商。这种做法降低了开发商进入旧城的门槛，土地进入市场的速度快、效率高，缓解了城市建设资金不足的问题；但由于土地使用权转让不透明，土地公有并没有带来更多的可被大多数人分享的公共收益，反而滋生了寻租空间。例如这一阶段广州兴起圈地热，得到土地的大多数市场开发主体并没有能力完成开发建设，尤其是需要承担拆迁补偿的旧城改造。因此，土地批租多、完成开发少，产生大量闲置地、烂尾地、与拆迁补偿相关的严重社会问题。

（3）市场化深入阶段的"公开出让"与"三旧"自主改造

随着 2004 年国家要求"经营性用地必须公开竞价出让"，土地收储后出让逐渐成为土地供给的主要方式。经过改革开放后经济的快速发展，政府已经有一定的财政、融资能力进行土地开发，完成前期土地整理后进行土地出让的模式可以大规模推广。由于城市更新不同于新城建设，一方面其改造成本、前期投入居高；另一方面涉及产权关系变化使得改造难以启动，如果存量土地供给方式与增量土地一致，完全由政府前期实施则改造数量有限。为了降低改造成本、促进改造的发起，2009 年"三旧"改造政策允许一定条件限制下旧村、旧厂可以不经过土地出让，原产权主体与开发商联合自主改造。但这一特殊政策实施范围有限，对于政府来说面临政治、经济利益方面的双重风险，2012 年开始广州政府再一次强调了城市更新的政府主导，推行政府统一收储、统一出让的模式。

2. 城市规划制度——激励或限制开发主体的工具

进入市场经济使得城市规划的作用相对计划经济时期得到重视，因为计划经济时期政令可以取代城市规划的作用，而市场经济要求建立法制协调多方利益主体。从广州地方城市规划制度演变可以看出，市场化过程中的城市规划制度形式和程序逐渐完善，成为地方政府管理多元建设主体行为的工具。而随着市场化带来的私有产权、多元利益主体的出现，城市规划制度发展为利益谈判的基础。

（1）政府引导城市建设的工具

为应对市场经济的变革，城市规划制度体现了分权特征 ❶，城乡规划、城市更新的实施主体是地方各级政府，我国在国家层面很少对城市更新提出具体要求。

地方政府建设理念与目标通过规划编制进行阐述与表达，例如改革开放初期广州为旧城改造大规模编制的街区规划；根据政府需要作出快速反应、脱离正式的规划体系的战略规划；从"中调"意图出发为指引旧城改造的《旧城更新改造规划纲要》；为指引"三旧"改造而编制的《"三旧"改造规划纲要》及其专项规划；响应历史保护要求的《历史文化名城保护规划》等。

政府对于市场主体采取放松管治的激励，还是加强管治的调整政策，都通过规划管理实现。在追求资本投入的背景下，城市规划对建设主体难以实现有效管控。对开发主体的管控也受限于发展阶段及发展理念，例如改革开放初期将高层、高密度的城

---

❶《城乡规划法》赋予城市政府及其规划管理部门组织编制、审批、修改规划的权限；管理监督市场与个人建设行为的权限。

市形象作为目标，对容积率缺乏管控。

推行规划许可制度后，实践中的规划管理权是通过规划审批实现的。对于建设个案而言，规划方案决定了土地的未来发展预期，因此，规划审批权是对土地未来发展收益的把控。对规划管理权的应用显示了政府引导城市建设的主体地位，在市场主体介入的开发建设中，规划审批实质上是开发条件的"讨价还价过程"，直接决定政府与开发商的合作能否达成。

（2）对增长进行控制

地方政府在土地开发中需要实现经济增长、分配增长收益、控制增长带来环境与社会的负面效应，为缓解政府单方面承受各方利益诉求的压力，广州在规划管理中纳入专家机制、制定技术准则、一定程度上实施公众参与，用规章程序与技术理性限制开发行为，借社会力平衡来自市场的发展冲动。改革开放至 20 世纪末，广州逐渐形成了控规与规划委员会制度结合的规划决策，并实现了一定程度的限制自由裁量、保障公众参与和公共利益 ❶。例如，更新改造规划管理纲要性文件、个案规划都强调开发强度控制与公共服务设施配置；广州规划决策机构从最初的由市政府及各职能部门领导组成，到城市规划委员会的专家参与；在旧城、旧村改造实践中广州政府逐渐意识到公众参与的重要性，参与程度从常规的规划公示知情参与提升至实质性参与，并以制度方式体现 ❷。

3. 拆迁补偿制度——从支持土地获取到尊重居民意愿

建设开发的第一步是土地的获取，城市更新面临已有建设及其所有的使用主体，因此开发的启动需要制度保障，由于我国土地国有，房屋征收补偿制度承担了这一作用。从改革开放后国家与广州的房屋征收补偿制度变化可见，作为政府拥有的强制性权力，该制度支持政府与开发商取得土地；随着市场化进程的深入，体现了政府的维稳意图，被拆迁人的权益维护得到加强。

房屋征收是实现拆除重建、产权重置的前提，房屋征收与拆迁补偿制度正是赋予政府强制权力，平衡更新过程中利益分配的直接规则。从国家到地方对于旧城改造的支持态度，反映在具体的拆迁程序与纠纷处理规定当中。例如从 1991 起长期执行的《城市房屋拆迁管理条例》规定，开发商与拆迁户签订补偿协议这一环节是政府发布拆迁公告之后，即在未与被拆迁人达成协议之前，拆迁公告实际上已经宣布了对房屋的

---

❶ 1986 年广州市颁布的《广州市城市规划管理办法及实施细则》，不仅是城市建设管理技术要求，也是城市规划管理法规建立的开端；20 世纪 80 年代就推行的街区规划具有控制性详细规划雏形；1997 年应国家加强规划管理的要求推出了《广州市城市规划条例》，通过规范规划许可制度加强了对建设工程的管控；为避免行政权力等同于规划决策权，2006 年广州参考香港与深圳的经验成立了受市政府委托的城市规划决策的议事机构——城市规划委员会审议与表决规划草案及城市建设的重大问题。
❷ 《广州市城市更新办法征求意见稿》中明确提出建立"公众咨询委员会"与"村民理事"会，保障公众的知情权与参与权、调节利益纠纷与矛盾冲突。实践中公众咨询委员会制度已经在同德围、金沙洲、罗冲围公共设施改善项目中施行。

征收。这一"公告先于协议"的程序，往往将被拆迁户置于弱势地位。此外，我国之前的国家法规没有区分"公益目的"与"商业目的"的房屋征收，这种政策安排最小化了土地与房屋征收成本。

政府在拆迁过程中具有发放拆迁许可证，对纠纷进行行政裁决、执行裁决的完全控制权，而很大一部分拆迁行为由政府部门或其指定企业完成，因此其"既是游戏规则制定者又是参与者"。例如建设大型基础设施、城市形象工程、政府与开发商合作项目中的拆迁任务通常由政府实施。2003年以后广州旧城改造，大多是政府主导的项目，政府完全承担拆迁与补偿责任，用财政资金进行安置补偿，既是决策者、裁决者，又是执行者。

在补偿市场化与城市土地国有的前提下，被拆迁主体获得补偿以作价补偿与永迁安置为主，即对房屋使用权的补偿，而非产权带来的土地增值收益，政府与得到土地的企业分享了这部分收益。房屋拆迁的实质是土地使用关系的流转而并非房屋所有权的流转（钱莉，2005）。由于土地国有，我国的房屋征收不对土地价值进行补偿，但其实土地使用权，即区位价值已经隐含在房屋补偿价格之中，土地区位价值远超出房产价值，因此被拆迁居民大多要求回迁安置或就近安置，而在旧城改造中由于土地使用者不具备完全产权，因此在法理上也难以实现类似区位房产补偿。

4. 历史文化保护——反增长价值观念的制度体现

（1）历史文化保护从国家控制到地方意识

历史文化保护制度是规划管理控制之外，在经济发展为先的时代背景下，唯一体现反增长价值观念的。从广州的发展历程来看，这一理念开始只由国家自上而下强调，后来受到地方政府重视，并成为社会普遍接受的价值观念。历史文化保护作为城市更新活动中体现"公共利益"的议题，从改革开放至21世纪初期一直处于被忽视的状态，地方的主动性并没有充分显现。随着社会保护意识的觉醒，历史文化成为城市发展资源，地方政府意识到历史文化保护与经济发展并不矛盾，扩展至历史建成环境的保护法规在20世纪90年代末21世纪初开始逐步建立，对城市更新活动起到愈加刚性的限制作用。

（2）从"文物"保护到整体历史建成环境保护

我国的历史文化保护始于1982年《中国文物保护法》颁布实施、历史文化名城制度的建立，由文物、建设管理两个部门，文物保护单位与建成环境两条线索构成。由于文物大多是公共建筑、构筑物，并不针对整体建成环境；历史文化名城制度本身具有模糊性并且没有附带制度建设，历史文化保护制度对城市更新活动影响甚微。随着我国对历史遗产概念认识的变化与保护理念的不断加深，在向西方发达国家学习与融入世界历史遗产保护体系的过程中不断完善（陈立旭，2003），保护对象不断扩展（仇保兴，2012）。2008年公布的《历史文化名城名镇名村保护条例》标志着历史保护法律法规开始很大程度上限制开发行为。

自 1994 年广州公布施行了《广州市文物保护管理规定》以来，地方法规与国家层面的保护范围拓展、体系完善是基本同步的❶，只是在整体性的保护规划、历史建筑保护办法方面比较滞后。广州从 1951 年开展第一次文物普查工作以来直至 20 世纪 80 年代，历史文化保护工作长期仅限于文物保护单位，其后随着一系列细则、条例的颁布，明确了历史文化保护区等保护对象与保护责任主体❷。2010—2014 年随着"建设管理部门代替文化部门承担历史文化保护监督管理职责"、系统性的保护规划、历史建筑保护办法、历史建筑的公布，广州的历史文化保护从过去的文物保护走向整体历史建成环境保护，文化保护制度对城市更新起到真正的限制作用。

5. 相关法规制度的特征

（1）自上而下与授权地方并行的制度生产

伴随着改革开放的地方分权，中央通过正式与非正式的制度对资源与地方进行高度控制，建立基础的游戏规则。制度变革一方面是自上而下的供给主导型方式，权力中心之外的其他利益主体得到授权才能进行制度创新（杨瑞龙，1994）；另一方面在一些政策的制定中，中央与上级政府只是提出宏观方略，以《若干意见》的方式下达至地方，由地方政府进行具体的细化，实际上是为适应地方差异通过授权的方式保障制度的可实施。国家制度在改革初期以激励经济发展为主，从 2000 年代中期开始趋向于抑制地方政府的发展冲动，为应对经济危机与地方问题，又会给予特殊政策。

由于广东省作为改革实验地、先行者的定位，中央对地方特色具有相当程度的容忍，广东省在很多制度生产方面超越了正式的国家法律法规，例如广州在正式的土地出让制度之前，就开始土地有偿使用的尝试，征收农村土地的留地补偿也是珠三角区域地方化的政策。珠三角的城中村改造，对于集体用地的处置方式突破了《土地管理法》中"农民集体所有土地使用权不得出让、转让或者出租用于非农业建设"的规定。

从与城市更新相关的制度变迁可以看出，广州的地方制度完全承接了国家层面的改革，是对国家制度的补充。地方制度有时完全顺应国家意图，有时则是体现自身发展需求，某些阶段地方政策超前于国家进行制度调整；应对国家管制则倾向于解除束缚、创造更多共同利益与发展空间。例如林树森市长任职期间，针对上一阶段市场导向的弊端，相关制度不再一味支持开发，开始管控市场主体；2000 年代中期开始，国家制度对政府市场行为加强限制，但自上而下的制度变革并无法改变地方追求增长的诉求，广州通过地方政策建立新的开发运作机制以化解这种限制。2010 年之后，中央

❶　历史建筑保护相关的管理法规与规划依据分别是《广州市文物保护管理规定》（1994 年）、《广州历史文化名城保护条例》（1998 年）、《广州市历史文化名城保护规划》（2014 年）、《广州市历史建筑和历史风貌区保护办法》（2014 年）。

❷　1987 年的《广州市城市规划管理实施细则》界定了 7 个保护区域。1998 年市政府公布实行的《广州历史文化名城保护条例》提出划定历史文化保护区。2000 年广州发布《关于公布广州市第一批历史文化保护区的通知》，公布了第一批历史文化保护区 16 片和内部控制历史文化保护区 21 片。

给予"三旧"改造政策，广东又一次成为改革试点，广州地方制度增加缓解开发矛盾的措施，对于原产权主体给予利益、尊重意愿、提倡公众参与等，更多体现先于国家制度的地方政策创新。

（2）制度内部矛盾

我国面向市场化的制度变革，由于是承认既有利益的渐进式改革，在根源上存在政府垄断基础资源而私有产权得到确认的矛盾，政府在法理上可以基于土地公有获益，也可以强制性从土地使用者那里获取土地，但现实中必须面对的是多元利益主体，于是就产生土地公有与住房私有化、房屋征收与物权法的矛盾。

以广州土地出让制度变迁为例，当市场化要求土地以价格的方式体现价值，就出现了收益分配的问题。改革初期土地出让以协议出让为主，价格未能充分体现，一方面由于土地供给仍然是行政的方式而非市场方式，另一方面由于现有土地使用者都是与政府存在关系的国有企事业单位，权利交换替代了价值体现，国家系统内部、外来资本与私营开发商获利；随着市场化深入，国家强制性要求土地公开竞价出让，土地价值体现为价格，同时也加剧了利益分配矛盾，政府有动力也有资金深度介入开发，此时政府与原产权主体必然存在利益争夺，越来越多的国有资本与私营资本想要进入房地产开发市场获取土地。当市场化同时增加了国有资产与私有资产的价值，地方政府、原土地使用者、开发商都想从土地开发中获益。从土地管理制度限制地方供地并没有得到很好施行，到中央用强制性行政命令规范地方政府获得土地开发收益，国家政策可以一定程度上规范政府行为，却不能抑制财税制度与官员选拔制度带来的地方政府发展诉求。

（3）现行土地管理、城市规划制度难以促进城市更新

我国的土地制度依赖于自上而下的变革，在建设用地并不稀缺的背景下，政府缺乏制度革新的动力，针对存量土地变更的制度一直处于缺失状态，导致存量土地再利用的激励和约束机制的丧失（何芳 等，2011）。以广州为例，作为现行政府征地与供地主要方式的土地储备制度，起初主要应用于城市新区、规划重点发展地区、轨道交通沿线及交通枢纽周边，在"退二进三"政策倡导下需置换功能的工业用地也成为收储来源（许莉俊 等，2006），旧城改造、城中村改造土地与闲置烂尾地块都不是主要储备对象。随着建设用地供给紧缺，政府有了制度需求。近年来广东省的"三旧"政策与各大城市陆续出台的城市更新条例是对存量土地变更制度的规范。

由于土地财政、政绩考核的存在，地方政府谋求任期内见效的政绩就无法避免。城市如果有新区开发机会，大多不会选择困难大、矛盾多、见效慢的旧改谋求经济增长空间（邹兵，2013）。以新增建设用地为对象、基于空间扩张为主的规划是我国城市规划编制的主流，因此规划管理针对的大部分是单一市场主体，而更新规划编制与管理则要面向更多产权个体、涉及公共利益的甚至要接受市民监督。广州针对城市更新的规划管理工具以往都是开发导向的，近来历史城区的规划管理越来越趋于保护导向。

无论是开发导向还是保护导向，与增量规划不同，现有的规划管理平台都难以应对物业的多产权状况、在公开程序下协调多利益主体的需要。

7.1.2　公共财政与市场资金

资源分配由权力与市场共同作用完成，地方政府可利用的资金一部分由国家权力决定，例如财税制度、国家的宏观经济政策；另一部分则来自市场，地方政府需要吸引全球流动资本，以充实地方财政资金、借助市场资金实现自身意图。广州虽然为一线城市，但是承办大型运动会等重大节事需要自筹资金，很少得到国家支持，并且财政资金除需上交国家部分，还要与省政府分享，因此可用于更新改造的资金相对匮乏，城市更新长期依赖市场而非政府主导，只能选择先易后难、小规模渐进实施的策略。

1. 国家权力进行的资金分配决定地方政府财力

城市在政治、经济、文化中愈发重要的位置使得"国家"将部分资源给予城市，同时，城市也为国家注入经济活力进行回报。财税体系与官员选拔体系是地方政府发展动力的来源。有学者认为我国的城市建设奇迹正是"集权体制延续下城市政府具有极大发展动力的结果"。

（1）财税体系与官员政绩考核催生政府动力

20 世纪 80 年代初，中央政府开始经济管理与财政的分权改革，地方政府有了自主的经济管理权与中央分享财政收入，成为相对独立的发展主体。20 世纪 90 年代初的财税体制改革，使得中央政府得到大部分税收而负担很少的社会服务，地方政府需要寻找新的财政资源支持这种不平衡的结构（郑永年 等，2009）。城市政府的财政压力成为追求经济增长的动力之一。由于土地出让金收入几乎完全归地方所有（朱丽娜 等，2010），占到地方财政收入的很大比例（周涛 等，2006），伴随着分税制改革产生的问题是土地财政 ❶（图 7-1）。土地财政不仅指与土地相关的政府收入，而且成为地方政府促进地方发展的城市运营模式。通过公共投入运营土地，有助于税收增加与 GDP 增长，同时能够改善环境、吸引外来投资者（张军 等，2007），投资又增加了土地价值，使得政府可以凭借土地融资继续进行公共投入（图 7-2）。

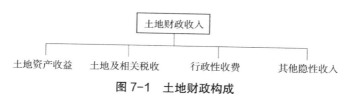

图 7-1　土地财政构成

来源：刘红梅，张志斌，马克强 . 我国土地财政收入研究综述 [J]. 开发研究，2008（1）：141-144.

---

❶　土地出让金作为最直接的由土地产生的收益是地方政府预算外资金收入的重要组成，除了土地出让金，地方预算内的税收收入中有很多与土地相关。因此基于城镇土地经营与交易活动产生的税费是地方税收的主要来源。

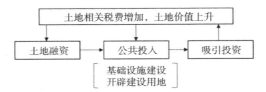

图 7-2 土地财政作为城市经营机制

相对于税收体系的分权，中国的政治体系是集权化的。官员的任命由上而下，是上级政府官员控制下级政府官员的最重要的权力（Li，2009）。因为经济增长是政府执政的合理性来源，所以上级政府鼓励地方之间的增长竞赛，官员的升迁很大程度上取决于地方经济表现，GDP 增长与税收❶是经济发展的最主要的指标体现（周黎安，2007）。因此，无论是从官员个体还是地方政府整体，都有谋划软硬环境以吸引投资的强烈动机。官员考核机制加剧了城市之间的发展竞争，也加固了地方对土地财政的路径依赖。

（2）应对危机的宏观经济政策对城市更新产生决定性影响

改革开放与经济体制转型后我国融入全球经济（Ma et al.，2013），世界性的经济危机开始对我国产生巨大影响，以金融与土地调控为代表的宏观经济政策成为化解危机的主要手段。"中央政府通过实施积极的财政政策的同时，实际上还扩大审批征地的规模，容忍地方政府在竞争压力下扩大土地供给"（周其仁，2011）；紧缩经济时期，中央政府在收紧银根的同时，还运用"冻结批地""集中土地审批权"等方式，实际紧缩全国供地总规模。宏观经济政策变化深刻影响地方城市建设、更新改造政策（表 7-1）。

国家宏观经济政策对城市更新的影响   表 7-1

国家宏观经济政策	对广州城市更新的影响
1989—1991 年东欧剧变，1992 年邓小平视察南方确立市场经济制度	引发投资与房地产建设热潮，国有企事业单位争相与开发商合作，大量土地批出
1993 年国家开始金融宏观调控，1996 年中期调控目标实现	遗留闲置地、烂尾楼问题，广州依靠市场进行旧城改造的愿景破灭
1997 年亚洲金融风暴后采取积极财政政策	取消福利分房、支持基础设施建设等一系列政策下，城市迎来发展机遇，政府有财力进行增量建设，不需要从存量谋取财政收入，投入城市形象工程、放弃部分土地出让收益
2003 年开始采取从紧的货币信贷调控，土地供给成为宏观调控工具，2006 年国家开始进行房地产调控	基于协议出让的城市更新受到限制，地方融资平台代政府积极介入土地开发。广州为应对房地产调控增加土地供应，由于中心城区土地供应量减少，政府提出"中调"与"退二进三"，多种模式的城市更新开始出现

❶ 我国税收当中占比最大的是流转税（增值税、营业税），源于生产与投资，可以解释为政府向土地租赁者抽取的租金。

续表

国家宏观经济政策	对广州城市更新的影响
2008 年国际金融危机迫使国家放松货币政策，刺激经济	国家出台政策支持棚户区改造；产业转型发展导向的城市更新兴起；国家给予广东省"三旧"改造政策。广州结合亚运展示城市形象的需求，投入大量公共财政、放弃部分土地收益进行形象工程与城中村改造
2010—2011 年启动更为严厉的房地产调控，控制新增建设用地数量	城市中心区位土地更受重视，存量建设需求上升。广州需要土地出让收入，推动政府主导的城市更新

从改革开放后国家实施的宏观调控政策来看，每次经济危机的应对方式是通过放松金融、土地的管控以达到刺激国内投资的目的，这种方式对地方政府与市场主体造成激励，最终会导致生产过剩与投资建设不受控制，从而引发下一次以收紧为目标的调控行动。在国家宏观经济政策的松紧调控中，地方城市更新政策体现周期性的策略变化。由于改革开放初期缺乏市场资金，最初的鼓励投资以给政策为主，释放确立市场经济的信号，如 1992 年的"南方谈话"。1998 年为应对亚洲金融危机不仅推出住房商品化政策还鼓励政府投资，2009 年演变为中央政府直接投入"四万亿"资金，调控政策从政策到资金体现了国家能力的增强。中央政府的控制经济过热的宏观调控从控制货币信贷发展为控制土地供应，表明土地对地方政府而言已经成为重要的融资工具。在紧缩调控时期，地方政府与社会投资同时受到限制，甚至对政府影响更大，地方政府一方面需要放松开发管制以支持资本，同时也更看重土地出让收入；在宏观经济形势宽松时期，政府对存量建设的诉求不只局限于财政收入与经济利益。

2. 资本流动趋势决定城市更新导向与规模

（1）城市更新成为吸引全球流动资本的手段

城市衰败其实是空间交换价值的贬值，城市更新本质是完成使用价值与交换价值之间的转换，加速资本流动（Harvey，2014）。正如应对"全球化"与"产业转型"成为西方国家城市更新的目标与动力，"非工业化"（Deindustrialization）和"第三产业化"（Tertiarization）是 21 世纪我国特大城市的城市更新趋势。21 世纪以来国内各大城市都体现出土地使用功能调整、促进产业结构转型的诉求。从房地产导向的城市更新带来商业、居住等消费性空间；到文化消费兴起下的历史街区商业化改造；再到"退二进三"目标下的产业导向型城市更新提供生产性服务业空间，资本趋向于将低地租的空间转化为满足社会、政府需求的高附加值空间，城市更新导向变化正是这种资本要求的体现。

20 世纪 90 年代后面对经济全球化带来的城市间的激烈竞争，城市更新有了更高要求，即如何通过各种方式来提升城市竞争力以谋求更高的能级（程大林 等，2004）。在资本与文化的驱动下，地方政府已经把城市更新当作重要的全球化城市战略，"大事件"影响下的城市建设是这种战略的直接体现。政府利用大事件的社会影响力与投资机会，进行大规模的城市美化运动，例如上海为世博会开发世博园区，"动迁 1.8 万余户居民和 272 家企事业单位"（陈映芳，2008），为承办 2008 年北京奥运会，仅石景山区就投入 96 亿元兴建城市道路、整治建筑外立面、完成城中村改造 20 多个（周蜀秦，2010）。广州更是将重大体育赛事与城市发展战略结合的典型案例，2001 年全运会、2010 年亚运会都促成市政府投入大量财政资金与人力技术资源，对城市整体环境进行修缮，提升城市面貌的要求成为启动大规模城市更新项目的动力。

（2）房地产市场状况直接决定地方城市更新规模

在我国市场化进程中发展起来的房地产市场，一方面反映社会需求，另一方面也决定了城市更新的规模。投资热情的涨落以及与房地产密切相关的土地出让金收入直接影响了阶段性的城市更新政策。

20 世纪 90 年代初期受土地制度改革、"南方谈话"影响，大量资金流向房地产投资，长期的住房困难也使得社会与政府欢迎建设投资，这一轮房地产热带来了一定规模的城市更新，这在房屋拆迁量中有明确体现。由于宏观调控影响，以及缺乏实际需求支撑，第一轮房地产热潮在 20 世纪 90 年代中期遇冷，遗留下大量已出让未开发或开发停滞的土地。

随着住房制度改革的实施，从 1998 年开始，房地产市场进入制度改革引发的第二个上升期。1998—2003 年的住房改革初期住房市场处于消化已征用土地（闲置地、烂尾地）、已有公房的商品化、大量工业企业改造用地投放市场阶段，土地与商品房供给都很充裕，商品房市场处于供过于求，并没有催生鼓励城市更新的相关政策出台。随着 2003 年国务院 18 号文件"将房地产行业定位为国民经济发展支柱产业"，广州房地产市场自 2004 年开始就进入蓬勃发展阶段，住房改革初期商品房供过于求的状况发生改变。房地产市场发展带来土地出让金收入的逐年提高，建设用地供给数量与空间指向成为城市建设策略必须考虑的重要因素。中心城区土地供应量减少导致的开发规模萎缩，以及国家紧控新增建设用地条件下的抑制房价要求，使得广州提出支持城市更新、挖掘存量的"中调"策略，广州开始了又一轮政府推动的城市更新。

面对房价的过快上涨，2009 年末开始国家启动新一轮更为严厉的房地产调控政策，广州作为一线城市，房地产市场具有较强的需求支撑。中心城区的房价走高说明，良好的公共配套设施受到青睐并体现在商品房价值，城市已建成区的更新改造依然存在强大动力。而另一方面，自 2011 年开始商品房空置面积大幅增加说明市场消化能力有限，房地产市场与土地出让金收入紧密联系，政府为避免过量用地供给影响房屋与土地价值，在城市更新改造审批方面更加审慎。在公共财政困难时期，政府更依赖土地财政，希望土地出让能换取更多资金，这种想法会助长高获利的开发方式，亚运之后的广州城市更新政策体现了这一趋势。

7.1.3 政策观念

1. 城市更新政策由社会合理性支撑

城市治理的理念与理想经过政治化过程后变为城市政策，借助公权力来实施（列斐伏尔，1991）。每个阶段的城市更新政策，体现当时社会的主流意识形态。

广州各阶段城市更新改造行动的社会合理性来源　　　　表 7-2

社会合理性	时间阶段	改造举措
解决住房困难、改善住房条件	20 世纪 80 年代至今	"危旧房"改造
城市形象现代化	1992—1996 年黎自流市长任职期间	拆旧建新、建设道路、地铁、高层建筑
	1997—2003 年林树森市长任职期间	解决"脏乱差"、拆除违法建设、兴建大型基础设施
企业解困	20 世纪 90 年代至 21 世纪初	工业企业地块改造
生态保护	20 世纪 90 年代至今	污染工厂外迁后的工业企业改造
	2003—2010 年张广宁市长任职期间	河涌改造
产业结构调整	2005—2009 年"三旧"改造出台之前	"退二进三"、支持创意产业发展的工业企业改造
集约节约用地	2009 年至今	"三旧"改造

　　阶段性的城市更新政策中都需要当时的社会合理性作为出发点（表 7-2），正是这种合理性调和了国家偏好（面向资本积累、增加财政税收）与社会偏好（提高社会服务）的矛盾，例如"危旧房"改造的合理性来自解决住房困难、改善住房条件等提升社会服务的民生议题；城市形象现代化既与政府投入物质设施的意愿一致，又是改革开放初期被普遍接受的社会理念，因此政府发起城市建设行动往往以此为目标，由此展开了拆旧建新、基础设施建设、整顿市容秩序等一系列更新改造行动；支撑工厂改造的污染工厂外迁来源于环境保护的社会理念；企业解困则是政府对于国有企业及其职工的社会责任；"退二进三"产业结构调整、集约节约用地的倡导，则是出于发展方式转型的考虑，基于"经济发展利于每个社会成员"的共识。

　　实现现代化一直是 20 世纪 90 年代我国城市建设的主流理念，只是随着社会观念变化，对于"现代化"的理解不同。由广州城市更新的典型案例可以发现，随着时代变化，社会观念从过去的获取基本物质满足到多元化追求，对于空间的要求也从满足生活与产业需求到满足精神需求的多样化空间（图 7-3）。我国近代以来一直接受西方世界理论层面的先进性（周晓虹，2010），城市发展也是如此。我国的城市化以实现现代化为目标，但现代化的标准（民主、法制、市场）来自外部而非内生，因此在朝向目标的

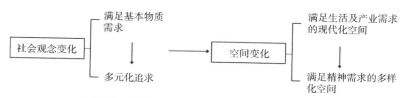

图 7-3　社会观念变化促进城市更新政策演进

变革中呈现曲折式接近。这一特征在城市更新政策演变中体现得尤为突出（表7-3）。

现代化目标对城市更新的要求　　　　　　　　　表7-3

现代化的动力	现代化的要求	现代化体现在城市更新
科技与技术对生产、生活方式以及城市空间的相互影响	工业化以及与之相匹配的物质空间现代化	城市改良与大规模城市更新
社会观念与政治理想转向	市场经济	发挥市场的组织与分配作用
	法制	要求程序正义
	民主	要求社区与公众参与决策

2. 主要决策者个人理念的作用

从广州城市更新历程来看，每届政府都会提出新的政策，并且在市长任期内保持一定稳定性。尽管政策的形成来源于内外发展条件、通过集体决策产生，但不可避免地体现主要决策者的个人理念，尤其是体现个人价值观念的领域。例如同样提出城市建设的现代化目标，黎子流极力主张旧城改造，认为"旧城整体保护损害人民利益"；而林树森将城市形象工程作为现代化城市建设的主要手段，这种差异来自时代背景与决策者可以利用的资源不同。

黎子流市长时期急于改善旧城面貌与市民居住状况，认为"旧城整体保护损害人民利益"；在林树森对保护旧城的倡导下，政府以条例、通知的形式发出了保护旧城的信号、禁止开发商参与旧城改造；张广宁市长任职期间旧城政策是保护与更新相结合的，历史遗产更多地被当作城市资源来经营，广州市城市发展政策中开始有历史保护的意识，但历史城区的发展政策仍以更新为主，历史保护要求还未成为阻碍更新的强制性规定；2010年至2015年，广州市领导更多体现积极顺应社会舆论，尤其是2012年陈建华市长任职期间，系统性的保护规划与保护办法通过审批，历史保护成为旧城更新的刚性限制。

从20世纪90年代以来广州市几任市长对于城市更新政策的设定来看，国家、社会对地方领导决策的限制作用不断增强。领导任期缩短，市长个人理念在城市更新政策中的体现不再强烈，决策的形成更多受外部发展条件影响。

3. 地区间的政策学习

除了吸引投资的竞争，全球化与区域竞争给城市更新带来的另一影响则是地区之间的政策学习与模仿，即"政策转移"。对于我国地方城市来说，自身的权力有限，政策制定只能在国家的制度框架内，但地方政府作为城市建设的主导者，其管理、建设城市的方法是可以互相学习的，例如地方法规、示范性项目。实际当中，地方的确习惯于"搞运动的方式搞城市建设，互相观摩互相攀比后，全国竞相效仿"（林树森，2013）。

广州在旧城更新的政策选择中，没有体现出系统性的政策转移，更多的是模仿香港、上海等发达地区的建设行为，包括理念、目标、技术细节，而需要制度建设与社会经济条件作为背景的运作机制却很难复制。

7.2　政府利用资源将诉求转化为政策

7.2.1　根据内外发展条件变化提出阶段性目标

从以上地方政府可利用的资源分析可见，国家通过一系列经济改革措施，从财税、金融管控几个方面控制了社会资源及其再分配，通过财政金融政策、土地供给、项目审批从根本上控制了地方发展。广州地方政府在城市更新中既要增长优先、促进经济发展，又要提供福利从而强调作为公共部门的合法性，因此一方面政府与掌握资本与土地的利益团体结成联盟，通过旧城更新促进基础设施建设、改善城市环境、吸引国际流动资本；另一方面，政府也会考虑民生需求，投入资金到私人住房领域，进行住房改造，但仅存于个别试点项目，并且希望谋求资金平衡。由于财政资金的约束，广州政府过去 30 年的城市更新活动中，致力于吸引资本投入、依靠市场资金，只有在应对"大事件"的环境整治工程中，才会大量投入公共财政，且仅限于公共空间。

北京大学社会学教授张静认为，中国治理模式是一种不断适应社会状况变化的"反应性理政"（张静，2014）。广州城市更新政策受到中央宏观经济政策、上层制度变革、城市间竞争、市场环境的影响，这些外部条件的变化决定了政府可供利用的资源（制度、资金与土地）。政策变化是内外发展条件共同作用的结果，内部发展条件则主要取决于领导理念、上阶段政策的实施效果、城市自身发展条件。每一届政府都会有相应城市更新政策出台，成为制度变化的分水岭。每一任政府提出新的发展目标、议程，是应对变化的调整需要，也是新政府建立权威、促成合作联盟的前提（表 7-4）。同时，新一届政府也将延续旧的政策，因为支持的资源、合作联盟依然存在。

历任市长任期内的城市更新政策　　　　　　　　　　　　　　　表 7-4

1990 年以来历任市长及任期	任期内的城市发展策略	城市更新政策
黎子流（1990—1996 年，任期 6 年）	提出建设"现代化国际大都市"，"广州应加快吸引外部投资"	建设地铁、为吸引投资加快土地划拨与批租、主张旧城改造
林树森（1996—2003 年任市长，2003—2006 年任书记，任期 10 年）	倡导基础设施建设、为产业发展提供新增空间；树立广州现代化城市形象，整治"脏乱差"；保护旧城	打开城市框架，疏解旧城人口；全面禁止开发商介入旧城改造；倡导政府主导的旧城改造
张广宁（2003—2010 年，任期 7 年）	强调"退二进三""腾笼换鸟"以实现产业升级；重视水环境治理	实施"中调"战略优化用地功能与空间使用效率；实施亚运形象工程
万庆良（2010—2011 年任市长兼书记；2011—2014 年任书记，任期 4 年）	提出政府主导、基于产业功能的新区开发与城市更新	实施亚运形象工程与"三旧"改造政策，以"战略性发展平台"为中心的城市更新
陈建华（2012—2016 年任市长，任期 4 年）	强调政府主导、重视历史文化保护、对"三旧"改造渠道的土地供给采取审慎态度	重新制定政府与原有产权主体、开发商之间的收益分配方案，强化政府主导、优先土地储备

7.2.2 建立政府—市场—社会合作联盟

从广州城市更新政策演变历程可见，变化的阶段性政策背后是不变的发展型政
府❶逻辑、趋向于"增加财政收入、创造政绩"的内在诉求。广州城市更新政策的核
心是依靠社会资本、市场机制，城市更新的政策目标、执行方式，体现了政府、市场、
社会的资源与力量，反映阶段性的治理方式变化（表7-5）（张磊，2015）。

1990年代至今广州城市更新政策变化　　　　　　　　表7-5

阶段	1988—1996年鼓励市场导向	1997—2005年政府管制下的市场导向	2006—2010年公私合作探索	2010—2014年制度化的公私合作
背景	市场经济体制初步确立、土地价值未充分体现并缺乏建设资金、希望解决居住困难并实现现代化目标	国家支持使得政府有财力进行空间扩张，不需要从旧城改造中攫取财政收入与政绩影响	中央对土地供给与房地产业的管控、产业升级转型与转变城市发展方式的需求、亚运会这一大事件影响	面对经济危机与增量建设限制，中央给予广东"三旧"改造政策；亚运阶段的超前投入产生地方债务问题，广州市的经济地位面临被超越的趋势
目标	吸引投资、快速改变城市面貌	谋取更广泛政绩、整治城市面貌	展示城市形象、促进产业升级、提升空间利用效率	增加财政收入与固定资产投资、促进产业升级与经济增长
政策	放松对土地与资本的管制，对土地批租、国有企事业单位的开发行为不加管控	继续完成上一阶段任务目标的同时加强政府主导与市场行为管制	接受社会资金参与旧改造，投入大量公共财政、政府放弃大部分土地开发收益让利于民	激励既有使用权主体、开发商参与城市更新；2011年以后倡导政府主导，谋求更多财政收入
实施主体	国有企事业单位、城市综合开发公司、国有企业下属的房地产公司、港资开发商	政府、更有实力的外资或私营开发商	政府及其下属半公共部门、村集体、有实力的开发企业	政府及其下属"半公共部门"、城市更新专职管理机构、村集体、开发企业（国有企业增多）
运作模式	政府主导的基础设施建设、国有企事业单位与开发商合作的地产开发	政府主导的基础设施建设、城市形象工程与开发商主导的商业开发并行	政府实施、公共财政支持的旧城更新；村集体与开发商合作的城中村改造；政府支持、企业主导、"地方文化资本"驱动的工厂改造	旧村自主改造；"自行改造""公开出让""公益征收"三种旧厂改造模式；政府主导的"重点功能区"改造"规划设计、征地拆迁、逐步出让"
政府-市场-社会	政府依靠市场但对市场风险预估不足；行政方式与市场机制同时发挥作用，政府部门与企事业单位演化为追求经济利益的市场主体；市场主体的不成熟与盲目性	政府实现其建设意图的能力增强；政府加强对市场主体管制的同时引导投资方向，将旧城改造的问题归因于"市场的不理性"；市场主体更成熟、实力增强	市场化改革深入而政府仍然在资源配置中占主导地位，其企业属性不断强化的同时，也可以为政绩工程投入财政资金并放弃土地收益；社会力量参与更新开始显现	政府仍旧依靠"土地财政"；政府与市场都追求高开发收益的更新改造；政府与原产权主体之间的利益难以平衡；政府为表示尊重社会意愿将公众参与、意见征询制度化

---

❶ 发展型政府逻辑认为人人都会直接或间接从城市经济增长中获益，因此达成经济增长目标是评价政府成绩的
标准。

　　无论城市更新政策如何变化，其实施取决于地方政府、开发商、原土地使用者能否形成一个获益联盟。在这个获益联盟中，城市政府得到土地财政收益或再开发带来的间接收益，开发商获得开发利益，原土地使用者获得补偿。利益联盟成员之间并非完全的合作关系，由于开发收益一定，成员之间为得到自身最大利益存在冲突与博弈，并且地位并非平等。经过 20 年的改革开放进程，社会力量开始显现并介入，居民与政府和开发商博弈的资源与渠道增多、以村集体为代表的基层组织参与更新改造，体现着社会力量的增强。

7.2.3　针对不同改造对象采取不同阶段性策略

　　从广州 1988 年以来的城市更新改造历程来看，除在 2000 年后增加了城中村改造，改造对象相对稳定，对同一改造对象的改造模式，例如实施诉求、主体、资源、策略则体现出了阶段性变化。不同改造对象与阶段，政府诉求（表 7-6）、介入程度与发挥作用也呈现差异（图 7-4）。

政府对于不同更新改造类型的直接开发收益诉求　　　　表 7-6

项目类型	项目性质	是否追求土地出让收益	政府财政平衡
景观环境整治	城市形象工程	否	补贴
旧民居改造	政府实施的民生工程	否	补贴或平衡
	市场主导的商业开发	是	让利后的收益
	政府主导的商业开发	是	收益
工业企业改造	市场主导的商业开发	是	让利后的收益
	政府主导的商业开发	是	收益
城中村改造	政府退出的商业开发	否	让利后的收益

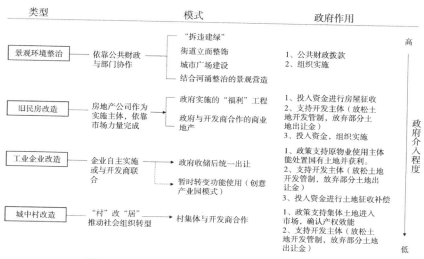

图 7-4　政府在不同类型城市更新中发挥的作用

政府在景观环境整治与民生工程中不追求土地出让收益，给予公共财政补贴。追求土地出让收益的改造项目，政府主导能够获得更多收益，开发商主导则土地出让收益较少。

由于合理性来自提供社会福利，同时其涉及大规模的产权关系变换，旧民居改造（称危房改造或棚户简屋区改造），是政府介入程度较高的城市更新类型。城中村改造是政府介入程度最低的城市更新类型，根本原因是集体土地的产权确认性以及村基层自治，使得村集体作为改造主体具有制度保障和组织基础。

相对于危旧房改造，工业企业更新改造成本低、收益高，是城市更新的主要形式。如果说危房改造与工业企业改造存在着房地产开发收益空间，可交由市场完成，那么应对"大事件"的景观环境整治是则是典型的政府主导型城市更新。由于更新改造对象是街道、广场、河涌等公共空间；涉及多利益主体；需要快速完成；改造带来的收益难以量化，并且受益的是不特定多数人，因此几乎完全由政府依靠公共财政实施。

1. 旧民居（旧城）改造

在市场化初期，政府希望以房地产公司作为实施主体，依靠市场力量完成改造。实施受阻后，随着政府能力的增强、房地产市场的成熟，危房改造成为政府实施的社会福利工程、政绩工程，以及政府与开发商合作的商业地产项目（表7-7）。

1990 年代至今危房（旧城）改造模式演进　　　　　　　表 7-7

阶段		1992 年至 20 世纪 90年代中期	20 世纪 90 年代中期至 2000 年代初期	2000 年代中期至 2011 年	2011 年至今
项目诉求		提高居住质量，促进城市建设现代化	改善城市环境	提高城市软实力、提升城市竞争力	产业升级与历史街区活化
选择的策略	更新方式	政府与开发商合作的试点工程；结合道路与地铁建设，开发商主导的商业开发	政府主导的零星危房改造	政府主导的试点工程，与开发商合作进行住宅开发	政府主导的历史街区活化、旧城改造配套安置房建设
	实施主体	开发商主导；政府与开发商合作	政府出资与组织	政府出资与组织；政府与开发商合作	政府出资与组织
实施主体拥有的资源	资金来源	开发商出资	政府财政资金	开发商与政府共同出资	政府财政资金
	法律保障与优惠政策	强制征收房屋、土地出让金与税费减免、可实行异地安置或作价补偿	国有土地划拨、免除地方行政性收费	强制征收房屋、非经营性土地划拨、土地收储后出让、国有资产融资	房屋征收设置征询标准、非经营性土地划拨、国有资产融资
更新的结果	项目进程与环境改善程度	项目进展缓慢；成为开发商的商业投机；部分危破房集中区被清除，完成旧城点、线式开发	针对危破房的零星改造	政府主导的住宅开发项目进展迅速；改造区域内居住质量与公共设施得到大幅度提升	项目按照程序逐步推进，其中部分产业与功能置换已经实现
	居民流向	居民得到回迁、货币补偿或郊区现房安置	回迁安置	回迁安置为主，部分得到货币补偿或邻近区域现房安置	根据改造后项目使用功能给予回迁安置、货币补偿、临近区域安置

20 世纪 90 年代初期至中期广州希望通过引入市场资金完成危房改造，实际情况是只有政府重点推动的试点工程、公共投入（如道路与地铁建设）产生土地增值推动的商业地产项目，能够成功实施。当意识到依靠市场资金无法完成旧城改造时，广州市政府将危房改造列入政府工作重点，在 20 世纪 90 年代末期确立政府主导的改造方式，并排斥开发商的参与。2000 年代中期以后，外部环境要求广州市对已有建成地区进行提升，此时旧城改造虽仍以危房改造名义展开，但诉求已经不限于解决居住问题，而是通过美化城市形象体现软实力，改造不仅从建设量更从使用功能升级索取更多的回报。在实施方式上，由于改革开放二十年后地方政府、国有投资开发公司具备了一定的经济实力，政府愿意先投入资金承担部分改造成本，征收土地进行前期整理再向市场出让的模式已经成熟，因此广州尝试以此模式推动旧城更新。然而受限于各种因素，这一阶段仅完成了几个政府重点推动项目，顺利推进的都是能够回迁安置的住宅建设，相比于同一时期其他城市的成功案例，并没有达成起初预想的诉求。

2. 工业企业改造

工业企业土地是改革开放后再开发用地的最大来源。一方面计划经济时期的工厂建设造成了城市中心区存在大量工业用地具有开发价值；而国有企业产权的国有性使其与政府形成长期稳定的利益共同体关系，这种关系降低了产权再组织的交易成本。从 20 世纪 90 年代开始广州工业企业改造经历了房地产导向的商业开发、不改变产权关系转变使用功能的"退二进三"改造，2009 年后基于"三旧"改造政策的工业企业改造成为城市更新主要途径（表 7-8）。

20 世纪 90 年代至今工业企业改造模式演进　　　　　　　　表 7-8

阶段		20 世纪 90 年代至 2000 年代初期	2000 年代中期—2009 年	2010 年至今
项目诉求		帮助国企解困、消除工业污染、改善城区环境	产业结构调整、提升城市环境、低成本推动过渡性改造	促进"存量"土地的高效开发、获取更多税收与土地出让收益
选择的策略	更新方式	企业可自主开发、联合开发、转让土地，全部或局部开发为商品房	企业可从事房地产开发之外的第三产业，鼓励自营或出资利用旧厂房发展创意产业	企业可自主进行商品住宅以外的开发改造，补交土地出让金；或交由政府公开出让改造，部分土地出让金用作企业补偿款
	实施主体	企业自主或与开发商合作、开发商实施	原企业主体或所属集团公司主导，企业与经营方联合或经营方独立经营	企业自主改造或交由政府收储改造
实施主体拥有的资源	资金来源	来自企业或开发商	来自企业与创意产业园区经营者	企业、开发商、政府
	法律保障	国家倡导下地方政府提出的"国企解困"政策	国家倡导下地方政府提出的"退二进三"政策	"三旧"改造政策
更新的结果	项目进程与环境改善程度	大部分具备开发条件的工厂变为高层住宅区，提供了相对廉价的住宅	具备良好区位条件的厂区暂时性改变用途，产生若干一定影响力的创意产业园	企业自主改造提供大量商业、商务用途地产；政府结合城中村改造主导开发特定功能区

　　尽管政府与国有企业存在产权共有关系，政府有责任帮助其解困，企业搬迁也可提供更多可开发土地，但工业企业改造尤其是"企业自主开发"或"企业与开发商联合开发"的让利模式，更多体现国家与工业系统的诉求，对于地方政府而言，由其统筹开发，获得更多土地出让收益当然是更佳选择。20世纪90年代时任市长林树森在其回忆著述中对改造效果表示质疑，认为"如果不是让企业自寻出路，完全由政府主导开发，肯定不是这个局面"。实际上工业企业改造进程确实不尽如人意，在房地产市场还未完全发展阶段，改造以功能置换、局部拆建为主，很多项目签订合同但未能成功开发❶，即使成功开发也规模有限；随着20世纪90年代末房地产开发的兴起，尽管在开发规模与质量上不断提升，由于缺乏政府公共财政投入与统筹规划，厂区更新带来的环境提升有限。

3.景观环境整治

　　"景观环境整治"是利用有限资金快速提升城市形象的有效方式，也是典型的政府主导型更新改造，其启动背景往往是地方为承办国内外大型赛事活动，本质是地方政府作为城市经营者积极提升地方竞争力、作为公共部门彰显政绩的手段。景观环境整治是最有代表性的城市形象工程，对于地方性与文化性更加强调，重点打造城市特色，实施方式上依靠政府财政资金、各个部门分管协作的方式。广州的景观环境整治开始于20世纪90年代末期，标志是规划局提出的"109项城市形象工程"。在"三变"城市发展战略、2001年九运会与2010年亚运会背景下，广州市分别在1997—2001年、2008—2010年发动了两次大规模的景观环境整治工程（表7-9）。

　　兴起于20世纪90年代中期至21世纪初的城市美化、局部整饰已经成为改变城市面貌的主要方式。政府的重视与投入一方面说明改革开放20年，广州开始有动力与财力进行景观环境整治；另一方面也体现政府与社会不再满足于"宽阔马路"与"高楼大厦"的现代化象征，显示出对于地方特色、休闲空间的需求。

20世纪90年代至今景观环境整治工程演进　　　　　　　　　　　表7-9

阶段		2001年九运会背景下的环境整治工程（1997—2001年）	2010年亚运会背景下的环境整治与景观营造工程（1998—2010年）
项目诉求		实现"三变"目标、整治市容秩序、美化城市形象	应对国际化大事件、塑造城市文化品牌、体现地域特色
选择的策略	更新方式	"拆违建绿""穿衣戴帽"工程、商业步行街与城市广场建设	"穿衣戴帽"工程、河涌治污与景观营造结合的河涌整治
	实施主体	市、区级政府与相关部门	市、区级政府与相关部门
	资金来源	来自公共财政	来自公共财政
更新的结果	项目进程与环境改善程度	在较短时间内完成市容美化、建筑外观得到修缮、城市绿化休闲空间增加，但资金、技术、理念受时代局限	在较短时间内完成更大范围的环境美化，并产生了多目标、大投资、高标准的河涌整治，资金投入、整治理念与手法上较之前进步

---

❶　1993—1996年获得房地产开发批准的114户企业，签订合同的开发面积只占开发意向面积的一半，74.6亿元的合同补偿款也只到位17.2亿元。

政府主导的阶段性"景观环境整治"是我国建筑外观翻新维护、公共空间建设与维护的主要方式，创造了一定的环境效益、社会效益，在提升城市形象的同时也增加了城市休闲空间。景观环境整治的性质决定其需要长期有效的实施机制，然而在我国则更多呈现不可持续的运动式特征，需要"大事件"刺激下的财政投入，受政治诉求与行政命令影响。

4. 城中村改造

相比旧城改造，城中村改造实践较晚，这一需求在市场化较早的珠三角区域尤其迫切。从市容形象到"集体土地市场"，多种因素导致政府有推动城中村全面改造的诉求。20 世纪 90 年代中期广州以"村改居"为方式启动城中村由"村"到"城"，从社会组织转型开始，拉开改造序幕；亚运之前启动的一轮城中村改造提出村集体与开发商合作的改造模式，并进行了初步探索；2010 年在广东省提出"三旧"改造政策背景下，广州将已有实践经验变为正式制度，设定了改造的收益预期与分配规则，自此城中村改造进入基于制度的正式轨道（表 7-10）。

2000 年至今城中村改造项目演进　　　　　　　　　　　　　　　　表 7-10

阶段		21 世纪最初十年城中村改造探索期	"三旧"改造中的旧村改造（2009 年底至 2014 年底）
项目诉求		提升城市形象、推动"由村变城"的转型	得到更多可控的国有土地、提升土地价值
选择的策略	更新方式	"村改居""以村为主，一村一策"；"熟地出让""生地出让""自主改造"三种模式	鼓励村集体经济组织自主实施，或土地公开出让融资改造；土地出让金一定比例返还给村集体
	实施主体	村集体与开发商	村集体与开发商
实施主体拥有的资源	资金来源	来自开发商	来自开发商
	法律保障	《关于"城中村"改制工作的若干意见》（穗办〔2002〕17 号）提出"村改居"，《关于完善"农转居"和"城中村"改造有关政策问题的意见》（穗办〔2008〕10 号）提出的"拆一补一，允许村集体用地进入土地市场以筹集改造资金"	《关于推进"三旧"改造促进节约集约用地的若干意见》（粤府〔2009〕78 号）、《关于加快推进"三旧"改造工作的意见》（穗〔2009〕56 号）、《关于加快推进"三旧"改造工作的补充意见》（穗府〔2012〕20 号）、《广州市"城中村"改造成本核算指引》等一系列政策
更新的结果	项目进程与环境改善程度	启动并部分完成了猎德村、琶洲村、林和村等 9 个城中村改造项目（2007 年至 2009 年 6 月），高密度城中村变为更高容积率的现代住宅、商业、商务办公区，地租价值大幅度提升	至 2014 年 10 月，广州市已批城中村全面改造项目 27 个（不包括从化、南沙、增城、花都）。其中 3 个完成居民回迁，杨箕村与冼村回迁预计在 2016 年完成，2010 年后项目进程放缓，12 个未签订安置补偿协议。（均为"三旧"改造政策出台后"旧改办"批复项目）

广州城中村改造的"村 - 企"合作模式是市场驱动下政府介入程度最低的改造方式，能够推行的前提是承认村集体与村民的产权权益，允许集体土地进入市场，享有国有土地的产权权能。此外，"村"能够成为参与主体，有赖于集体经济组织这一代表其经济利益、行使的管理职能的组织基础，可以与外界（政府、开发商）进行谈判并直接介入实施。

城中村改造探索期，政府提出"以村为主，一村一策"，政策只是给出原则性条款，较为笼统。弹性政策表明政府退出的姿态，以及对"村集体主导"的提倡。"三旧"政策出台伊始，政府对城中村改造持积极态度，2011 年以后各种因素使得政府转为谨慎态度，实际的改造成果远低于预期。改造政策上，政府基于阶段性经验教训，后续规定逐步明细与变更各项标准。

7.3 政府作为城市更新实施者

7.3.1 我国城市更新的政府主导

为适应市场经济发展，1978 年改革开放以来我国政府机构制度改革一直推动以"权力下放"为核心的政府职能渐进式调整 ❶ （表 7-11）。然而，政府放弃经济事务"大包大揽"的同时，随着相关制度的完善，其对市场的管控能力却在加强；政府脱离直接经济活动的同时，代其进行经济与建设活动的国企实力不断提高。随着国有资产价值的提升、地方政府财政收入增加、垄断性国企实力增强，从整体上市场化进程加强了城市更新的政府主导，这是一种基于产权的城市权利（Wu，2015）。

改革开放后我国政府职能转变历程 表 7-11

时间	1978—1994 年	1994—2000 年	2000 年以后
政府职能转变	经济发展成为主要目标，经济管理权力下放	政府机构改革、提高工作效率	逐步强调政府的社会管理与公共服务职能

已有研究对于城市更新的政府主导理解不同，这里的政府主导并非仅限于政府单方实施，而是政府凭借资金、权力与开发商进行深入合作。根据合作对象的不同，一种是下属国有投融资平台按照政府意图实施；另一种则是政府作为土地所有者与前期实施方，收储土地出让给开发商。土地作为创造价值的重要生产资料，在国有的前提下，无论是改革开放初期放任市场主体运作，还是随着市场化的深入，政府更注重土地增值、收益的公共返还，其本质都是政府在运营土地；从最初脱离政府部门的没有市场经验的国有开发公司，到实力雄厚的大型国有房地产公司、城市投融资建设平台，甚至是政府自身都参与其中。随着我国市场化的进程，政府从具体经济事务中抽身的同时却体现出企业属性、政府"放权"的同时其经营性能力却得到加强，广州在这条路径中也是螺旋趋近。

---

❶ 20 世纪 80 年代政府职能转变的目标是用经济手段代替行政命令，对市场进行监督管理；进入 20 世纪 90 年代则提倡"开放市场、调高工作效率"；2002 年第一次将政府职能定位于"经济调节、市场监督、社会管理与公共服务"。从一定程度上我国政府职能适应了市场经济发展，摆脱了计划经济时期"全能政府"的角色，向"服务型政府"转变。

7.3.2　政府作为实施主体的优势与限制

1. 政府可以趋近而无法成为"企业"

在已有的制度框架下，因为政府既是"地主"又是具有开发动力的企业，那么两者角色的合一更能实现最大程度的土地升值收益公共返还，如果排除缺乏私人部门加入贡献市场经验与专业技术的不足，依此假设甚至可以推断出政府实施更新改造可能更易实现经济效益、社会效益、环境效益。

当政府运行一个项目，其自身类似于市场主体，但区别于一般市场主体，政府拥有更多资源，也受到其公共属性的制约。首先，政府有土地与房屋征收、土地供给权力；其次，政府具有很强的投资能力，除拥有财政资金之外，政府和国企具有较强的信贷能力（周其仁，2013），可以通过抵押贷款从市场筹得更新所需资金。政府的制约来自其本身的角色定位，首先，其行为必须以公共利益为初衷、不能以营利为目的，政府可以做一般市场主体不愿做的事情，但其行为结果很难以简单的经济绩效衡量——政府行为结果无法从成本与收益进行考量，暨缺乏评估机制；其次，政府公共部门的性质决定了其决策与行动过程理应受到公众监督，程序合法在整个行动过程中至关重要；最后，政府行为通常受到极强的政治影响，缺乏经济理性。政府成员行为具有极强的"唯上"特征，完全听从上级领导指示，迎合上级的偏好。

从上述政府作为实施主体的利弊可见，社会对政府代表公共利益、进行非营利性的要求，使得地方政府非完全经济人，其追求目标也不只是经济利益。即使在我国特有的制度背景中，政府只能无限趋近，而不能真正成为以成本收益为判断标准的企业，因此政府永远无法代替企业，其作为市场主体也难以证明比企业更出色。

2. 政府组织架构决定其难以成为城市更新实施主体

地方政府运营管理城市，为应对日常事务其管理架构必然是分散化的，而城市更新实施主体则需要内部有效协调的整体性。政府层级序列、各个职能部门的事务分管，使得政府必然不是诉求相同的整体。市场化过程中，地方政府的管理对象由过去的单位变为更为分散多元的私人部门，因此建设管理部门与职能不断增多❶，广州 1983 年以来为适应市场化进程进行了 6 次规模较大的机构改革，近年来以"简政放权"为核心的调整也难以改变机构膨胀的现实（徐艳 等，2014）。政府作为城市更新的审批与运作主体，相关权能分散于不同层级与部门之间，政府职能的分散与碎化直接影响了城市更新的实施。

广州已经意识到城市更新对实施主体的要求，在 2014 年的机构改革中合并城乡规划局与国土资源与房屋管理局为国土资源和规划委员会，并成立城市更新局，机构调

---

❶　地方机构不仅有计划经济时期遗留的建设委员会、发改委，又应对社会需求增加了城乡规划、土地资源与房屋管理、土发中心等部门。

整的作用有待观察。在以往项目中，为了实现分散政府部门间的统一合作，政府操作重点项目一般采取市、区两级和主要相关部门组成领导小组进行决策，这种方式的优点是容易形成决策并通过行政命令贯彻，但只能在有限的重点项目中采用，并且仍然无法彻底排除政府内部存在目标冲突、机构执行能力有限的问题。

7.3.3 政府实施城市更新的行为特征

1. 政府内部的合作与博弈

广州城市更新运作一般由市、区两级政府完成，其合作的基础源于追求政绩与经济利益的共同目标（周雪光，2005）。例如在市级层面发起的各种形象工程、大型基础设施建设、重点工程项目中，市政府拿出资金支持作为条件，换取区政府的积极配合（例如完成动迁、安置工作）❶，市、区两级形成"委托－代理"关系（图7-5）。区政府直接面对辖区内单位、企业、各种公产与私产，在基层更有动员、调配资源的能力，市政府将绝大部分任务委派给区政府，是我国大城市更新运作的特征。

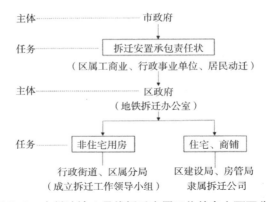

图 7-5 广州地铁 1 号线拆迁安置工作的自上而下分包

区政府在城市更新中并非被动接受任务摊派，由于区政府能够获取高比例的土地出让收益，而其所辖土地有限，因此比市政府更有进行城市更新的意愿，很多城市更新项目来自区级诉求，其在房屋征迁、招商引资环节中的作用不可取代，通常扮演发展主体角色（林存松，2014）。同时，市区两级政府通过城市更新获取共同利益，但也存在摩擦。区级政府更像是追求增长的市场主体，在很多项目中区政府要求更宽松的开发条件（如高容积率等）；而市政府出于整体平衡与公权力的角色考虑，通常在规划审批、土地管理等环节对区政府进行监督与制约。

---

❶ 通常市级层面启动的重点工程，征迁工作主要由区承担，市领导通过与各区、县级市政府主要负责人签订"某某工作责任书"，督促其完成。

2. "运动型治理"集中资源

应对日常治理的科层制官僚系统天生存在资源分散、信息不对称等特征，由此产生交易成本过大的问题，运动式治理是对常规机制失效的应对，通常重大事件、政策变化都为其启动创造条件，政府发起的城市更新行动带有明显的该特征。当政府作为组织者或实施主体发起某一目标明确的任务时，例如城市建设活动，必须打破常规的组织机制，用动员机制集中分散在各种政府部门中的权力与资源。例如 1999 年广州国土房管局将危改任务分派到各区，与各区国土房管局签订《广州市危房改造责任书》，计划在三年内完成 1997 年在册 23 万 m² 危房改造；为迎接九运会的召开，广州曾经进行过一轮"穿衣戴帽"工程，将近十年之后，亚运会的召开启动了又一轮重点景观路段的建筑立面整治，荔枝湾涌、东濠涌一期工程从开工到完成均不到一年时间；2010年广州市"三旧"办成立之初曾提出"争取在亚运会前完成 9 条城中村的清拆工作"；广州市 2009 年底明确提出"力争用 10 年时间完成全市在册的 138 条'城中村'的整治改造任务，3 年至 5 年内基本完成其中 52 条村的全面改造"。

7.4　政府作为合作联盟发起者

正如城市政体理论的两个前提：城市必然追求发展，而政治权力是分散的；发展型政府天然具有合作诉求。我国地方政府热衷推动更新改造以获得更高的租金收入，但发起改造需要从市场筹集资金并得到原产权主体支持，因此政府乐于组建增长联盟。

7.4.1　相关利益主体介入的核心制度性资源

产权制度是市场经济的根本制度，产权对个体选择与集体决策具有限制与引导作用。城市更新是一种集体行为，集体行为面临分散的权力，而产权的安全性、持久确认性是形成协作的基础。城市更新可以看作产权再组织过程，产权是相关利益主体介入并形成合作的基础制度性资源。

我国土地产权制度决定了城市更新相关利益主体角色，土地产权体系由所有权、使用权、开发权构成。我国土地所有、使用、开发权是分离的，使用者对土地的权利是有限的财产所有权。中华人民共和国成立后我国基本实现了土地的公有化，实质上是土地所有、使用权的分离；1988 年以后，随着宪法修正案、土地管理法修正案的颁布，土地使用权可出让、转让、抵押进入市场领域，土地开始有偿开发、有偿使用，实质上又产生了需经政府授予的土地开发权。

在开发建设中，政府控制土地一级市场实现通过土地所有权获利；得到土地及开发权的主体（开发商、国有企事业单位）可建设并转卖土地或房产（与土地使用权一起）；个人使用者可以转让或使用房产。在城市更新中，政府、居民或单位、开发商（或者是开发商与单位、村集体联合），分别以土地所有者、土地使用者、土地开发权获得者（更新实施者）的角色涉入（图7-6）。

图7-6 基于土地产权的城市更新参与者权益与角色

通常资源投入决定收益所得，城市更新中实施主体作为土地开发权获得者，获得最多收益是制度赋予的权利；提供土地的既有产权主体理应享有土地增值收益或放弃产权的补偿；土地国家所有决定了政府有启动更新改造并获得收益的权利。既有产权权益是城市更新所要支付的主要成本，我国土地之上对应两重产权，土地所有权、土地使用与房产所有权，因此城市更新主要成本由土地购置费用、产权所有者补偿、相关税费构成。而这些成本需由土地增值收益支付，高成本需要高增值收益，因此市场规律下的城市更新通常趋向土地的更高效使用、资源的更好配置。

7.4.2 政府与原产权主体的合作

城市更新的实施者需要面对既有使用权主体，房地产使用者的利益在于拥有土地和房产的使用价值，而开发实施者追逐交换价值（Logan et al.，2007）。因此，土地使用者与开发实施者存在利益冲突，两者角色合一或者拥有更多共同利益，能够推动更新的实施。

在我国，土地产权从制度上来看是统一的，只有国有、集体两种，实质上却是分散、不完整的。产权关系决定了城市更新的模式（表7-12）。在旧城改造中，由于土地公有，政府需要直接介入，其角色类似市场主体，土地使用者与改造实施者角色分异，因此矛盾冲突最为突出也更难以推进；政府与国有企事业单位共有土地产权，两者有更多利益交换空间，通常企业失去部分决策权得到经济利益、政府实现意图，因此广州城市更新历程中，政府采用各种方式支持工厂改造；城中村改造中，土地相当于私有，政府无法直接介入改造只能退居引导角色，起到监督管理的作用。如果将城中村看作一个集体，政府的退出实现了土地拥有与改造实施的角色合一，而对于村民来说，其个人与村集体之间又会产生所有角色与实施角色分异的矛盾。

产权关系决定了更新模式及政府作用　　　　　　　　　　　　　表 7-12

更新类型	土地权属	物业使用者与政府的产权关系	政府角色	发挥作用	土地使用者与开发实施者的关系
景观环境整治	国有	—	主导	依靠公共财政独立实施	—
旧城居住区更新	国有	公有	主导	直接介入，角色类似市场主体	角色分异
工业企业改造	国有	共有	支持	与国企共有土地所有权，支持改造	角色合一
城中村改造	集体	私有	引导	监督管理	合一（村集体）、分异（村民）

　　政府与原产权主体的合作体现为给予国有企事业单位权利进行国有资产的处置并获利，给予村民、村集体完整土地产权使其能够获得开发权并获利，在旧城改造中给予居民回迁安置或相应区位安置。基于共有产权，政府与工业企业之间的合作最为稳固、持续，而政府与居民、村民的合作是最不稳定的，表现为政府需要时的个案支持，而非长期稳固的合作关系。

　　土地公有制在改革开放初期对城市更新起到推动作用。因为首先这一阶段更新的主体以国有企事业单位为主，他们与政府在某种程度上共享土地产权，其产权的"国有"性使其能与政府形成长期稳定的利益共同体关系，这种关系使得双方可交换资源更多，降低了产权再组织的交易成本，通常企业用部分决策权的丧失换取从政府获得开发许可。此外，这一阶段大量的城市建设是补偿基础设施建设欠账，政府出于公益目的有充分理据收回土地使用权。

　　随着市场化深入，土地价值充分显现，政府以土地所有者身份积极介入城市更新。然而当政府征收土地时，土地公有制下的不完全产权对城市更新的推动作用降低。因为随着住房制度改革、土地有偿使用的推广，房产私有程度显著提高，社会主义计划经济体制下的"共有"土地使用产权系统被商品化的私有产权体系取代。现实中土地使用者是分散的企业与个人，尽管这些土地使用者不具有完全的产权权能，政府可以收回其使用权，但由于土地使用权长期出租、法律对于财产权的保护，国家难以强制性地收回土地进行再分配；随着市场化带来的土地价值增长、个人维权意识的提升，土地征收所需补偿成本也愈发高昂。

　　然而由于房屋所有者的不完整产权，使得政府统一征收并转让土地成为实施整体更新的唯一途径。这在一定程度上减少了城市更新的方式，例如我国的旧城更新不可能像拥有完整产权的国家那样，由居民组成的社区组织来实施。针对政府征收土地带来的更新实施困难，广东省"三旧"改造政策提出村集体、企业自主实施，实际上是确认既有土地使用者完整产权的尝试，赋予其土地处置并从开发中获益的权利，广州政府与村集体、国企从原先非正式的合作，变为有制度保障的正式合作，从实践效果来看这一政策对城市更新的推动效果非常显著。

7.4.3 政商合作演变与特征

1. 城市更新政商合作方式演变

我国城市更新普遍采用的政商合作方式分为两种，一种是兼具公共部门与私人部门属性的国有企业作为实施主体（改革开放早期的开发公司，近年来为特定旧城更新项目而组建的国资公司）；另一种则是私营机构作为实施、运营的主体，政府对其进行控制与扶持，例如政府与开发商合作（新天地模式）、私人机构与政府合约经营（国有资产的出租）。

广州城市更新中，当土地价值还未充分显现阶段，政府更需要吸引投资而部分放弃土地出让收益；随着市场化深入，政府以土地所有者身份积极介入城市更新。市场化初期的政府与开发商合作，拆迁补偿、基础设施建设任务由开发商完成，政府依靠开发商的投资减少公共财政投入，这一时期的合作体现为市场主导；2000年代中期开始，政府开始作为土地产权所有者与前期实施方，收储土地后再出让给开发商，更深度地介入意味着政商合作从市场主导转变为政府主导。

在广州城市更新历程中，政商合作是广泛存在的，目的在于支持开发商投资，采取的手段主要是放弃部分土地出让收入、放松土地开发管制、投入资金进行土地征收与整理。政府支持资本进行城市更新的方式不断演进，20世纪90年代初期对土地开发不设限制、允许国有企事业单位转变为开发主体处置国有土地并获利；20世纪90年代中期以后政府筹资渠道增多、经济实力增强，投入基础设施建设为民间资本与外来资本投入创造条件；2000年代中期开始，随着更新难度的提高，政府寻求更多介入为资本清除障碍；2010年后政府主导做大收益蛋糕，同时保障自身与开发商的利益。

2. 公益性项目政府成为唯一实施主体

在不以直接收益为目标的情形下，政府出于城市形象、民生改善的改造行动，成为易引发矛盾、难以寻求合作、实施结果也无从考量的单方实施。在政府施政相对开放温和的广州，民间社会力量初步显现但走向具有建设性的行为。政府作为提供公共服务、维持城市运转的机构，并没有足够资源进行常态化的物质更新。因此，以九运会、亚运会契机，明确数字的行动计划，这种运动式的更新改造浪潮其实反映了政府采用超常规的动员方式。

3. 经营性项目市场主导

广州作为改革开放的先行城市，在土地经营方面却弱于同级别大城市，政府倾向于公益或民生项目自己实施或由其下属市场主体实施；经营性项目主要依靠市场主体进行，政府并不直接介入，因此广州城市更新历程中很少出现政府主导的成片更新。这样的角色定位有利于区分公益与商业项目，防止政府权力行使越界，有时也会难以实现其公共利益维护者角色。经过公共部门土地收储后出让给开发商的模式是我国大部分城市普遍采用的方式，随着土地收储制度的完善，以及政府主导模式被强调，广州的城市更新将会更多采用这一方式。

第8章 城市更新政策走向公私合作

我国学者对城市更新政策演变的理解都离不开转型背景。改革开放是渐进式变革，并非西方主流经济学提倡的"政府迅速解除对经济的控制，通过大规模私有化方案建立财产权利和公平的竞争起点"。从产权界定来看，渐进制度变革就是用资产（资源）使用权代替所有权的界定，其背后是一连串的承包合约组合。地方政府利用可掌控的土地资源满足自身需求、发展经济，各级政府不仅没有退出经济角色，反而随着市场的增长与扩大，政府对市场的干预不减反增。地方政府吸引投资的竞争心态促进了经济增长，甚至有人说政府干预成就了中国的经济奇迹。

政府干预市场导致的寻租行为、未经有效制约和监督的权力在市场上"变现"的现象，使得限制政府权力、提倡市场自由竞争成为修正政府角色的主要观点。因为市场经济不仅是国富民强的手段，其背后还有自由主义的价值观念。市场制度的价值观念在于"人与人平等并且在市场上自由选择的权利"（茅于轼，1997），"公平可以理解为机会均等，只有机会均等的自由经济才能达到资源的最优配置"（张维迎，2006）。理想条件下，经济改革所要达成的效率与公平并不存在矛盾，并且可以通过自由经济实现。但在现实中，尤其是我国的转型背景中，政府角色的重新定位并不能简单强调政府放权，而是需要重新界定公权力的过程。

8.1 发展公私合作的城市更新模式

8.1.1 国家、社会、市场的变化

市场化过程中产生的私有产权、多元利益主体、经济价值规律；经济与社会发展带来的市场需求变化，使得我国过去的主流模式——"权力主导的资本密集型"城市更新遇到障碍（姜紫莹 等，2014）。

1. 资本固化提高了城市更新成本

相比运行新建项目，更新项目意味着付出更多的交易成本，这就要求更高效率的土地使用。实现这一目的只有通过增加建设量或者单位土地的附加值，因此每一次更新的结果就是更多的资本被固化在土地上，增加下一次产权再组织成本。高成本必然导致过度追求经济利益的开发，不利于整体环境的同时也增加了下一次调整的难度。

（1）产权确认

我国住房制度的市场化改革提高了住房私有化程度，原有的大量中华人民共和国成立前就存在的传统住宅、中华人民共和国成立后出现的单位制小区，都以公房出售的方式完成了私有化❶。随着商品房建设量的逐年增加，城市区域内的住房私有化率显著提高。据统计，2002年广州市有83.7%的居民家庭拥有自己的住房。产权私有化明确了财产权利、增加了产权个体，大多数产权所有者希望通过更新享受房产升值、拆迁补偿带来的利益，其更新愿望提高的同时也增加了产权变换的成本。

（2）公共物品高度集中并以高地价体现

存量更新相对增量建设增加的交易成本有两类，其一是原土地所有者的机会损失，其二是赎买已有的公共产品，两者都可以在土地价值中体现。"产权的转移要足以补偿原来要素所有者的机会损失"（赵燕菁，2011）。显然，补偿越高利润就越少。建设用地相比农地已经聚集了相当多的公共产品，有了相当高的价值，因而存量建设比增量建设多出补偿成本实际上是赎买已有公共产品。在改革开放初期旧城普遍存在建设欠账，土地价值也未能体现，补偿成本都不高。随着市场化变革、城市基础设施的提升、高质量公共服务稀缺且集中于中心城区，土地价值大幅提升增加了更新成本。

2. 国家对"增长主义"施政理念进行调整

20世纪90年代以来我国政府支持并推动商业开发式的城市更新，其导致的大面积征迁、社会与人文维度的忽视，一直以来受到诟病。这种模式根源于地方政府的增长主义倾向，经济利益至上的主流价值观念，但随着社会的发展，政府内部也在对这一价值观念进行修正。从改革开放初期的"发展是硬道理"到"和谐社会""科学发展观""新常态"概念的提出，表明国家对增长主义的施政理念进行调整。从城市更新历程也可说明，国家从来都不是"发展至上"的，与地方政府的局部利益与短期利益不同，国家政府更看重全局利益与可持续发展，在经济过热、建设用地迅速膨胀时，实施房地产调控与土地供给管制。

我国城市化发展到一定阶段，面临从数量发展到质量提升的要求。自2000年代中期以来，国家一直自上而下倡导文化创意产业发展（于海，2011），这要求给予知识、文化艺术精英更多参与机会与话语权，以发动社会创造力；鼓励更多更灵活的功能转换可能。以上两者意味着社会力量更广泛并且深层次卷入城市更新，要求更新改造模式与空间形态结果的多样。

3. 社会力量出现、维权意识提高

（1）城市更新中社会力量的出现

近年来各种地方精英驱动的更新案例（例如注入文化产业的历史街区与旧厂房利

---

❶ 1999年上海市颁布《关于进一步推进本市公有住房出售的若干规定》，2004年北京市发布《关于鼓励单位和个人购买北京旧城历史文化保护区四合院等房屋的试行规定》。

用模式），反映了社会力量对于更新改造的更深度介入。2000 年代中期开始，政府与开发商的结合已经不再是城市更新的唯一主导力量，以文化作为更新触媒，社会自发案例在我国大城市层出不穷。在不同的案例中，反增长联盟的主要发起者、影响政府决策的直接压力来源都不同，体现出非常地方化的个案特征。

（2）非正式手段抗争普遍存在

相对以往优厚的补偿条件，在项目进行过程中私人业主通过各种制度外的非正规途径表达意见，与改造主体讨价还价的现象普遍存在。在各种争取权益的非正式途径中，"钉子户"这一极端行为在动迁过程中普遍存在❶。拆除重建式改造中，少数人抵制外界力量介入是难以避免的问题，"钉子户"事件进入公众视野，表明更新改造项目极易成为引发社会矛盾的导火索，当维权行为受到社会舆论的认可，个人有机会表达诉求时，引爆了各种历史积累的问题与矛盾。

8.1.2　公私合作对于城市更新的作用

只要国家对私人产权长期确认，私人部门能够自行更新，政府的工作是程序上的行政许可与监督管理，只主导进行公共设施的更新。但在民间投资力度不足、街区衰退、相关开发限制较多、产权复杂的情况下，则需要政府的推动，这也是战后世界各国政府积极介入城市更新的原因。随着社会发展，政府介入的方式越来越多，从直接提供福利发展为发动民间力量——在制度允许范围通过放松管制支持实施主体、为相关参与主体搭建沟通协商平台，这就是发达国家广泛采用的公私合作方式。政府在公私合作中发挥的作用在于支持资本投资、搭建协商沟通平台、维护公共利益不受损害、提供社会福利扶助弱势群体。

公私合作在世界各国的城市更新活动中广泛存在，因为地方政府需要寻求资本投入、并为资本排除障碍。"公－私"部门分别具有不同的资源，简单而言，合作就是两个部门之间的资源共享（资金与行政便利），但不仅限于此，合作还意味着权利共享与责任同担，其背后是政府与民间社会的关系调整、治理方式的转变。公私合作的优势在于利用两个部门的目标差异，获得项目顺利实施带来的社会整体效益。私人部门对于利益的内在追求能够降低交易成本，获得经济上的可行与成功，并利于后续的经营管理；而公共部门的使命，则会兼顾公共利益的需求、协调并监督整个更新改造过程。区别于政府主导或市场主导，这种方式利于打破决策权利的垄断，使得各方权利趋于

---

❶　猎德村 2007 年召开股东代表大会，98.6% 同意拆迁补偿方案，10 月开始拆迁出现钉子户，村集体公司上诉，2008 年法院判决支持村集体收回宅基地，终审判决后"钉子户"主动交出房屋。杨箕村 2010 年 6 月开始动迁，仅两个月超 98% 村民完成签约，完成大部分房屋清拆，但直到 2013 年 4 月仍有 5 户村民未签协议。在此期间村集体采取司法诉讼方式解决，2012 年的强拆导致"钉子户"极端行为。林和村开拆当天，仍有"钉子户"与村委谈判。冼村自 2010 年 4 月动迁，2012 年 4 月签约率超过 80% 后开始清拆。此后因拆迁问题多次爆发冲突，拆迁停滞，2014 年仍有 14% 的村民拒绝签约。恩宁路项目已经在建设阶段，但在规划中仍有应该拆除的"钉子户"留守。

平衡，项目运行过程更加民主、透明。总而言之，公私合作是城市更新运作方式，也是一种治理理念、兼顾效率与公平的价值观念。

1. 公私合作给予产权定价谈判正式途径

成本的负担与收益的分配，如何在相关参与者之间达成一致，是城市更新活动进行的前提，用产权界定城市更新的利益和预期是有益的，但还不足以协调相关利益主体达成共识，因为城市更新背后的产权交易是一个定价过程，土地增值的利益的分配方案需要谈判与协商，这就是产权交易的成本。新制度经济学认为"财产转让成本越低，市场力量驱使商品与资产向最高价值使用就越有效"。基于产权对于资源配置的作用、城市更新的特征，建立在明晰产权基础上，给予相关权利主体正式的协商合作渠道十分必要。我国近年来的城市更新实践，如广东省的"三旧"改造，其他地区的城中村、重点村（北京）改造，就是这方面的尝试，我们可称之为正式制度下的公私合作。制度保障的公私合作既能限制公权力、资本力量的过于强势，又防止个人用非正规手段得到超出市场价格的补偿，保障了更新改造过程中的相对公平。

2. 适应多元社会实现多元目标

发展的目标是多元的，包括经济、社会、环境等多个向度，已经成为共识。真正意义上的公私合作在目标、理念上可以促使城市更新摆脱单一向度，立足于长远的综合性回报；回应多方诉求则有利于达成社会需求与公共投资的有效匹配；经过广泛探讨反映多数人诉求的愿景有社会共识支撑，为政府行为提供理据，并降低其行政风险。过去对于政府权力的依赖使得公民与开发商都有意愿与政府结成增长联盟，达成彼此的短期利益，因此公私合作局限于房地产导向的城市更新，短期内难以获得经济效益，以可持续发展为目标的城市更新难以实现。真正的公私合作是在操作中容纳更多主体、实现多样目标。社会团体与社区意愿的加入，会在一定程度上限制地方政府与开发商的趋利经营，从而扭转地方政府的企业家的角色，促使其提供更多非经济公共物品（与地方居民福利相关的物品）。社区利益的有效传达，可以避免政府为博取政绩而进行的与社会实际需求不匹配的公共投资（例如形象工程），避免了公共资源的浪费。同时，公私合作又可避免局部利益、社区利益，阻碍城市长远发展目标的实施，私人部门利益诉求可以得到来自政府、社会团体的监督与制约，更新项目只有达成私人利益与公共利益的最大一致、局部利益与整体利益的协调，才有可能进入实施。此外，经过完善的公私合作程序而作出的决策，可以取得社会广泛支持，民意作为支撑，政府行使公权力有了前提与保障。

8.2 实现从控制到管治的治理方式转变

城市更新政策的选择、项目决策和执行与政府治理方式变化密切相关（Bull et al.，2006），正如上文对于公私合作作用的阐述，其不仅是城市更新的运作方式，更要求政府管理方式的转变。

在政府治理方式转变方面，近年来在城市政治研究中被广泛提出的管治理论及其内涵核心是可以借鉴的。管治的提出源于西方国家认识到市场失灵与政府失灵，寻找"第三条道路"，倡导多利益集团的协商合作（胡超文，2013）。其产生的基本共识是政府不需要垄断一切管理行为，社会上的其他组织也可以代替政府参加经济、社会的秩序维护与调节（张京祥 等，2000）。"管治"就是传达政府目标的过程（Newman，2003），作为一种权利平衡再分配的理念，关注于如何在众多利益主体共同发挥作用的领域取得一致认同（罗小龙 等，2001）。这一概念的出现表明了从国际、国家到城市、社区管理都呈现出多主体协调平衡的趋势，也是为了解决一元管理方式难以适应多元社会发展的问题，例如管理的权力与职责过于集中于政府。相对于国家自上而下的资源分配方式、传统的控制与命令手段，通过对话、合作实现的管治能够更好地动员并调配社会资源。对于政府而言，管理方式的转变有助于推动其治理能力的提升、政策与制度创新。

8.2.1　用激励的方式传达政府目标

20 世纪 80 年代开始多数发达资本主义国家从第二次世界大战之后的福利型国家转变为发展型国家，地方政府更多介入经济发展活动，其角色定位于推动者和服务者（Cullingworth et al.，2001）。市场经济体制使得经济资源集中于私人部门，政府推行其发展意图的最好方式自然是促成双赢的激励政策。政府目标的传达不再依靠简单的行政命令，而是通过各种奖励与扶持措施调动私人部门的积极性，这是管治治理方式的显著特征。

1. 以特殊政策吸引私人投资

发达国家与地区政府为吸引私人部门投资，对于实施城市更新的企业主体通常采取提高开发强度、弹性规划、加快审批流程、金融支持（低息或无息贷款、政府信用担保的金融产品）、民间项目重点扶持等方式。在土地产权私有的国家与地区，为了推动片区更新，政府甚至采取利用国有土地的措施，例如 2003 年日本都市再生部提出"活化国有土地作为都市开发据点"的政策，出售国有土地以配合民间企业进行地区更新。

2. 以竞争的方式给予公共资金补贴

除了提高开发收益、降低改造成本以吸引私人投资的鼓励政策，一些注重社会福利的西方发达国家，直接用公共财政补贴的方式，奖励体现其倡导的理念与意图的更新改造项目，资金补贴主要应用于支持非营利机构与社区组织。例如，1992 年英国为城市更新设立的城市挑战（City Challenge）基金，该基金以竞标的方式获得，竞标政策的出发点是鼓励地方发展清晰且有创新性的城市更新提案。

组织竞标、竞赛，是公共部门提供资金资助、项目机会的常见方式，目的是避免寻租行为、政府配置资源的固有缺陷，最大限度利用资源、激发社会创造力。更好的公众参与、基层组织会成为项目的加分项，在竞标中得到优势。多数国家政府为强调城市更新的公平性、可持续发展，鼓励本地社区居民、NGO 组织参与城市更新，以避免强势的资本与政治力量挤压弱势群体的权利、过分追求短期商业利益而造成环境损失、激发社会矛盾。

3. 以竞争的方式激励开发商实现政府意图

用激励方式让开发商更好地实现政府意图在城市更新项目中广泛使用，例如传递政府目标的典型方式——带方案地块出让竞标，地块出让与开发商方案内容相结合，竞拍标准从过去的价格转为内容，在其他条件相同的情况下，与政府意图吻合的方案才会在竞争胜出。这种方式不仅实现了竞争性的城市更新方案征集，又不同于新区开发的方式——政府先通过设计竞赛获得一个整体设计导则，然后将导则传递给获得地块开发权的企业，更适用于城市更新。其超越之处在于，政府意图由过去通过设计控制条件的间接传达，变为直接传达，开发权归属的竞争产生了更大的激励作用，有利于政府意图的实施。

8.2.2 利用政府之外的组织与资源

20 世纪八九十年代多数发达资本主义国家治理模式开始转变，私人部门开始承担公共职能，原先由政府承担的部分社会或公共事务，则转移至家庭或者非营利组织。从 20 世纪 80 年代开始，西方发达国家的决策体系发生了变化，经历了政府直接管理到纳入私人部门、非营利性组织等多元主体的过程（Davies，2001）。这一转变意味着公共管理的决策者从政治精英扩展至市民，决策主体的多元化、决策过程中主体之间的合作、更加开放的管理网络，有利于实现权利被相关利益者广泛分享、更多数量与类型的资源贡献于整体综合的过程与目标。

伴随着对城市更新的理解更加整体、包容，认识到城市更新需要解决多样性需求，加之其牵涉面广、高成本的特点，政府一方无法实现，纳入非政府组织（私人与非营利机构）为参与主体是发达国家与地区普遍采用的政策（图 8-1）。以英国为例，合作伙伴模式与纳入第三方组织是政策变化的核心，许多独立机构代替政府行使管理，政府的角色在表面上退居幕后，其实是从直接控制模式到间接控制的转换（Racom et al.，2000）（图 8-2）。例如，2001 年英国政府成立新的"地方策略伙伴关系"（Local Strategic Partnerships'）（LSPs），集合包括地方政府、私人部门、社区组织、志愿组织在内的相关机构与组织，形成共同策略并监督实施。美国、德国、澳大利亚等，基于完备规范的城市更新政策，都有相当数量的非政府机构积极地参与到城市更新过程之中。

8.3 建立各得其位、各尽其责的运作机制

城市更新作为政府公权力介入的行为，最难以解决的问题，首先是民间需求与政

府投入的匹配；其次是社区与城市整体发展的协调。想要精准地捕获并回应民间需求，平衡社区福利与城市整体利益，政府行政应由官僚执行式转变为社会服务式，充分利用并调动分散在社会中的资源，既要实现有效利用又要兼顾分配公平。

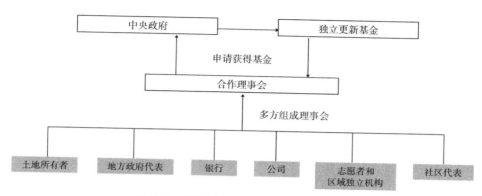

图 8-1　英国城市更新中的合作伙伴成员

来源：董奇. 伦敦城市更新中的伙伴合作机制 [J]. 规划师，2005，21（4）：100-103.

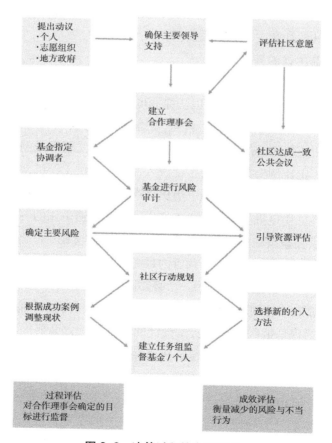

图 8-2　决策过程的合作方式

从本书研究以及国内外实践经验可以看出，无论是在政府还是民间、公共部门还是私人部门，让人发挥正向作用，是一切制度设计的前提。因此政府角色调整的最终目的，是在城市更新中让政府、开发商、社区、社会团体各得其位、各尽其责，实现权利共享与责任共担。政府应建立沟通平台，让各方有渠道参与其中：知识精英提供想法、创意、策略；半官方或民间组织成为第三方参与筹划、沟通，协调官方、开发商、社区等相关权利人的意见；用激励的方式鼓励私人部门完成社会共识支持的发展愿景。总体而言，就是政府做好规则制定者、策略引导者、利益协调者角色，凝聚社会愿景、搭建沟通平台、弥补市场失灵，防止自身角色缺位与异化的同时，为企业与民间社会提供机会。

8.3.1 制定规则——更新活动的保障

在我国任何的发展联盟中政府都是主要推动角色，其作用首先是制度供给。我国开启市场化进程至今，政府通过制度设定确立了其垄断权力，成为其介入城市更新的资源与手段。但存量建设较于增量建设的交易成本高，因此适用于土地一级市场的管理机制并不能解决存量土地开发的问题。世界各国政府介入城市更新的目的是类似的——促进更新活动、为民间投资创造条件，但政府对于城市更新的支持方法存在差异，体现了政府与其他社会主体的关系。

1. 适应多元利益主体的开发管控

城市更新面临对多元利益主体、需要平衡各方利益、体现多元价值（例如社会、环境、经济等），因此市场化的开发管控以法律制度为基础，通过限制、激励政策让分散的实施主体完成政府所要达成的目标。首先，限制私人部门权利、有限"产权"是必要的。即使在倡导自由市场经济的发达国家，几乎所有的开发管理条例，都有对开发者作出要求，例如提供一定比例公共住房与中低收入住宅、提供工作机会、避免对环境的破坏、维持社区风格、提高公共空间品质、历史遗产保护等[1]。而激励政策通常是提高开发强度、弹性规划、加快审批流程等，例如在发达国家普遍采用的容积率奖励与容积率转移，分别是对提供公益设施、按照政府要求完成项目的奖励；对于因历史保护、公共设施预留等原因而开发权受限的补偿，两者的最终目的都是对民间投资的激励措施。

"开发管控"适应多元利益主体的另一个必要调整，就是认识到为引导城市建设的城市规划并非仅仅是政府"计划"的空间布局延伸，而是政府提供收益预期的重要手段。应对多元利益主体的规划编制应摆脱蓝图设计的局限，一方面要提高弹性应对不确定的市场，例如，简化程序，鼓励短期建筑使用性质变更；放松土地使用限制、鼓励混合功能；在时机不成熟的阶段，避免急于确定开发方案、将土地推向市场。另一方面应加强规划的策略性，城市规划是政府引导城市发展、体现城市愿景的有效工具。例如，新加坡的城市规划体系是引导城市建设的有效手段，旧城更新在规划体系的框架中进

---

❶ 美国西雅图的《成长管理条例》（Growth Management Act）。

行，保证更新目标与城市发展目标一致。在城市规划指引下，新加坡旧城更新与公共住房建设互相配合，最终达成疏散内城人口、转变中心区土地使用功能、提升城市整体竞争力的目标。

2. 国外城市更新相关制度建设

制度建设方面，国外发达国家与地区给我们提供了诸多可借鉴经验，其城市更新政策的形成，通常遵循"问题提出—目标设定—政策建议—拟定法规"的过程，因此法律法规是城市更新政策的实施基础，也是其合法性来源。市场经济国家与城市更新相关的法律法规主要涉及强制性土地征收、低标准住宅处理、公共住房、社区发展，以及专为指引城市更新项目的实施而拟定的法案（表 8-1）。

国外城市更新相关法律法规　　　　　　　　　　　　　表 8-1

法律	强制性土地征收	低标准住宅处理	社区与住房发展	城市更新
案例	英国 1944 年的战时法律《城市与国土规划法案》（The Town and Country Planning act）； 1954 年美国最高法院通过土地征用权适用于城市更新项目； 新加坡 1966 年的《土地征收法案》	英国 1875 年《工匠与工人住宅提升法案》； 美国 1937 年的《住房法案》； 韩国 1973 年的《促进标准以下住房提升暂行法案》	英国 1969 年《住房法》； 美国 1974 年的《住房与社区发展法案》； 1991 年法国《城市法案框架》，2005 年出台《社会融合项目法案》	美国 1961 年的《区域重建法案》； 新加坡 1973 年《市区重建法案》； 日本 1969 年《日本都市再开发法》，2002 年制定《城市再生特别措施法》

西方战后的大规模城市更新以"强制性土地征收""低标准住宅处理"法案的出台为标志，这些法案挑战保护私有产权的传统理念，给予政府强势介入私人领域的权力。例如，英国 1944 年的战时法律《The Town and Country Planning Act》赋予了政府征收衰退地区土地的权力，推进了处理不健康的住宅跟废弃住宅进程；美国战后联邦发起的推土机式城市更新计划以一系列法案的出台为基础，如 1937 年的"住房法案"、1961 年的"区域重建法案"（Area Redevelopment Act of 1961）；新加坡在 1966 年以《土地征收法案》取代《土地征收条例》，国家可以强制征收土地和建筑，任何在征收 7 年之前因发展带来的土地增值都不算入收购价格之内；韩国 1973 年的《促进标准以下住房提升暂行法案》，使得重建成为改善低标准居住状况的主要方式，政府发起的住宅重建计划开始实施。

新的法律出台，也标志着政策转向，例如，英国 1969 年的《住房法》成为住区更新的转折点，以旧住宅提升整治为主的渐进式更新取代了大规模拆除再开发；与其类似的美国 1974 年的"住房与社区发展法案"，标志着推土机时代的终结与邻里修复方式的提倡；英国 1980 年的《地方政府、规划和土地法案》（Local Government, Planning and Land Act）开启了以复苏内城经济为目标的"地产导向"的城市更新。

由于衰败地区的问题是社会性、结构性的，解决问题的方式不仅限于物质更新，通过颁布法案促进社会融合与社区发展也被世界各国普遍采用。法国为解决郊区贫困社区问题,分别于 1991 年、1999 年颁布了"城市法案框架"与"城市融合与更新法案",旨在促进住房层面的社会融合;法国 2005 年的"社会融合项目法案"与 2007 年的"国家社会融合与权力平等法案",关注贫困地区的工作、住房、平等,由国家财政支持的社区项目注重全方位的提升,如就业与经济发展、住房与环境提升、教育平等、防止犯罪、提供医疗服务。

3. 城市更新专门法案

许多国家在城市重建过程中都通过了城市更新专项法案,例如新加坡 1973 年颁布的《市区重建法案》(Urban Redevelopment Act)明确了市区重建局的功能、责任、权力,市区重建局有宣布市区重建区域(Urban Redevelopment Area)的权力,可以随时将某地块划入重建范围,这块土地及其上产权会在公示后三年内被征收;日本 1969 年颁布了《都市再开发法》,建立更新实施决策机制——包括地主、承租户、投资者、地方政府的"更新会"制度,日本为加快城市更新 2002 年制定《城市再生特别措施法》,提出一系列的支持办法。

城市更新法案出台,多数是政府为推动城市更新而颁布的,主要目的是明晰相关利益主体的权利范围、鼓励并保障民间投资,以提振经济、改善居住环境、提高城市竞争力。城市更新依照法规进行,意味着政府角色定位于审查、监督、仲裁,在依靠市场机制可以完成的领域,政府不直接介入;而城市更新专项法规的建立,表明政府意识到只靠政府或民间力量的不足,城市更新运作机制进入公私合作阶段,政府致力于推动相关权利人形成共识、保证更新收益的分配公平、实现公共利益。

城市更新法规面对的是相关利益主体,因此需要明确的议题主要包括:城市更新原则、更新启动条件、更新的组织实施主体、更新的收益分配等。近年来我国大城市先后制定了城市更新实施办法,基本具备了这些要素,确立了与世界接轨的先进理念与原则,如《上海市城市更新实施办法》提出"规划引领、有序推进,注重品质、公共优先,多方参与、共建共享"。只是城市更新法律还停留在地方规范性文件,缺乏更高层次的法律支撑,政府仍是凌驾于其他主体之上的管控者,而非"服务"角色,鼓励政策并不突出;我国"强政府、弱社会"(政府强势、社会组织缺失)以及"发展中国家"的特征,使得城市更新法规还有很多改进、提升的空间。

(1)城市更新启动程序

城市更新启动程序一般包括更新区域划定(意见征询、编入计划)、申请实施(现状调查与规划编制、公众参与、更新方案审议)。更新的启动通常是双向的,自下而上的项目申报、自上而下的政府计划与申报许可。获得多数相关土地权利人同意,是更新发起的第一步,多数国家的城市更新法都规定了土地权利人多数同意标准,以及更新申请程序。日本都市更新的启动标志是"更新会"的建立,更新地区土地所有权人及承租人(至少 5 人以上)发起更新筹备会,取得土地所有权人及承租人总数 2/3 以上同意,才能通过政府的更新计划核定;深圳市规定城市更新单元内的权利主体的更新意愿（2/3认同）是申报更新单元计划的条件。

我国大部分城市与地区，都欠缺正规的更新启动程序，经营性通常以政府计划-土地收储-"招拍挂"程序为主，欠缺相关权利人意见征询、公众参与的正规程序。除了广东省"三旧"政策实施区域之外，其他地区还没有给予"自下而上"的城市更新意愿申报提供正规制度路径。

近年来我国各大城市的公众参与程序有所完善，城市更新启动前进行利益相关人意见征询已经是正式程序，只是更新规划编制的公众参与停留在象征性告知阶段。例如广州"三旧"政策提出征询居民意愿，启动改造与实施拆迁都要达到一定比例的居民同意才可启动，居民有权否决改造;《上海市城市更新办法》将公众参与作为区域评估、更新计划编制的必要环节，但未对参与程序作出具体规定;在扩大参与主体范围方面，深圳在国内走在改革前列，允许原权利主体成为实施主体，从而原权利主体有机会获得全程参与决策的权利;其更新单元计划与规划的确定阶段都要进行公示，公示扩大了参与范围，也是典型的象征性参与。

（2）更新实施主体与协商决策机制

确认什么样的实施主体有资格作为实施方、参与决策的主体构成，是城市更新法规的重要内容。容纳相关利益主体的协商决策组织建立，是国外发达国家城市更新启动的前置条件，因此实施主体的确定及其对更新计划的推进，实质上是公开透明的协商决策过程。例如日本的"更新会"制度，其成员除土地所有人、承租人、还包括投资企业、协助推进的地方政府相关机构。我国现阶段的城市更新办法、政府相关意见，基本明确的城市更新的实施主体包括原单一权利主体、市场主体（开发商）、政府城市更新实施机构（政府平台公司）❶，一些城市规定了实施主体确认的程序，例如深圳提出"市场主体的选择可公开进行、实施主体确认需进行公示"，保障选择的竞争性、公开性，但整体而言并不完善。更新实施主体的组建、选择、确认，是整个更新过程之初重要的协商、沟通环节，正式程序的建立有利于提高公平性，是更新顺利实施的前提。

我国实施主体承担与产权主体谈判、寻找资金、向政府申报等一切事宜，而城市更新政策对实施主体的确认，并没有包含协商决策机制。政策强调实施主体的权利、忽视决策程序，一方面简化了政府对多元利益主体的应对，基层工作由实施主体完成，政府只要回应实施主体即可;另一方面也简化了决策程序与决策主体，相关权利主体被排斥在实施决策之外，若政府为实施主体，同样也减少了其实施阻力。因为实施主体通常代表资本与权利的力量，这种机制有利于开发导向的城市更新，促进更新的快速推进。

（3）更新的收益分配

更新收益通常由出资方、既有权利主体获得，国家也会取得开发产生的相关税费

❶《深圳市城市更新办法实施细则》明确规定，拆除重建类更新方式包括：权利主体自行实施;或由非原权利主体的单一市场主体实施;城中村改造可以集体经济组织与市场主体合作实施;政府组织实施，通过公开方式确定项目实施主体，或由政府城市更新机构直接实施。

收益，如果土地国有，则政府可以得到购买土地的地价款。《日本都市再开发法》规定，"更新后增加的建筑面积，由参与更新的民间企业或相关机构获得，以筹措更新建设费用"，这种收益分配方式类似于广州的旧村改造。在我国，更新的收益分配，主要是决定原物业产权主体、国家的所得比例，该比例取决于政府是否作为前期实施主体、原物业产权主体的产权效能。政府若进行更新改造前的征迁补偿工作，将整理好的土地出让给开发商并获取出让金，就能获得较高收益，这种的"熟地出让"方式本质上政府与开发商组成联合实施主体，在地方财政资金充足、政府强势的地区普遍采用，也是投融资体制改革、规范土地出让制度后国家提倡的方式；若开发商进行征迁与补偿，政府不作为实施主体则其更新收益分配比例也会相应减少，原权利主体的补偿方式，则由地方房屋拆迁补偿政策、开发商与原物业产权主体的谈判决定，这种方式在20世纪90年代被广泛采用。原物业产权主体若只有使用权，则给予购买同等地段二手房的现金补偿、异地房屋补偿；若拥有较完整产权效能（如集体土地），则给予更新地块内与原合法面积相当的建筑补偿。

4. 匹配空间的特殊政策

如上文所述，城市更新法规的作用是推动城市更新，实施城市更新的地区既是基于城市更新法规的"特殊政策区"，在这一区域内给予更新实施方奖励措施，更新活动享有特殊的土地、规划、税费、金融政策支持，还有直接与间接的公共财政支持（财政补贴、道路与地铁站等基础设施建设）。例如日本为加快城市更新，2002年制定《城市再生特别措施法》，提出"城市再生特别地区"，该地区享有城市规划提案与调整制度、金融支持制度等促进城市更新项目实施的特殊政策。更新区域的划定可由政府进行，也可民间提出。目前，深圳市提出了"城市更新单元"，类似于国外的"特殊政策区"。

我国地方政府主导的重点城市更新项目与"特殊政策区"发挥大致相当的作用，但与发达国家的城市更新立法——"特殊政策区"划定——目标提出与多方协调实施过程不同，这些重点项目组织管理机制（决策组织与决策依据）都具有临时性特点。如果为市级政府统筹的跨区域项目，则设立市级及相关部门领导组成的决策小组（指挥部），下设处理日常工作的办公室，相关任务"分包"给区，由其组织实施。政府决策与实施的一体，使得行政命令代替政策制定，以"会议纪要""决议""意见"的形式确定更新改造的原则、目标、主要方式，而后由区政府及相关部门、政府下属机构或国资公司实施土地整理，交由专职公司（私营或国有）建设运营。这种方式的特征是"特事特办"、追求快速完成。

"特殊政策区"往往享有土地、城市规划、金融、历史街区活化等具有针对性的优惠政策。

（1）土地政策

土地政策是城市更新收益分配的依据，也是对城市更新构成激励或限制作用的主要制度。从土地制度出发对于城市更新的推动，首先是土地及建筑物取得方式的多渠道，政府征收、开发商协议取得、原权利主体自行处理；取得条件的相对放宽，例如普遍采用的"多数决"机制，超过一定比例的所有权人同意可实施更新。其次是明确土地或建筑权利人的权益估值、一定时期内的"禁止建设"与"违建"的处理，对原所有权人形成激励（刘波，2011）。

目前我国适用于城市更新的土地政策处于试验、改革阶段，"三旧"政策就是以土地制度改革为出发点的城市更新政策，承认既有物业权利人的权益，其可以提出开发意向、自行改造、获得土地再开发收益。土地政策决定了城市更新参与主体的权益、再开发利益的公共返还。目前城市更新政策中对于物业权利人权益的确认，与我国的土地制度还需兼容，国有土地的一定年限租约、集体土地类似私有特征，都是不完整产权。

（2）城市规划编制与调整

城市规划适用于城市更新的特殊政策包括简化规划调整、明确的地区定位、容积率奖励措施等。我国台湾地区《都市更新条例》规定，为加快再开发进度，规划方案的局部修正或细节拟定可先发布实施再办理程序；公益设施面积不计入容积；所有权人得到的楼地板面积，若低于当地平均水平，可适度增加；若由于历史保护或公共设施留用地的原因，开发强度受到限制，则容积率可转移至其他地区，从而获得开发权受限的补偿。在日本，"城市再生特别地区"可放宽容积率与建筑高度，以东京车站周边的大手町地区为例，其原有法定容积为 10，划为"容积特别适用地区"放宽至 13，部分大楼容积率可达 16 ～ 17。

目前我国地方城市更新政策也提出更新区域的规划调整政策，例如用地性质的改变与兼容、高度调整、建筑面积奖励等，只是停留在原则，缺乏实施细则与实践检验。相对于开发导向的片区重建已有规划调整的概念，历史街区活化的规划政策则更为欠缺。

（3）优惠政策

优惠政策的原则是减轻投资者负担。我国台湾地区都市更新政策规定，城市更新中的土地与建筑物权利变换，减征土地增值税与契税，受更新活动影响的土地使用者可免征或减半征收地价税，实施城市更新的股份有限公司投资总额的 20% 可递减营利事业所得税。目前深圳市城市更新项目免收各种行政事业性收费；上海对纳入城市更新的地块，免征城市基础设施配套费等各种行政事业收费。

（4）金融政策

城市更新需要大量资金，除了短期无法实现经济利益的项目外，大部分应实现更市场化的融资，开辟更多渠道筹措民间资金。通常开发商以向银行借款的方式筹集资金，除此之外房地产投资信托是银行以外的又一条融资渠道。日本和我国台湾地区都在城市更新中倡导组建都市更新投资信托公司，用不动产投资信托的方式为城市更新融资。目前我国房地产开发的融资方式受限，而民间投资意愿高涨，亟须建立正式的投融资渠道。政府可开放金融产品，由企业对外发行不动产债券，甚至上市交易。借助现代金融产品将土地权利证券化，一方面可筹措规模资金，另一方面可实现大众共同持有资产，企业担任管理角色长期经营。我国城市更新的金融政策支持还相对落后，即使先进地区的城市更新办法，例如深圳市的《深圳市城市更新办法实施细则》，也只是提出原则性的鼓励。

（5）历史街区活化政策

城市更新特殊政策区有两种类型，一种是"开发导向的片区重建"、另一种则是"保护前提下的活化再生"。目前我国的制度建设针对前者虽有不足，但可以显示出向国外学习、逐步完善的趋势；而后者因需要上层制度（如产权制度）的支持，并且有待于城市发展方式、政府治理方式的转变，因此制度供给更显不足。一般历史街区活化必要步骤包括：建立完善资料、明晰并适当整合产权（收购愿意放弃产权的民居）、为民间合理的保护与修复行为提供补贴（修复津贴与低息贷款等资金扶持）、拟定整体环境改善计划，整个过程都需要特殊政策与法规支持。

首先，历史遗留问题在我国历史街区尤为突出，集中体现在产权复杂性，一户对应多产权或产权主体缺失的问题同时存在。由于我国还未建立房产税制度、继承制度支持产权均分，难以实现受益者、付费者、维护者的统一，依靠私人部门维持历史街区的健康发展。因此亟须依靠自上而下的制度供给，达到明晰并且适当整合产权的效果。此外，历史街区普遍存在的建筑老化损毁、社会老龄化、阶层下移、外来人口代替本地人口等问题，需要政府介入。历史街区的活化取决于政府能够从增长优先转变为兼顾福利，通过制度建设培育社会基层自治组织、NGO 组织；从政府预算或有经济收益的再开发项目拨出资金，形成持续有效的财政补贴，保障对于历史街区的投入。

历史街区面临因历史保护而损失开发机会的现实，若只以历史保护制度作为开发指引，则会形成对于历史街区发展权的剥夺，因此有必要补偿因公共利益而产生的损失，补偿内容由实施者、合法房屋所有权人共享。例如国外的容积率转移制度，就是对因公共利益需要而开发权受限的业主进行补偿；此外，对于符合历史保护准则、体现街区控制要求的开发行为给予补贴奖励。

8.3.2 凝聚愿景，搭建沟通平台——目标设定

城市更新作为建设活动的一个环节，与居住发展、产业转型等各种生活与经济活动密切相关，如果仅仅关注存在问题的区域，对问题的认识程度限于表层的物质衰败，显然无法正确引导更新活动。因此，城市更新有赖于一个长期、明确的城市发展愿景。这一愿景需要通过多层次的广泛参与和论证逐步形成；能够达成社会共识，成为政治运作的基础平台，才能有效整合社会资源。我国城市愿景的提出，片面追求经济发展、重视可度量的发展标准（例如 GDP）；提出的过程缺乏广泛的参与与论证，缺乏民意基础，因此会随着领导的任期沦为短期政府目标，无法长期指引城市发展。由于

缺乏广泛认同度的地方愿景，单个城市更新项目也难以形成策略性目标。

目前世界范围内普遍提倡的城市愿景，一方面强调可持续发展、重视多元的文化价值、对市民生活与邻里社区的尊重；另一方面具备国际视野，了解地方在国际竞争中的挑战与机会，为人才提供友善环境。愿景的形成有很多可以学习的经验。

1. 策略性规划整合分散资源

面向更新需求规划应从蓝图式转为策略性的思维模式与规划方式，在此方面欧洲的经验值得借鉴。提出基于长期且完备的调查研究，"策略性规划"是欧洲政府的传统，因为其长期面对多元意识形态与多方建设主体，有限政府想要整合分散的社会资源，必须提出有说服力，同时充满弹性的方案。例如，德国城市更新的政策制定与具体实施都是在国家空间规划框架中进行，其城市更新理念认为地区与城市问题应该在更广阔的空间视角解决，空间政策是联系整合不同层级、不同领域公共部门的平台；从城市发展角度上来说，衰败地区的问题的本质上源自区域发展的不均衡，城市更新的出发点应该是正确处理城市与区域、中心与郊区的关系（Fraser et al., 2003）。与德国注重空间规划的策略不同，英国每一任执政党提出的城市更新策略——城市白皮书，都在详尽调查研究基础上提出引导性的理念。

这种策略性思维不仅体现在阶段性政策，在城市重点项目中，政府并非用确定的蓝图，而是方案竞标、指定特定功能面积比例等方式来贯彻其意图。策略性规划是凝聚并达成愿景的有效方式，可以应对未来的不确定性，根据变化修订工作；同时又可以让参与者共同努力，完成政府设定的目标。这些策略往往体现较为先进的理念，如生态、文化创意等，意味着项目启动之初就有了迎合社会需求的卖点，策略提高了项目的价值，使其能够得到市场的认可与经济上的成功。策略性规划完成条件是法治环境、预算编制弹性、成熟的公私部门合作机制。

2. 有效的公众参与形成共识

愿景是否有效、不随官员轮替而改变，以能否获得普遍理解与支持为前提。因此城市愿景是民意的体现，如何倾听并回应民意而不沦为民粹是一项复杂的政治工程。公众参与法治化、成为公共决策的必要程序，已经成为形成共识的主要方式。公众参与是决策者的"安全气囊"与"方向盘"，其作用在于降低政策失误的风险、减少争端与抗争；其核心是政府主动公布信息、对市民需求作出反应。尽早地公众参与可以让政府被动地接受检验，转而主动地与市民沟通。对于私人部门而言，公众参与也可以降低投资风险，避免在项目进程中与相关利益人发生冲突。"共识"的形成是一个艰难但必需的阶段，公共部门、投资者、市民，自然具备不同的立场与诉求，这是各方找到利益的平衡过程。一些超常规的项目与理念，都需要在公众参与中得到大众认可，才有指导决策的正当性。

目前国内的规划审批已经有制度化的决策与公示程序，但相比国外，公众参与仍处于象征性阶段，主要区别在于公民是否可以持续参与并成为落实"愿景"的主要动力。

在具有民主意识与自治传统的地区，市民与社区是提案与决策的主体。以美国西雅图为例，市政府在 1990 年成立邻里开发局与社区服务中心，让市民直接参与政策拟定，提出社区改善计划；西雅图审查开发提案的委员会由市民或社区代表组成；市政府不同部门都有市民参与的委员会，提供来自社区的意见。尽管各国的公众参与不同，但在规划制定与审批阶段，几乎都有社区参与程序。以德国为例，规划公司在竞标阶段就要经过一定人次的居民意愿调查，当确定民意基础后，才由社区代表、政府官员、官方开发单位组成的评委进行选择，即使是优胜方案，若社区强烈反对，也要被推翻（郑志平，2010）。

公众参与的第一步是唤起市民的关心，网络社会的兴起为广泛公众参与提供了技术与观念上的支持。在我国，各种网络平台上已经形成了志趣相投的小团体，网络"红人"与"大 V"已经成为话题引导者，从一般民众到精英阶层都在利用这一平台，而相对而言，政府对网络的利用是滞后的。一些城市的经验表明，网络的出现使得通过广泛参与形成集体智慧成为可能，例如阿姆斯特的"维基城市"（WikiCity），政府可以利用这一新的沟通平台，与市民对话，形成城市愿景（Evans，2010）；纽约"Change by Us"改变了政府提供公共服务的方式，市民在其上分享愿望与想法，形成各种提案，提案人并非要求政府与公共预算完成这些构想，而是号召大家自己动手完成，这一平台连接了市民、政府、非营利组织，市民亲身参与到城市环境的改善。以上两个案例是管治理念的直接体现，是新形态的服务外包，利用政府之外的资源完成本该由其直接完成的工作，政府"减负"的同时也增强了民众对公共事务的热情，更好实现社会需求与公共服务的匹配。

3. 知识精英纳入决策智囊

智库机构根据国情不同，可能是官办也可能是民办，其贡献理念的方式可能是中心性的（极高声望的权威人士提出，并由其具有的特权推动），也可能是多元化的（集思广益的平台，跨学科与专业的互动），无论性质如何，其本质都是汇聚人才为城市发展献策，受政府与民众的信赖、保持一定的独立性不受政府行政决策支配，是这类组织的共同特征。例如，巴塞罗那城市建筑师制度推动城市发展转型，得到城市规划专业人士肯定，世界各地广为效仿的巴塞罗那模式——城市针灸法（十年间创造 400多个小型开放空间，在短时间内提高了城市空间品质），就是由当时的城市建筑师波西加提出的（Garcia，2000）；美国民间组织都市领袖联盟，是由波士顿基金会主席建立的民间智库，其目标是与地方组织合作，用宏观视野找出都市发展机会（Tawney，2013）；首尔研究中心（Seoul Institute）长期担任首尔市政府的智库，为市政府各部门筹划中长期都市计划，推动了东大门转型、清溪川计划、公共运输系统改革、北村韩屋村聚落保存等成功的城市更新项目；1999 年日本政府智囊集团建议政府必须加强领导，成立首相直属的都市再生委员会，采用高层住居诱导地区制度，促进土地高效利用。

专业咨询的服务方不仅限于政府，专业服务的对象也可能是企业、民间组织、普通市民，总之，技术与知识这种少数人享有的资源，如果给予拥有这些资源的主体适当角色，就会更加高效的流通，贡献于具体项目与城市政体发展。独立智库的权威性建立在可靠的专业技术与公正立场之上，不同于抵抗政府错误决策的民间团体，他们的行动更具建设性，也更容易成为第三方组织角色，在各参与主体之间搭建沟通桥梁。以美国民间智库"旧金山规划及都市研究协会"（San Francisco Planning and Urban Research Association）为例，其前身为由年轻精英组成的旧金山住宅协会（SFHA），发展至今已经成为私人部门建立的非营利性专业组织。SPUR 参与了旧金山几乎每一个重要规划，成为政府推动都市计划的顾问与伙伴，该组织的核心成员（70 名董事）都是城市规划相关领域的专业人士，虽然只有 29 名专职工作人员，但最大的支持来自数万名个人与企业会员。

目标设定所需要的想法与理念，也并非完全依靠地方智库，在全球竞争的时代应该推行城市更新方案征集的国际化竞标。由于我国城市更新前期决策的封闭性，使得很多规划方案编制并不采用普遍推行的竞标方式，而城市更新方案更需要最大限度的利用社会资源与创新能力。推行城市更新方案征集竞标，可以得到世界范围内的专业人士的帮助、促进地方"智库"与国外组织的交流合作，使得方案更具前瞻性与创新性，从而提升地方竞争力。

8.3.3　完善公私伙伴的实施主体——组织协调

与多数国家不同，我国政府在城市更新中是产权所有者角色，无论是法理依据还是现实权能，其作用是无可取代的。主导不意味着成为一家独大，政府过多涉足私人部门与公民社会活动范畴，可能会造成依赖于政府组织而丧失自发的协作，对社会资本（信任、社会网络、自愿活动）造成负面作用（翟斌庆 等，2010）。由国内外城市更新历程与经验可见，成功的更新行动需要行政创新，除了上文提到的策略性思维整合分散资源、借用市民与专家学者力量之外，城市更新的运作主体的建立对于具体项目起到决定性作用。

根据其性质归纳，城市更新实施主体包括政府与民间，公共与私人，国内外可分为以下几类：政府部门、政府下属独立机构、非营利性民间组织、国有资产注入的营利机构、私营开发企业。尽管其性质与目标不同，但作为实施主体在城市更新中承担着类似角色。

1. 政府内部——整合"条块"组织、发挥基层作用

各个国家为实施城市更新，都需在政府内部整合条块组织，让应对日常事务的官僚系统能够提高行政效率，以便由政府自身或为市场提供捷径，实施城市更新。此外，基层政府通常在推动城市更新中发挥重要作用，这是由城市更新活动及基层政府特征决定的。

（1）政府内部组织实现了大规模更新，但无法完成转型

我国政府内部应对城市更新的组织建立，成功整合了条块组织，贯彻了政府意图，正是这样的优越性实现了以往大规模的更新改造，但同时也高效实现了政府意志的弊端。传统项目决策由领导意志决定、缺乏多方参与和公众监督；新的城市更新政策让市场组织的更新改造制度化、正规化，体现了政府治理方式的进步，同时也是国家通过社会力量实现增长的手段。因此不管政府内部组织方式如何进步，如果追求土地财政的增长方式不变，也只是更加高效地重复传统发展路径。

广东省的"三旧"改造政策及深圳、广州等城市陆续出台的《城市更新办法》，实现了自下而上发起的正式化，但依然无法改变城市更新的现有弊端。目前地方政府追求土地开发收益，尤其是区级政府更像是追求增长的市场主体，这使得城市更新目标单一，青睐开发导向的片区重建、忽视保护前提下的活化再生。无论是政府作为实施主体还是发动社会力量，追求土地开发收益的拆除重建类城市更新成为主流；政府是综合整治类更新唯一实施主体，公共财政是主要资金来源；功能改变类城市更新只是等待拆除重建的过渡状态。

（2）发挥基层作用

改变传统发展路径，可寄望于政府基层组织，给予街道、居委会更多权利。上海泰康路田子坊文化创意产业集聚区的出现，离不开街道一级管理主体的支持与推动（于海，2011）。

发达国家的城市更新活动很多是自下而上发起的，因此基层政府在城市更新中也起到重要作用，往往承担政府、民间企业与社区居民的沟通作用，例如日本区公所就有了解并督导辖区内民众更新改造的职责。著名的六本木综合体开发案例，本来只是朝日电视台的大楼改建，在其协调诱导下成为更大规模的街区更新，在六本木更新会（日本城市更新的实施主体）筹备期间，区公所代表全程参加了1000多次会议（骆亭伶，2016）。

2. 政府下属独立机构——多产权、公益性项目发挥作用

为了加快城市更新进程，进入20世纪80年代，一些发达国家与地区相继成立了独立的城市更新实施部门，这些部门具有例如划定更新区域、制定规划、土地征收等行政权力，能够整合公共部门资源、寻求私人投资的作用，只是不同地区的负责实施部门拥有的资源与责任都不尽相同（图8-3）。

（1）政府下属独立机构的特征与作用

政府下属独立机构（政府在制度与资金上给予支持的非营利性半公共部门），其中一些具有部分行政权力（土地征收和规划控制权），是最初的公私伙伴关系、战后资本主义国家大规模实施城市更新计划的产物，他们从中央政府得到资金、征收土地、重新安置居民、拆除房屋、建设市政与公共设施，然后出售或出租给私人发展商，例如20世纪五六十年代美国联邦为实施城市更新（Urban Renewal）计划，由政府设立类似

介于政府与民间之间的独立法人

公共 ◄─────────────────────────► 私人

政府下属独立机构，由政府出资支持的半公共部门	没有政府行政权力，但由政府出资支持的半公共部门
美国联邦城市更新计划中的地方更新机构，类似于房地产开发公司的半官方组织；	20 世纪 90 年代英国组织各方合作伙伴的城市更新公司（URCs）；
新加坡 1966 年独立法人主体市区重建局（URA）；	非营利性法人机构，荷兰住宅协会；
英国 20 世纪 80 年代的城市开发公司（UDCs），其拥有土地征收和规划控制权	香港 1988 年土地发展公司（LDC），追求收支平衡；
	香港 2000 年市区重建局（URA）；
	日本 2004 年成立的 UR 都市再生机构，自负盈亏

图 8-3 政府下属独立机构

于房地产开发公司的半官方地方更新机构；1966 年新加坡城市更新部门成为独立法人主体市区重建局（URA）；1980 年代英国城市开发公司（UDCs）取代地方政府成为实施更新的主体。

另一类政府下属独立机构是公私伙伴关系的演化，并没有强制性的行政权力，仅作为一个连接公共与私人，各方合作的牵头组织，例如我国香港 1988 年建立的土地发展公司（LDC）及其 2000 年建立的"市区重建局"（Urban Renewal Authority）、英国 20 世纪 90 年代成立的"城市更新公司"（URCs）、日本 2004 年成立的 UR 都市再生机构。

本质上，一些国家政府干预市场有诸多限制、"公共服务"与"企业行为"有严格区分，因此需要介于政府与民间的独立组织，链接政府机构、土地权利人、开发企业，建立"公私伙伴"关系（半公共机构作用）。独立的半公共部门是国家摆脱政府部门公共性束缚、突破"政府行为边界"的机构，但这种"突破"是以弥补"市场失灵"为目的、以公共监督为保障。由于独立半公共部门得到国家资金支持，因此在多数国家要求其像政府部门一样运作透明、受公众监督。从这类组织的演进来看，其行政权力趋弱的同时企业性增强，从代政府行使市场行为的机构转变为追求收支平衡、自负盈亏的独立角色。

（2）政府下属独立机构案例借鉴

半公共独立机构通常只介入更新改造条件复杂、单个市场主体无法完成、难以保障直接盈利的项目，其优势体现在搭建平台、汇聚资源。首先其可利用国家资金提供社会福利与公共服务，又可吸引私人投资进行商业开发，实现片区复兴；在操作上因其相对中立角色，有政府公信力保障，因此可以进行相对复杂的土地整理。例如成立于 2004 年的日本都市更新的独立行政法人 UR 都市再生机构❶，其最高主管由政府指派

---

❶ UR 都市再生机构前身是 1955 年成立的日本住宅公团，负责兴建公团住宅以及新市镇、公共设施沿线住宅开发，1981 年后开始介入整体都市更新，以更新基础设施、推动土地重划为主。

并接受政府出资，但拥有独立的人事权、运营自负盈亏，其职责是建立官方与民间的沟通、协调民间开发企业与土地权利人，具体而言就是"与更新地区的土地权利人沟通，取得共识，为土地整理创造条件；与相关部门协调，推动土地重划与基础设施更新；提出灵活政策，引导民间企业投入资金"（图8-4）。

图 8-4 日本 UR 都市再生机构职责

近几年我国政府下属独立城市更新机构开始增多，广州市成立政府部门"城市更新局"专职进行城市更新工作，深圳规定政府组织实施的城市更新项目，可由"政府城市更新机构直接实施"。总体而言，已有城市更新专职机构或属于政府部门，不能进行市场行为；或者属于国有资产注入的企业，公共性与专业性较弱。在政府下属机构的专业性与独立性方面，天津市历史风貌建筑整理有限责任公司进行了有益的尝试。该机构是为建筑遗产保护与历史建筑活化利用而成立的专业性国有企业，负责对天津的历史风貌建筑进行策划、腾迁、整修、收购、租赁、转让等（图8-5）。该公司资金来源为政府投入与公司自筹，隶属于国土资源与房屋管理局，与其一同成立的还有天津市历史风貌建筑保护委员会办公室（由历史风貌建筑保护委员会领导）及其咨询机

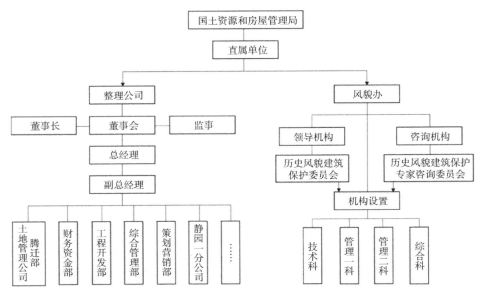

图 8-5 天津历史街区活化结构组织

来源：刘敏．天津建筑遗产保护公众参与机制与实践研究 [D]．天津：天津大学，2012：143．

构历史风貌建筑保护专家咨询委员会（刘敏，2012）。该公司具备了公共部门的资源与权利，兼具市场主体的项目运作能力，并保证了领域内的专业性，成立后承担了公共部门职能——建立历史风貌建筑地理资讯系统、历史风貌建筑保护修缮技术规程等档案储备与技术规范工作，同时也以市场主体的角色成功完成了静园、民园西里、庆王府等历史建筑活化再利用项目。

3. 独立民间组织——搭建政府与民间的桥梁

具有民主意识与自治传统的地区，社会团体发育成熟，因此处理公共事务的民间机构承担沟通、组织的责任。更新资金来源多样的国家并不依赖政府下属的半公共机构，民间组织常常充当"公私伙伴"平台的作用。例如造就纽约高架公园（High Line Park）的"高架公园之友"就是非营利性民间组织，其创始人是提出改造想法的创业家与旅游作家，在他们的游说下，该项目得到市政府与议会支持，其第一笔规划与建造费用来自私人捐赠。另一个典型案例则是非营利性专业组织——美国旧金山规划及都市研究协会（SPUR），其成员由市民、企业及政府代表共同构成，不同于抵抗政府错误施政的民间团体，其角色已经由监督转变为合作，成为旧金山重要的第三方组织，不仅受到市民信赖，也与市政府建立了平等的伙伴关系。旧金山近年来最有影响力的芳草地中心（Yerba Buena Center）更新计划，就是通过 SFUR 在官方、民众和开发商的协商沟通才得以成功实施（Hartman et al.，1978）。

独立民间组织的作用在于城市更新活动中担任中立的"第三方角色"，例如监督政府决策程序、加入更新改造方案的探讨与形成、作为社区居民与相关部门的对话桥梁，最终目的是维护公共利益、促进参与者达成共识。独立民间组织的存在有利于增强社会自我组织能力，其作用是政府下属事业单位无法取代的。我国改革开放以来的政府下放权力，一直局限在其内部，并没有实现"小政府、大社会"的转变，社区与民间组织并没有得到管理权（陆非 等，2014）。从发达国家与地区的经验来看，我国政府应通过政策与资金方面的支持，培育独立民间组织，使其发挥更大作用。

4. 国有资产注入的营利机构——实现公共资产效益最大化

国有企业在我国是市场主体的重要组成，政府进行的城市建设与公共物品提供多数由国企代理。国企一方面代政府进行经济活动，一方面追求盈利，除了拥有国家给予的专营权、资金与政策支持、经营活动受政治决策影响外，与私营企业并无区别。鉴于国有企业的双重属性，应该以公共部门与企业两个标准对其评估。

（1）国有企业角色调整的两个目标

国有企业既然得到国家权力支持，从某种程度上应以公共部门的标准进行问责。首先，国有企业应区别于私营企业，其财务状况应更加透明，像公共部门一样接受公众监督，类似股份制企业向持股人负责，国有企业因其产权全民共有，也应该向公众负责，受到政协、人大的监督；其次，不能将提供公共服务的国企，看作经济增长的助推器，无论是政府还是民间社会，都不能寄望其产出可观的经济效益，这是由其所提供的产品性质（公共产品的"不排他性"）决定的，也是政府对其进行财政支持的合理性来源。

此外，应该以私人部门的标准对国企的盈利能力进行要求，因为企业相对政府的优势在于，可以用经济绩效作为评估机制，从成本与收益进行考量。但国企在国家保护下得以逃脱这一市场化的趋势，充分的竞争只存在于私营企业、中小企业之间，在国有企业占有的领域，市场机制并没有完全发挥作用（郑永年，2004）。此外，国企缺乏独立性，政府将国企定位于代其参与经济活动、实现发展意图与经济增长的"工具"。从案例研究可知，政府并不比市场更高明，因此受制于政府的国有企业难以借助市场机制实现公共资产效益的最大化。

（2）国企主导城市更新的成功案例借鉴

国有企业在国内外的城市更新活动中都承担了实施者的重要作用，许多成功案例可以提供借鉴与启示。欧洲国家更强调国企的公共部门属性，受公众监督、并不强调其盈利性。例如德国柏林为实施滕珀尔霍夫（Tempelhof）机场更新改造，成立由市政府出资、受议会监督、要求财政平衡的机场开发公司，其工作是"广泛调查设定开发原则与构想、对外沟通提出具体方案与财务计划、寻找合作伙伴运营管理"。该公司作为代政府处置国有资产的主体，并没有按照既有程序与传统模式，以房地产开发的方式实施机场改造，而是认识到该机场是全民财产，"只有对的程序与足够的时间"才可能找到正确的定位。在正式的改造计划未确立之前，公司采取"还土于民，带入人潮"的策略，公共部门为配合这一方针，建造公共图书馆、游泳池、地铁站。机场开发公司的工作内容与流程，体现了德国城市更新项目的前期决策与公众参与程序的完善❶，机场开发公司同时实现了公共、私人双重评价标准，一方面按照公共部门标准受到监督与制约，按照程序寻求更新改造共识，同时发挥其市场主体的经营优势，找到了利用现有空间的方式，实现运营费用与收支平衡，不依靠公共财政完成了公共资产的有效利用。

我国国内也有许多国企实施城市更新的成功案例，例如"成都文化旅游发展集团"（以下简称"文旅集团"）负责实施的宽窄巷子项目。2007年在成都市委市政府提出"发展大旅游、形成大产业、组建大集团"的文化旅游产业发展思路，文旅集团成立，青羊区政府与文旅集团成为改造实施主体，宽窄巷子改造正式开始（赵永会，2011）。尽管拆除大部分原有建筑（李映涛 等，2009）、迁走原有居民（杨春蓉，2009）的改造方式，受到破坏原真性（周向频 等，2009）的质疑，但作为政府统筹、国企实施的

---

❶ 该公司确定改造方案阶段的工作内容与过程包括：广泛调查相关意见者（政治和企业决策者、临近居民、柏林市民），从使用者需求得到初步构想；通过专家论坛、研究报告、工作坊，界定指标性计划作为起点；最后与社区管理者、学校、宗教、青年团体对话，寻求合作，咨询专家、利益团体、相关计划的合作伙伴、潜在投资者。

改造项目,宽窄巷子取得了商业上的成功❶。宽窄巷子的成功一定程度上源于国有资源的市场化运作、政企合作❷,文旅集团作为国有投融资与运营平台,探索了资源所有权与经营权分离的模式。

5. 私人部门——理念创新与社会责任

作为主要的资金持有方、土地使用者,城市更新中的私人部门对项目走向起到决定性作用。在经济活动中,私营部门造就了创新与活力。国内外的实践经验来看,私人部门是政府、国有企业无法替代的,我国改革开放以来的市场化过程,也是私营企业的成长过程。改革开放以来的大规模城市更新多数是由私营企业完成的,社会对其印象多数是"追求短期内高额利益回报、缺乏社会责任、毁坏历史文化并造成拆迁矛盾",开发过程中"圈地""转包""烂尾"现象也屡见不鲜。合理的政商关系是企业成长的前提。我国政府对于供地、金融的垄断,对市场行为产生了负面影响,企业更加重视与政府的关系、融资能力,而忽视产品的提升(邓念,2010)。一方面供给限制使得房地产行业天然拥有高额利润,使得市场竞争维持在低层次,导致企业研发投入不足、缺乏技术进步;另一方面房地产行业低维度发展下的高额利润获取,损失了市场绩效、社会福利。因此由房地产企业实施的主流城市更新——高获利的土地再开发,难以出现优秀案例。同时受地方土地财政发展模式影响,自下而上发起的空间功能置换,则更像是从政府手中"借用"即将再开发的土地,已有的成功案例都是偶然事件,不可复制也不能持续。国外大型地产公司与小型团队在城市更新中的作用表明,私人部门在城市更新活动中承担社会责任、提供创意创新。大型开发项目之外的另类政商合作,可能更有利于私人部门成长和城市发展方式转变。

(1)经验丰富并承担风险的大型地产公司

世界范围内取得成功并广受瞩目的城市更新项目,皆有具备实力、坚持理念的私营开发商完成,背后都有私营部门承受风险的赌注。例如国内最早成名的城市更新项目——上海新天地,其成功离不开瑞安集团的超常规运作,为了保留里弄的表皮,该集团付出超过 2 万元 $/m^2$ 改造成本,这一价格在当时可以购买上海最高档的公寓。日本有史以来最大的民间主导更新案例"六本木 Hills"项目,之所以能够成为世界范围内竞相模仿的对象,是因为更新的实施方森集团具有整合多方业权合建开发的丰富经验❸、提出并坚持"垂直花园城市"的理想模型、深耕项目 17 年(邀请国际一流建筑师共同创作、历时 14 年沟通所有权利关系人),其企业理念是"不靠土地赚取利益、

---

❶ 2008 年向公众开放后,宽窄巷子迅速成为知名旅游目的地,四年接待游客 5200 万人次,2012 年经营产值超过 3 亿元,成为"老成都底片,新都市客厅"。

❷ 成都市政府提出"修旧如旧、保护为主"的原则;文旅集团在这一原则下负责"投资、招商、运营和管理",并为该项目组建成都文旅资产运营管理有限公司;青羊区政府成立宽窄巷子历史文化保护区管理委员会(副区长任组长、各职能部门参与);管委会办公室负责日常事务,由街道与资产公司负责人组成。

❸ 森集团是一家长期进行城市更新的企业,曾被日本政府邀请参与制定都市更新相关法令,其营利模式是整合土地价值注地,与地主共同合建办公楼,长期持有产权进行租赁管理。

创造建筑物与城区价值"。

（2）提供"创意"的小型团队

城市更新的推动者也不一定是大型房地产开发公司，置换空间功能用来发展文化创意产业的成功案例，基本都是由文化商人与行业领军人物、小型团队、小型运营公司推动的。不同于资本密集型的主流开发模式，文化创意的发展没有既定路径可循，需要先进理念与社会自发创造力。例如上海泰康路田子坊，最初就是由文化商人引进知名艺术家，并成立田子坊投资有限公司，逐渐发展成为文化创意产业集聚区；广州红砖厂艺术区的形成，有赖于设计公司"集美组"的进驻与运营（租赁并修葺空置厂区，组建红砖厂艺术设计有限公司进行招商与管理）。不仅国内如此，中小企业对于创意产业发展、另类更新的作用国际皆然。例如在德国柏林兴起的"空置公寓转变为创业基地"的更新模式，其最初的发起者是 2009 年成立的 6 人团队，这一团队创造了空间分享的"测试之屋"（Betahaus）大楼，将闲置公寓改造为开放办公，以小时为单位租赁座位给自由工作者或小型团队，他们只要带着笔记本电脑与自己的商业模式就可以在这里成立公司 ❶。这一案例甚至让制造业外移的柏林看到了转型契机，催生了支持创意产业发展的公共政策（O'Brienm，2011）。

（3）城市更新的政商合作不仅限于大型开发项目

由创意产业推动的更新案例可见，创意阶层人才倾向于低租金的多元文化空间；而政府都倾向于高价卖出土地获利，房地产导向的城市更新成为主流模式。此种单一模式导致土地与房屋租金上升、生活成本上涨，破坏孕育创意产业的土壤，高获利的开发方式会对新型、小型企业造成排挤，加深政府对于土地财政的依赖，进而阻碍经济结构转型的进程。以上案例表明，攫取巨额开发收益并不是城市更新的唯一目标，另类的城市更新模式有利于维持土地利用的弹性、给创意产业、小型企业、自由工作者留下空间。城市产业结构调整的同时，政府对于企业的支持方式也面临转变，不同于过去政府对产业的扶持方式——提供大量土地与基础设施、税费减免，政府应更细致地倾听从业者的需求，为他们解决问题。因此城市更新的政商合作不仅限于大型开发项目，放弃高获利的土地开发而允许低租金、功能置换式的再利用，保留空间印记与文化多元性的同时，也为城市发展探寻另一路径。

---

❶ 大楼就像一个社交平台，提供器材出租、外包工作机会、分享创业经验、创业投资专家指导等无所不包的服务，受到创业者欢迎，大型公司甚至来这里寻找外包团队和商业提案。该案例的成功迎合了自由工作者与创意阶层的需求，以空间分享的模式降低租金，吸引年轻创业者进入。

第 9 章 结论与启示

9.1 本书的主要结论

9.1.1 城市更新政策演变动因

　　本书将城市更新政策形成，看作政府应对内外发展条件变化，根据其可利用的资源（资金、制度与政策观念），推出有利于土地获取与资本进入的激励政策，促成合作联盟以推动实施的过程。研究发现，广州城市更新政策受到国家宏观经济政策、上层制度变革、城市间竞争、国内主流发展理念、市场环境等的影响，这些因素决定了阶段性的发展目标，政府据此提出城市发展主题、调整资金筹措与土地供给方式。在变化的阶段性目标下不变的是"发展型政府"逻辑支配，广州城市更新政策在政府"增加税收、创造政绩"的诉求下，从"默许鼓励市场主导"到"政府管制下的市场导向"，再到"探索性的公私合作"，至今发展为"制度化的公私合作"。无论城市更新政策如何变化，其实施取决于地方政府、开发商、原土地使用者能否形成一个获益联盟，使得国家 - 市场 - 社会三种力量集合，政府实现政治利益与经济利益、资金与土地获取得到保障；实施的阻碍因素来自国家权力的控制（财税体制与宏观调控）、市场资本不足、原产权主体抵制、价值观念差异，或者政府自身失去动力。市场化初期至今城市更新实施主体不断变化，开发商由政府背景到私营企业为主，再到国有公司实力的增强；同时，以知识精英、村集体为代表的社会力量开始参与。实施主体的变化反映出市场化同时增加了政府与民间的能力。

9.1.2 政府作为政策制定者

　　从广州的城市发展政策变化来看，城市间为吸引投资的相互竞争，导致地方趋向竞争性的经济发展、阶段性单一理念的广泛传播与相互模仿；国家为控制地方而进行的制度调整、市场干预，形成了基本的激励与约束机制；阶段性市场环境的变化的鼓励与限制，这些政治、经济的影响力决定了地方发展条件，地方政府想要谋求经济发展，就必须适时调整发展策略，充分利用可供其支配的资金与制度调整空间。在城市更新政策中，体现为提出包含社会合理性的建设理念，进而对功能与开发强度进行指引；决定多大程度上提供财政支持、担当实施主体（政府自身动员）；赋权给相关主体促成土地与资金的结合、选定重点项目保障开发收益并促成拆迁。在城市更新中，共同体联盟是相对稳定的，变化的是制度安排与激励机制。

地方政府在城市更新中一方面与资本结成联盟，寻求经济增长；同时也通过个别试点项目，提供有限的福利；还会不计成本地直接投入形象工程。政府面对多元利益主体、上级权力约束、地区间竞争，需要将自身拥有，以及分散于社会的资源变为有效行动力，达成阶段性目标。地方政府所拥有的资源主要是资金、制度、政策观念，资金由国家与市场掌控；时效期较短的行政文件（"决定""通知""意见""办法"等）是城市更新中政府经常使用的工具，进行选择性激励、赋权给相关利益主体；地方政府代表市民提出并倡导阶段性发展理念也是将资源变为行动力的途径，这种理念来自当时流行的社会主流价值观念。资源随着国家制度与宏观经济管控、资本流动而变化，而正式法规给予地方政府的权力是长期确认的，城市更新相关制度生产的特征是自上而下与国家赋权地方并行、缺乏面向存量建设的制度供给。

9.1.3 政府作为实施主体

我国政府除了作为政策制定者，还依靠内部动员机制、土地所有权，直接参与更新活动，成为增长联盟的核心成员，甚至是实施主体。政府主导是我国城市更新运作的整体趋势，这是一种基于产权的权力，广州也是向这条路径螺旋趋近。政府主导并非操作上的政府实施，而是政府凭借资金、权力与开发商进行深入合作。由于历史路径的影响，政府在具体经济活动放权的同时其经营性能力却在增强，其土地经营者的角色是过去城市更新能够迅速推进的关键。政府企业化特征造成其不愿将有限资金投入无法促进经济增长的领域，即使在旧城改造中不追求直接土地收益，但也不愿将其当作福利工程；其次，政府倾向于直接介入经营性城市更新项目，并且有能力不依靠民间力量实施。政府角色接近于市场主体，但也有别于以成本收益为判断标准的企业，其行动体现强烈的政治色彩。政府实施的城市更新项目，其组织依靠官僚体系内的任务摊派、区级政府的土地开发动力；为了超越常规治理集中资源，一些政府发起的城市更新体现了运动式治理的特征。

9.1.4 政府与其他利益主体合作

产权是相关利益主体介入的核心制度性资源，产权关系决定了城市更新模式及政府在其中的作用。旧城居住区更新、工业企业改造、城中村改造中分别体现的公有、共有、私有产权，使得政府分别在其中扮演主导、支持、引导的角色；土地使用者与开发实施者存在利益冲突，两者角色能否合一或拥有更多共同利益成为更新能否推动的关键；我国政府与企事业单位的共有产权、居民的不完整产权推动了更新改造。基于共有产权，政府与工业企业之间的合作最为稳固、持续，而政府与居民、村民的合作是最不稳定的。

发展型政府天然具有合作诉求，在广州城市更新历程中，政商合作是广泛存在的，目的在于支持资本投资，手段主要是：放弃部分土地出让收益、放松土地开发管制、投入资金进行土地征收与整理。政府支持资本进行城市更新的方式不断演进，广州城市更新中，当土地价值还未充分显现阶段，政府更需要吸引投资而部分放弃土地出让收益；随着市场化深入，政府改变对国有企事业单位、私营开发商的放任态度，以土地所有者身份积极介入城市更新，更深度地介入意味着政商合作从市场主导转变为政府主导。

城市更新项目中体现的公私合作形式在搭建协作平台、提供福利并维护公共利益的作用方面有待提升。政商合作只能在获得高土地增值收益的经营性项目中实现；公益性项目，政府难以寻求合作，成为唯一实施主体。由于广州在相关制度未完善阶段已经开启市场化进程，政府相对弱势，大部分"经营性"城市更新项目采用开发商与原物业使用主体合作的模式，即使政商合作也体现为市场主导。因此政府主导的成片更新案例较少，体现了区别于某些国内城市的本地特征。

9.1.5 基于公私合作机制的城市更新政策建议

随着市场化进程深入，城市更新方式需要适应多元价值观的出现以及社会各方角色转变。通过金花街与恩宁路两个案例的对比中可以发现从增长联盟到反增长联盟的变化现象。在公私合作已经成为城市更新主要模式的情况下，有必要探讨公权力对市场、社会的干预方式。本书提出顺应社会发展趋势，完成从控制到管治的治理方式转变，用激励的方式传达目标、利用政府之外的组织与资源，在城市更新中让政府、开发商、社区、社会团体各得其位、各尽其责，实现权利共享与责任共担。

9.2 本书的创新之处

9.2.1 借鉴政体理论，研究城市更新政策选择的广州样本

基于城市更新的公共政策属性，城市更新可看作政府对市场与社会力量的干预，公权力的介入过程。本书以政府角色为切入点，借鉴政体理论，将政府权力看作达成"共同目标"的能力。城市更新政策的形成与变化，是政府将资源变为有效行动力的过程，政府面对多元利益主体、上级权力约束、地区间竞争，必须利用资源推出有利于土地获取与资本进入的激励政策，创造合作联盟以达成其阶段性发展目标。广州作为远离国家政治中心、市场经济发展较早、地方政府财政实力有限而民间力量较强的样本，体现了对于城市更新活动的相对"弱介入"，政府行为与市场领域的界限相对清晰，政府较少使用强制性权力发起成片更新改造，而是用激励其他利益主体的方式达成目标。政府实现发展意图的过程中必须寻求市场与社会力量的支持，但多大程度上、用何种方式借助两者力量是变化的，广州的城市更新从市场主导向政府主导的公私合作发展，

社会力量与多元价值观念开始出现。除了多数研究普遍认可的市场化加强了国家之外的力量，这一趋势表明市场化同时增加了政府与民间的能力。

9.2.2 深度解析市场化背景下城市更新政策形成与变化动因

多数已有研究强调市场化变革带来的多元利益主体、多种力量，政策生成过程表述局限为多利益主体合作与博弈的现象阐释。本书将政府视为资源整合方，阶段性的政策调整是地方政府在变化的发展条件下（国家宏观经济政策、上层制度变革、城市间竞争、市场环境、国内主流发展理念），利用其拥有的稳定资源——资金（公共财政与市场资金）、制度（法规与行政命令）、政策观念（代市民提出愿景），寻求达成不变的核心诉求（增加税收、创造政绩）的过程。地方政府可利用的资金一部分由国家权力决定（财税制度、国家的宏观经济政策），另一部分则来自市场，地方政府需要吸引全球流动资本。因此应对危机的宏观经济政策对城市更新产生决定性影响、资本流动趋势决定城市更新的导向与规模。

9.2.3 从政府角色的混合性角度解析其介入城市更新的行为特征

在我国的转型背景中，多数研究注意到政府保持对权力与资源的垄断，本书认为这一特征带来了政府公共部门与私人部门的双重特征，以解释其角色的复杂性。除政策制定者角色之外，我国政府还依靠公共财政、内部动员机制、土地所有权，直接参与更新活动。在城市更新运作中，政府角色接近于市场主体（建立能够实施其意图的代理方、经营性能力增强），倾向于将公共财政投入能够产生经济收益的领域。但政府也有别于以成本收益为判断标准的企业，其动力来自政治利益，行动体现强烈的政治色彩。面对市场化带来的权力与资源分散，追求发展的地方政府乐于发起合作联盟并成为核心成员。产权是相关利益主体介入并合作的核心制度性资源，也是政府主导的基础，广州的城市更新案例中，产权关系决定了合作的稳固性——产权共有关系使得政府与工业企业有更多利益交换空间，因此政府长期支持其改造；而政府与居民、村民并非稳固的合作关系，表现为政府需要时的重点项目。

9.3 遗憾与启示

本书涉及制度变迁、政府角色两个主要内容，研究对象又是一个大城市30多年时间跨度的城市更新实践活动，研究涉及多个主题。遗憾的是每个主题都没能展开，研究内容与对象过于庞大，主题不突出。受限于获取城市更新实施的相关数据资料存在困难，在对城市更新政策形成变化动因的论述方面，采取根据已有研究的理论框架、分析对象，提出大量假设的方法，缺乏充足的数据、第一手资料的支撑。

本书主要采用定性研究方法，但除了详细研究的案例，大部分信息来自文献资料，也缺乏基于大数据的定量研究，使得研究结论停留于假设。

　　基于以上不足可见，本书名冠以"研究"，但涉及内容过于庞杂、结论缺失足够的科学方法论证决定了其学术价值有限，但同时宏大主题使其能够包罗相关的各种视角和资料，因此本书的价值在于治理视角下城市更新研究的理论与观点合集、案例资料库、教科书式地提供相关概念与视角。本书主要内容形成于 5 年前，实践与学术领域的发展决定了本书所提供的信息和观点缺乏时效性和前沿性，但不可否认的是，对于一些现象、观点的观察与审视，经过时间的沉淀也是非常必要的。

　　随着城市更新实践愈来愈受到社会各界的关注与重视，近年来其内涵不断深化、外延持续扩充，相关的研究成果也日渐丰富，其视角、对象、方法不断有新要素的介入，处于持续发展的过程中。例如更为规范的学术研究方法、突出的学科交叉倾向、紧密追随新的城市发展议题、与城市研究学术前沿概念的强关联等。本书的最大价值在于呈现并强调了城市更新这种发展性的特质，正如文中多次提到的经济、社会、政治要素对城市更新政策演变的影响。城市更新是对特定地区、特定时期城市机遇和挑战的回应，也正是不断变化的特征使得一定时间阶段内针对某一案例的实证更具有学术意义与社会价值。

图表索引

参考文献

[1]《成都市文化创意产业发展研究》课题组.宽窄巷子历史文化街区的保护与开发 [J].中共成都市委党校学报，2011（4）：69-72.

[2] 毕征，廖静文，史伟宗.全力推进"三个重大突破"勇当新型城市化发展排头兵 [N].广州日报，2012-10-17（A7）.

[3] 陈浩，张京祥，林存松.城市空间开发中的"反增长政治"研究——基于南京"老城南事件"的实证 [J].城市规划，2015（4）：19-26.

[4] 陈浩.转型期中国城市住区再开发中的非均衡博弈与治理 [D].南京：南京大学，2011.

[5] 陈洁娜，钱倩."老西关"走了，西关文化怎续存 [N].南方日报，2008-06-20.

[6] 陈锦棠.形态类型视角下 20 世纪初以来广州住区特征与演进 [D].广州：华南理工大学，2014.

[7] 陈磊.公共管理视角下我国城市更新模式研究 [D].上海：上海社会科学院，2010.

[8] 陈立旭.中国现代历史文化遗产保护历程审视 [J].中共浙江省委党校学报，2003（3）：70-75.

[9] 陈为国.广州房地产市场行为特征分析 [D].广州：华南理工大学，2012.

[10] 陈维澈.大小马站擦亮广州文化名片 [N].广州日报，2015-03-25.

[11] 陈文，何姗，谢源源.恩宁路拆迁：最后的拉锯 [N].新快报，2012-02-21.

[12] 陈文，何姗.拆迁补偿不能一刀切，合理诉求可谈判协商 [N].新快报，2012-02-21.

[13] 陈文.恩宁路改造项目追踪：拆迁公告中找不到 10 号楼 [N].新快报，2008-07-31.

[14] 陈晓舒.村官眼中的拆迁博弈 [J].政府法制，2010（4）：16-17.

[15] 陈煊.城市更新过程中地方政府，开发商，民众的角色关系研究 [D].武汉：华中科技大学，2009.

[16] 陈颖.广州北岸文化码头创意产业园项目建设关键要素的研究 [D].广州：华南理工大学，2012.

[17] 陈映芳.城市开发的正当性危机与合理性空间 [J].社会学研究，2008（3）：29-55.

[18] 陈则明.城市更新观念的演变和我国城市更新的需求 [J].城市问题，2000（1）：11-13.

[19] 成小珍，黄艳，蒋隽，等.北岸文化码头 [N].信息时报，2012-04-12.

[20] 成小珍，黄艳，蒋隽，等.广州创意园陷入集体焦虑 [N].信息时报，2013-04-12.

[21] 成小珍，黄艳，蒋隽，等.星坊 60 创意园 [N].信息时报，2013-04-12.

[22] 程大林，张京祥.城市更新：超越物质规划的行动与思考 [J].城市规划，2004，28（2）：65-71.

[23] 仇保兴.城市经营，管治和城市规划的变革 [J].城市规划，2004，28（2）：8-22.

[24] 仇保兴.中国历史文化名城保护形势，问题及对策 [J].中国名城，2012（12）：4-9.

[25] 单皓.城市更新和规划革新——《深圳市城市更新办法》中的开发控制 [J].城市规划，2013（1）：

79-84.

[26] 邓念. 政府作用下的中国房地产市场理论与实证研究 [D]. 上海：复旦大学，2010.

[27] 董奇. 伦敦城市更新中的伙伴合作机制［J］. 规划师，2005，21（4）：100 -103.

[28] 杜娟. 广州 13 个三旧片区改造正在实施 [N]. 广州日报，2015-07-08.

[29] 范琛，曾雅. 广州市规划局设 "名城委" 保护历史建筑 [EB/OL]. 2011-11-23. http://politics.people.
com.cn/GB/70731/16355121.html.

[30] 范晓君，徐红罡. 广州工业遗产保护与再利用特点及制度影响因素 [J]. 中国园林，2013（9）：
85-89.

[31] 冯萱，吴军. 旧城更新的中观层面规划管控思路与方法——以广州市旧城保护与更新规划为例 [J].
城市观察，2014（3）：5-17.

[32] 傅崇兰，杨重光，刘维新，等. 广州城市发展与建设 [M]. 北京：中国社会科学出版社，1994：243.

[33] 广州年鉴编纂委员会. 广州年鉴 1990—2015[M]. 广州：广州年鉴出版社，2015.

[34] 广州市地方志编纂委员会. 广州市志（1991—2000）（卷三）[M]. 广州：广州出版社，2009.

[35] 广州市房地产管理局修志办公室编. 广州房地产志 [M]. 广州：广东科技出版社，1990.

[36] 广州市人民代表大会常务委员会关于废止《广州市城市房屋拆迁管理办法》的决定 [N]. 广州日报，
2012-06-12.

[37] 广州市三旧改造办公室. 广州市 "三旧" 改造理论研究成果汇编——新型城市化活动阶段性成果
[Z].2012.

[38] 郭环，李世杰，周春山. 广州民间金融街空间生产动力机制研究 [J]. 世界地理研究，2015（2）：
49-58.

[39] 郭湘闽，刘漪，魏立华. 从公共管理学前沿看城市更新的规划机制变革 [J]. 城市规划，2007，31（5）：
32-39.

[40] 郭湘闽，王冬雪. 台湾都市更新中权利变换制度运作之解析 [J]. 城市建筑，2011（8）：15-17.

[41] 郭湘闽. 超越困境的探索——市场导向下的历史地段更新与规划管理变革 [J]. 城市规划，2008(1)：
14-19.

[42] 郭湘闽. 房屋产权私有化是拯救旧城的灵丹妙药吗 ?[J]. 城市规划，2007，31（1）：9-15.

[43] 郭湘闽. 论土地发展权视角下旧城保护与复兴规划——以北京为例 [J]. 城市规划，2008，31（12）：
66-72.

[44] 郭湘闽. 土地再开发机制约束下的旧城复兴困境透视 [C]. 规划 50 年——2006 中国城市规划年会
论文集（中册），2006.

[45] 韩明清，张越. 城市有机更新的行政管理方法与实践 [M]. 北京：中国建筑工业出版，2011.

[46] 何芳，宋羽. 城市存量土地利用变更制度缺失分析——基于新制度经济学的视角 [J]. 城市问题，
2011（3）：83-86.

[47] 何姗，陈文，陈庆麟. 广钢集团将结束 56 年炼钢史厂区改造成三个景观公园 [N/OL]. 2013-07-25.
http://finance.ifeng.com/a/20130725/10259249_0.shtml.

[48] 何艳玲，汪广龙，陈时国. 中国城市政府支出政治分析 [J]. 中国社会科学，2014，7：87-106.

[49] 何裕华，张琬晶. 各路 NGO 群聊文化保育之难 [N]. 羊城晚报，2014-02-25.

[50] 洪文迁，李峰. 公众参与城市规划初探：旧城更新中的居民参与 [J]. 福建建筑，2004（1）：16-18.

[51] 胡超文. 城市更新背景下我国历史地段保护规划研究——一个基于管治理论的分析框架 [J]. 现代城市研究，2013（7）：62-67.

[52] 胡键通，岳宗. 汪洋在广州市调研时要求努力成为我省建立现代产业体系和建设宜居城市的"首善之区" [N]. 南方日报. 2008-04-21.

[53] 胡娟. 旧城更新进程中的城市规划决策分析 [D]. 武汉：华中科技大学，2010.

[54] 胡艳鲜. 广州土地储备开发的效益分析与对策建议 [D]. 广州：广东工业大学，2015.

[55] 黄冬娅. 人们如何卷入公共参与事件基于广州市恩宁路改造中公民行动的分析 [J]. 社会，2013（3）：131-158.

[56] 黄慧明，赖寿华. 产权重组与空间重塑——土地产权地块视角下广州旧城形态更新研究 [J]. 规划师，2013（7）：90-96.

[57] 黄慧明，田银生. 形态分区理念及在中国旧城地区的应用——以 1949 年以来广州旧城的形态格局演变研究为例 [J]. 城市规划，2015（7）：77-86.

[58] 黄穗诚，胡垧慧. 改善人居环境加快老城改造 [N]. 广东建设报，2007-12-21.

[59] 黄巍俊. 广钢新城 5 地块卖了 155 亿开发商配建 6440 套安置房 [N]. 羊城晚报，2014-02-22.

[60] 黄文炜，魏清泉. 香港市区重建政策对广州旧城更新发展启示 [J]. 城市规划学刊，2007（5）：97-103.

[61] 黄晓燕，曹小曙. 转型期城市更新中土地再开发的模式与机制研究 [J]. 城市观察，2011（2）：15-22.

[62] 姜杰，贾莎莎，于永川. 论城市更新的管理 [J]. 城市发展研究，2009，16（4）：56-62.

[63] 姜杰，刘忠华. 论我国城市更新的机制因素和文化因素 [J]. 济南大学学报（社会科学版），2005，15（3）：16-21.

[64] 姜杰，宋芹. 我国城市更新的公共管理分析 [J]. 中国行政管理，2009（4）：11-14.

[65] 姜紫莹，张翔，徐建刚. 改革开放以来我国城市旧城改造的进化序列与相关探讨——基于城市政体动态演进的视角 [J]. 现代城市研究，2014（4）：80-86.

[66] 孔伍梅. 广州旧城居住区改造模式研究 [D]. 广州：中山大学，2008.

[67] 赖立裕. 广州市城市土地储备模式研究 [D]. 广州：华南理工大学，2013.

[68] 赖寿华，吴军. 速度与效益：新型城市化背景下广州"三旧"改造政策探讨 [J]. 规划师，2013（5）：36-41.

[69] 赖妍. 恩宁路学术关注组：珍惜传统，认可广府文化 [N]. 新快报，2011-12-29.

[70] 李楚婷. 城市政体视角下的"三旧"改造政策研究——以广州市为例城乡治理与规划改革 [C]//2014 中国城市规划年会论文集（11 规划实施与管理）. 中国城市规划学会，2014.

[71] 李春曈，周荣嘉. 源溪地块首轮征询迈过"九成"门槛 [N]. 羊城晚报，2010-06-09.

[72] 李红卫. 旧城改建与城市更新 [M]//《广州城市规划发展回顾》编纂委员会. 广州城市规划发展回顾（1949—2005）上卷. 广州：广东科技出版社，2006.

[73] 李建波，张京祥．中西方城市更新演化比较研究 [J]．城市问题，2004（5）：68-71．

[74] 李萍萍，等．广州城市总体发展概念规划研究 [M]．北京：中国建筑工业出版社，2002．

[75] 李婷，方飞．我国台湾省都市更新发展历程研究 [J]．吉林建筑大学学报，2015（3）：53-56．

[76] 李文．东濠涌流域将花 5 亿改造浅层管网 [EB/OL]．2014-03-25．http：//news.ifeng.com/gundong/detail_2014_03/25/35091906_0.shtml．

[77] 李映涛，马志韬．整体历史原真性保护与城市历史地段更新——以成都宽窄巷子改造为例 [J]．城市发展研究，2009（4）：160-163．

[78] 李宗志，钟云姗．东风路动迁大战 [J]．南风窗，1993（11）：18-20．

[79] 廖远涛，代欣召．城中村改造的政策及实施评价研究——以广州为例 [J]．现代城市研究，2012（3）：53-59．

[80] 林存松．城市更新中的政府职能碎化及其影响——以南京市为例 [C]// 中国城市规划学会．城乡治理与规划改革——2014 中国城市规划年会论文集（11 规划实施与管理）．中国城市规划学会，2014．

[81] 林洪浩．北京路文化核心区呼之欲出 [EB/OL]．2015-01-23．http：//news.dayoo.com/guangzhou/201501/23/139995_39785826.htm?aorigin=jrdj．

[82] 林洪浩．广州西湾路项目 4848 套安置房惠及 1.5 万居民 [N]．广州日报，2011-10-01．

[83] 林洪浩．源溪地块规划建 10 幢高楼 [N]．广州日报，2010-06-289．

[84] 林近茂．广州旧城改造驶上快车道 [N]．中国房地产报，2005-05-18．

[85] 林树森．广州城记 [M]．广州：广东人民出版社，2013．

[86] 林婉清．2014 广州房价"意外"上涨 15%[N/OL]．金羊网，2015-01-23．

[87] 刘波．我国台湾地区都市更新制度研究 [D]．郑州：郑州大学，2011．

[88] 刘怀宇，穗更新．广州"三旧"改造景点案例：民间金融街诞生 [N/OL]．南方日报，2015-03-13．

[89] 刘军，张俊杰．东濠涌改造每米成本至少 50 万周边居民仍遭水浸 [EB/OL]．2013-07-02．http：//gz.house.sina.com.cn/news/2013-07-02/07373296277.shtml．

[90] 刘名瑞，黄鼎曦．从拓展到优化与提升——广州"中调"战略内涵解读 [J]．城市，2011（8）：13-18．

[91] 刘宪法．"南海模式"的形成,演变与结局 [M]// 张曙光．中国制度变迁的案例研究:第 8 集 土地卷．中国财政经济出版社 / 2011：68-132．

[92] 刘昕．城市更新单元制度探索与实践——以深圳特色的城市更新年度计划编制为例 [J]．规划师，2011，26（11）：66-69．

[93] 刘昕．深圳城市更新中的政府角色与作为——从利益共享走向责任共担 [J]．国际城市规划，2011（1）：41-45．

[94] 刘欣葵．北京城市更新的思想发展与实践特征 [J]．城市发展研究，2012（10）：129-136．

[95] 刘艳君．土地供给参与宏观调控的传导机制研究 [D]．武汉：华中农业大学，2006．

[96] 柳秋英．苏州历史文化遗产保护中的产权问题 [J]．上海城市规划，2008（2）：48-51．

[97] 龙腾飞，施国庆，董铭．城市更新利益相关者交互式参与模式 [J]．城市问题，2008（6）：48-53．

[98] 卢源. 论旧城改造规划过程中弱势群体的利益保障 [J]. 现代城市研究，2005（11）：22-26.

[99] 陆非，陈锦富. 多元共治的城市更新规划探究——基于中西方对比视角城乡治理与规划改革 [C]//2014 中国城市规划年会论文集（11 规划实施与管理）. 中国城市规划学会，2014.

[100] 罗小龙，张京祥. 管治理念与中国城市规划的公众参与 [J]. 城市规划汇刊，2001，2（1）：9-6.

[101] 吕晓蓓，赵若焱. 城市更新中的政府作为——深圳市城市更新制度体系的初步研究 [C]// 生态文明视角下的城乡规划——2008 中国城市规划年会论文集，2008.

[102] 吕晓蓓，赵若焱. 对深圳市城市更新制度建设的几点思考 [J]. 城市规划，2009（4）：57-60.

[103] 麻宝斌. 公共利益与政府职能 [J]. 公共管理学报，2004，1（1）：86-92.

[104] 马德普. 公共利益，政治制度化与政治文明 [J]. 教学与研究，2004（8）：73-78.

[105] 潘建非. 基于城市更新视角的旧城中心区水系整治——以广州荔枝湾涌，东濠涌为例 [J]. 中国园林，2012（3）：62-65.

[106] 潘悦，刘媛，洪亮平. 城市规划角色转变下的旧城改造规划策略研究 [J]. 中国名城，2013（3）：19-24.

[107] 彭麒. 广州市创意产业园区规划研究 [D]. 广州：华南理工大学，2010.

[108] 钱莉. 城市房屋拆迁补偿制度研究 [D]. 北京：中国政法大学，2005.

[109] 任绍斌. 城市更新中的利益冲突与规划协调 [J]. 现代城市研究，2011（1）：12-16.

[110] 任天阳. 南方都市报从书城变广州十年城建启示录 [M]. 广州：广东人民出版社，2011.

[111] 沈海虹. "集体选择"视野下的城市遗产保护研究 [D]. 上海：同济大学，2006.

[112] 慎重波. 广州市恩宁路骑楼历史街区保护规划研究 [D]. 广州：广州大学，2007.

[113] 宋立焘，邹松. 中国城市更新运行机制失衡分析 [J]. 安徽行政学院学报，2013（1）：113-117.

[114] 谭肖红，袁奇峰，吕斌. 城中村改造村民参与机制分析——以广州市猎德村为例 [J]. 热带地理，2012（6）：618-625.

[115] 唐春荣，李更明. 广东和全国奔向现代化目标还有哪些差距 [J]. 统计与预测，1997（1）：53.

[116] 陶达嫔，张慧. 北京路文化核心区文化领航都会蝶变 [N]. 南方日报，2014-03-28.

[117] 田丽娜. 我国城市更新的决策机制分析 [D]. 济南：山东大学，2009.

[118] 万庆良. 加快广州 14 个战略性平台建设 [EB/OL]. [2013-03-13]. http://www.gdstc.gov.cn/HTML/kjdt/gdkjdt/1363577019862-8220416851986485242.html.

[119] 汪丽君，舒平，侯薇. 冲突，多样性与公众参与——美国建筑历史遗产保护历程研究 [J]. 建筑学报，2011（5）：43-47.

[120] 王成芳. 广州轨道交通站区用地优化策略研究 [D]. 广州：华南理工大学，2013.

[121] 王林生. 城市更新：亲历广州旧城改造 [M]. 广州：广东人民出版社，2009.

[122] 王世福，沈爽婷. 从"三旧改造"到城市更新——广州市成立城市更新局之思考 [J]. 城市规划学刊，2015（3）：22-27.

[123] 王雯倩. 51 层! 广钢新城创广州回迁房新高 [N]. 广州日报，2015-01-23.

[124] 王桢桢. 城市更新治理模式的比较与选择 [J]. 城市观察，2010（3）：123-130.

[125] 魏良. 面向旧城更新的城市规划公共干预机制研究 [D]. 广州：华南理工大学，2011.

[126] 魏清泉.广州金花街旧城改造研究 [M].广州:中山大学出版社,1997.

[127] 吴昊天.北京旧城保护改造中的产权现象及其问题研究 [D].北京:清华大学,2007.

[128] 吴韬.广州市东濠涌城市拆迁问题研究 [D].广州:华南理工大学,2014.

[129] 吴彤,蔡弘.冼村拆迁之说比以往得猛烈亚运前完成拆迁 [N].羊城晚报,2009-08-12.

[130] 谢涤湘,李华聪.我国城市更新中的权益博弈研究述评 [J].热带地理,2013,33(2):231-236.

[131] 谢国权.从公共政策的价值取向看中国的城市更新政策 [J].江西行政学院学报,2008,10(1).

[132] 谢蔓.广钢新城两年内将投入 1000 亿元,落到何处?[N] 新快报,2015,8(28):4.

[133] 谢蔓.南华西推出靓地旧城改造试点启动 [N].新快报,2009-07-10.

[134] 谢璇,骆建云,周霞.广州骑楼街区保护与改造现象剖析 [J].华中建筑,2001(4):79-81.

[135] 徐键,孙钦毅.城市旧厂区改造中的创意氛围营造与规划对策——以广州市四个旧厂区改造为例 [C].中国城市规划学会,2013:9.

[136] 徐晓梅.街区规划编制工作的回顾 [M]//《广州城市规划发展回顾》编纂委员会.广州城市规划发展回顾(1949—2005)上卷.广州:广东科技出版社,2006.

[137] 徐艳,李拉.广州大规模机构改革国土房管局一分为二 [N].南方都市报,2014-12-31.

[138] 徐艳红.上海市中心城区旧住宅更新改造模式研究 [D].上海:复旦大学,2009.

[139] 许国贤.民主生活与公共利益:一个预备性的考察 [J].行政暨政策学报,2011,53:1-24.

[140] 许莉俊,徐里格.城市规划导向的经营性土地储备近期规划初探——以广州为例 [J].规划师,2006(11):61-64.

[141] 许学强,李郇.改革开放 30 年珠江三角洲城镇化的回顾与展望 [J].经济地理,2009,29(1).

[142] 闫小培,魏立华,周锐波.快速城市化地区城乡关系协调研究——以广州市"城中村"改造为例 [J].城市规划,2004(3):30-38.

[143] 严华鸣.公私合作伙伴关系在我国城市更新领域的应用——基于上海新天地项目的分析 [J].城市发展研究,2012(8):41-48.

[144] 阳建强.中国城市更新的现况,特征及趋向 [J].城市规划,2000(4):53-55.

[145] 杨春蓉."走"还是"留":历史街区改造中原住居民安置的两难困境——以成都宽窄巷子改造中原住居民安置为例 [J].理论月刊,2009(11):83-86.

[146] 杨开丽.论建立城市更新的有效机制 [D].济南:山东大学,2007.

[147] 杨瑞龙.论我国制度变迁方式与制度选择目标的冲突及其协调 [J].经济研究,1994(5):40-49.

[148] 姚瑶.稳增长增后劲白云发力加速跑 [N].白云时报,2014-07-21.

[149] 叶浩军.价值观转变下的广州城市规划(1978—2010)实践 [D].广州:华南理工大学,2014.

[150] 叶浩军.经济价值观对微观尺度城市形态的影响研究——以广州地铁一号线上盖物业的开发为例 [J].南方建筑,2013(6):27-32.

[151] 叶汇.投资建设三十年回顾投资专业论文集 [M].北京:经济管理出版社,2009.

[152] 叶林.从增长联盟到权益共同体:中国城市改造的逻辑重构 [J].中山大学学报(社会科学版),2013(5):129-135.

[153] 易晓峰."企业化管治"的殊途同归——中国与英国城市更新中政府作用比较 [J].规划师,

2013，29（5）：86-90.

[154] 易晓峰. 从地产导向到文化导向——1980 年代以来的英国城市更新方法 [J]. 城市规划，2009（6）：66-72.

[155] 殷洁，张京祥，罗小龙. 转型期的中国城市发展与地方政府企业化 [J]. 城市问题，2006（4）：36-41.

[156] 於晓磊. 上海旧住宅区更新改造的演进与发展研究 [D]. 上海：同济大学，2008.

[157] 于海. 旧城更新叙事的权力维度和理念维度——以上海"田子坊"为例 [J]. 南京社会科学，2011（4）：23-29.

[158] 于立，陈晓燕，巫敏. 关于城市复兴改造中政府与市场合作伙伴关系的探索［J］. 国际城市规划，2014，4（6）：18.

[159] 于涛方，彭震，方澜. 从城市地理学角度论国外城市更新历程 [J]. 人文地理，2001（3）：41-43.

[160] 喻季欣. 海归南天 [M]. 广州：花城出版社，2007.

[161] 袁奇峰，林木子. 广州市第十甫，下九路传统骑楼商业街步行化初探 [J]. 建筑学报，1998（3）：26-29.

[162] 袁奇峰，钱天乐，郭炎. 重建"社会资本"推动城市更新——联滘地区"三旧"改造中协商型发展联盟的构建 [J]. 城市规划，2015（9）：64-73.

[163] 曾冬梅. 5 亿元试点项目赴港招商，广州城改回归"市场模式"[N]. 中国房地产报，2007-03-26.

[164] 曾冬梅. 广州恩宁路旧改破局 [N]. 中国房地产报，2012-05-28.

[165] 翟斌庆，伍美琴. 城市更新理念与中国城市现实 [J]. 城市规划学刊，2009（2）：75-82.

[166] 翟斌庆，翟碧舞. 中国城市更新中的社会资本 [J]. 国际城市规划，2010（1）：53-59.

[167] 张更立. 走向三方合作的伙伴关系：西方城市更新政策的演变及其对中国的启示 [J]. 城市发展研究，2004，11（4）：26-32.

[168] 张建军. 我国公共部门人力资源管理的特点及改进对策 [J]. 人才资源开发，2007（1）.

[169] 张建林. 先烈东的星坊"移师"番禺 [N]. 信息时报，2013-06-21.

[170] 张杰，庞骏，朱金华. 旧城更新拆迁博弈中的帕累托最优悖论解析 [J]. 规划师，2008，24（9）：84-88.

[171] 张杰，庞骏. 旧城更新模式的博弈与创新——兼论大规模激进与小规模渐进更新模式 [J]. 规划师，2009，25（5）：73-77.

[172] 张杰. 从悖论走向创新——产权制度视野下的旧城更新研究 [M]. 北京：中国建筑工业出版，2010.

[173] 张杰. 旧城土地调控与失效相伴的产权制度反思 [J]. 和谐城市规划——2007 中国城市规划年会论文集，2007.

[174] 张京祥，殷洁，罗小龙. 地方政府企业化主导下的城市空间发展与演化研究 [J]. 人文地理，2006，21（4）：1-6.

[175] 张京祥，庄林德. 管治及城市与区域管治：一种新制度性规划理念 [J]. 城市规划，2000（6）：36-39.

[176] 张静．中国治理尚无"模式"可言 [EB/OL]. FT 中文网．2014-11-03. Ftchinese.com.

[177] 张军，高远，傅勇，等．中国为什么拥有了良好的基础设施？[J]. 经济研究，2007，3（3）：4-19.

[178] 张军．被误读的中国经济 [M]. 北京：东方出版社，2013.

[179] 张雷．"限购让广州房价更理性"——广州市国土资源和房屋管理局局长李俊夫答记者问 [J]. 房地产导刊，2011（3）：26-27.

[180] 张磊．"新常态"下城市更新治理模式比较与转型路径 [J]. 城市发展研究，2015（12）：57-62.

[181] 张乃戈，朱韬，于立．英国城市复兴策略的演变及"开发性保护"的产生和借鉴意义 [J]. 国际城市规划，2007，22（4）：11-16.

[182] 张平宇．城市再生：我国新型城市化的理论与实践问题 [J]. 城市规划，2004，28（4）：25-30.

[183] 张松，顾承兵．历史环境保护运动中的主体意识分析 [J]. 规划师，2007，22（10）：5-8.

[184] 张维迎．改革 [M]. 上海：中信出版社，2013.

[185] 张肖珊．中低收入者参与旧城更新规划的可依靠力量 [J]. 规划创新：2010 中国城市规划年会论文集，2010.

[186] 张秀钦．2014 最差消化率 VS 史上最高房价 [N]. 羊城晚报，2015-01-23.

[187] 张玉琴．大小马站将变岭南文化新地标 [N]. 信息时报，2015-03-26.

[188] 张智敏．传统骑楼街与现代商业的一次对话——基于历史保护的上下九步行街更新改造设计 [J]. 南方建筑，2011（2）：51-55.

[189] 赵新星，卢喜兰．以理性公益行动推动恩宁路改造 [N]. 南方日报，2011-12-28.

[190] 赵燕华，黄丽娜．未来三年发展九大重点功能区，广州土地储备 400 平方公里 [N]. 羊城晚报，2011-03-29.

[191] 赵燕菁．当前我国城市发展的形势与判断 [J]. 城市规划，2002（3）：8-14.

[192] 郑永年，单伟．放权与改革：中国的中央，地方及公民社会 [M]. 新加坡：新加坡国立大学东亚研究所，2009.

[193] 钟伟君，陈旭路．不思考，如何走下去 [J]. 城志，2014（6）：142-144.

[194] 周安远，施建刚．基于利益相关者分析的公众参与城市更新研究 [J]. 建筑经济，2009（10）：21-24.

[195] 周恺，朱杰，陶来利．浅析城市政体理论的发展与运用 [J]. 特区经济，2007（1）：261-263.

[196] 周黎安．中国地方官员的晋升锦标赛模式研究 [J]. 经济研究，2007，7（36）：36-50.

[197] 周其仁．改革的逻辑 [M]. 北京：中信出版社，2013.

[198] 周秋敏，郭仲然．签了约却不开拆居民感觉"被耍了"[N]. 信息时报，2012-11-30.

[199] 周蜀秦．大事件驱动城市增长机器的中外比较 [J]. 中国名城，2010（11）：22-28.

[200] 周涛，等．房价飙升背后的行政力量 [N]. 经济观察报，2006-05-27.

[201] 周向频，唐静云．历史街区的商业开发模式及其规划方法研究——以成都锦里、文殊坊、宽窄巷子为例 [J]. 城市规划学刊，2009（5）：107-113.

[202] 周晓虹．中国研究的可能立场与范式重构 [J]. 社会学研究，2010（2）：1-29.

[203] 周雪光．"逆向软预算约束"：一个政府行为的组织分析 [J]. 中国社会科学，2005（2）.

[204] 周义程. 公共利益, 公共事务和公共事业的概念界说 [J]. 南京社会科学, 2007（1）: 77-82.

[205] 朱洪波. 城市更新: 均衡与非均衡——对城市更新中利益平衡逻辑的分析 [J]. 兰州学刊, 2006（10）: 160-162.

[206] 朱丽娜, 石晓平. 中国土地出让制度改革对地方财政收入的影响分析 [J]. 中国土地科学, 2010(7).

[207] 邹兵. 增量规划, 存量规划与政策规划 [J]. 城市规划, 2013（2）: 35-37.

[208] 邹家华. 邹家华副总理在全国城市规划工作会议上的讲话（摘要）[J]. 城市规划, 1991（6）:3-4.

[209] 布罗姆利. 经济利益与经济制度: 公共政策的理论基础 [M]. 上海: 上海三联书店, 2006.

[210] 戴维·贾奇, 等. 城市政治学理论 [M]. 上海: 上海人民出版社, 2009.

[211] 戴维斯. 城市政治学理论前沿 [M]. 上海: 格致出版社, 2013.

[212] 盖伊·彼得斯. 政治科学中的制度理论: 新制度主义 [J]. 上海: 上海人民出版社, 2011.

[213] Adams D, Hastings E M. Assessing Institutional Relations in Development Partnerships: The Land Development Corporation and the Hong Kong Government Prior to 1997[J]. Urban Studies, 2001, 38（9）: 1473-1492.

[214] Adams D, Hastings E M. Urban Renewal in Hong Kong: Transition from Development Corporation to Renewal Authority[J]. Land Use Policy, 2001, 18（3）: 245-258.

[215] Atkinson R. Discourses of Partnership and Empowerment in Contemporary British Urban Regeneration[J]. Urban Studies, 1999, 36（1）: 59-72.

[216] Beider H. Neighbourhood Renewal Housing Markets[M]. Oxford: Blackwell, 2007: 276-277.

[217] Bray D. Social Space and Governance in Urban China: The Danwei System from Origins to Reform[M]. Stanford University Press, 2005.

[218] Buchanan, James M, Robert D. The Theory of Public Choice - II. University of Michigan Press, 1984.

[219] Bull A C, Jones B. Governance and Social Capital in Urban Regeneration: A Comparison Between Bristol and Naples[J]. Urban Studies, 2006, 43（4）: 767-786.

[220] Couch C, Fraser C, Percy S. Urban Regeneration in Europe[M]. Wiley, 2008.

[221] Couch C, Sykes O, Börstinghaus W. Thirty Years of Urban Regeneration in Britain, Germany and France:The Importance of Context and Path Dependency[J]. Progress in Planning, 2011, 75（1）: 1-52.

[222] Couch C. Urban Renewal: Theory and Practice[M]. London: Macmillan, 1990.

[223] Cullingworth J B, Nadin V. Town and Country Planning in the UK[M]. Psychology Press, 2002, 33: 312-327.

[224] Davies J S. Partnerships and Regimes: The Politics of Urban Regeneration in the UK[M]. Ashgate, 2001, 21（4）: 76-81.

[225] Davies J S. The Governance of Urban Regeneration: A Critique of the "Governing without Government" Thesis[J]. Public Administration, 2002, 80（2）: 301-322.

[226] Drakakis S D W. Urban Renewal in an Asian Context: A Case Study in Hong Kong[J]. Urban Studies, 1976, 13（3）: 295-305.

[227] Fainstein S S. Restructuring the City: The Political Economy of Urban Redevelopment[M]. Longman Publishing Group, 1986.

[228] Fraser C, Baert T. Lille: From Textile Giant to Tertiary Turbine[J]. Urban Regeneration in Europe, 2003: 85-108.

[229] GarciaR D, Albet A. Pre-Olympic and Post-Olympic Barcelona: A "model" for Urban Regeneration Today?[J]. Environment and Planning A, 2000, 32 (8): 1331-1334.

[230] Gibson M S, Langstaff M J. An Introduction to Urban Renewal[M]. London: Hutchinson, 1982.

[231] Goodman J S. The Dynamics of Urban Government and Politics[M]. Macmillan, 1980.

[232] Graham D, Spence N. Contemporary Deindustrialisation and Tertiarisation in the London Economy[J]. Urban Studies, 1995, 32 (6): 885-911.

[233] Ha S K. Housing Renewal and Neighborhood Change as a Gentrification Process in Seoul[J]. Cities, 2004, 21 (5): 381-389.

[234] Hall P. Cities of Tomorrow[M]. Blackwell Publishers, 1988.

[235] Hall S, Hickman P. Neighbourhood Renewal and Urban Policy: A Comparison of New Approaches in England and France[J]. Regional Studies, 2002, 36 (6): 691-696.

[236] Harding A. Is There a "New Community Power" and Why Should We Need One? [J]. International Journal of Urban and Regional Research, 1996, 20 (4): 637-655.

[237] Harding A. The Rise of Urban Growth Coalitions, UK Style[J]. Environment and Planning C: Government and Policy, 1991, 9 (3): 295-317.

[238] Hartman C, Kessler R. The Illusion and Reality of Urban Renewal: San Francisco's Yerba Buena Center[J]. Marxism and Themetropolis: New Perspectives in Urban Political Economy, 1978, 1: 153-78.

[239] Hastings A. Unravelling the Process of Partnership in Urban Regeneration Policy[J]. Urban Studies, 1996, 33 (2): 253-268.

[240] He S, Wu F. Property Led Redevelopment in Post Reform China: A Case Study of Xintiandi Redevelopment Project in Shanghai[J]. Journal of Urban Affairs, 2005, 27 (1): 1-23.

[241] Healey P. Rebuilding the City: Property Led Urban Regeneration[M]. Chapman & Hall, 1992.

[242] Hearn J. Theorizing Power[M]. Palgrave Macmillan. 2012.

[243] Hsu J, Hsu Y. State Transformation, Policy Learning and Exclusive Displacement in the Process of Urban Redevelopment in Taiwan[J]. Urban Geography, 2013, 34 (5): 677-698.

[244] Huang L L. Urban Redevelopment and Urban Governance: A Comparative Study Between Taipei and Hong Kong[D]. National Taiwan University, 2002.

[245] Jackson P M, Stainsby L. The Public Manager in 2010: Managing Public Sector Networked Organizations[J]. Public Money and Management, 2000, 20 (1): 11-16.

[246] Jessop B. Liberalism, Neoliberalismand Urban Governance: A State Theoretical Perspective[J]. Antipode, 2002, 34 (3): 452-472.

[247] Jessop B. The Rise of Governance and the Risks of Failure: The Case of Economic Development[J]. International Social Science Journal, 1998, 50 (155): 29-45.

[248] Judd D R, Parkinson M. Leadership and Urban Regeneration: Cities in North America and Europe[M]. Sage Publications, Incorporated, 1990.

[249] Lauria M, et al. Reconstructing Urban Regime Theory: Regulating Urban Politics in a Global Economy[M]. Sage Publications, 1996.

[250] Lauriam, et al. Reconstructing Urban Regime Theory: Regulating Urban Politics in a Global Economy[M]. Sage Publications, 1996.

[251] Lee C K, Zhang Y. The Power of Instability: Unraveling the Microfoundations of Bargained Authoritarianism in China[J]. American Journal of Sociology, 2013, 118 (6): 1475-1508.

[252] Lee C M, Lee J H, Yim C H. A Revenue Sharing Model of Residential Redevelopment Projects: The Case of the Hapdong Redevelopment Scheme in Seoul, Korea[J]. Urban Studies, 2003, 40 (11): 2223-2237.

[253] Liu X. Institutional Changes for Land Redevelopment in Transitional China: A Property Rights Approach to the Case of Jinhuajie, Guangzhou[D]. National University of Singopore, 2006: 120.

[254] Logan J R, Molotch H L. Urban Fortunes: The Political Economy of Place[M]. Berkeley: University of California Press, 2007.

[255] Lovering J. Globalization, Unemployment and "Social Exclusion" in Europe: Three Perspectives on the Current Policy Debate[J]. International Planning Studies, 1998, 3 (1): 35-56.

[256] Luo X L, Zhang J X. Governance and Public Participation of Urban Planning in China[J]. Urban Planning Forum, 2001, 2 (1): 9-6.

[257] Luo Y. The State, Market and Identity Politics: a Comparative Analysis of Urban Redevelopment in Singapore and Taipei[D]. University of College London, 1998.

[258] Ma L J C, Wu F. Restructuring the Chinese City: Changing Society, Economy and Space[M]. Routledge, 2013.

[259] Newman J. Modernizing Governance: New Labour, Policy and Society[M]. Sage, 2001, 32: 65-74.

[260] Ng I. Urban Redevelopment in Hong Kong: The Partnership Experience[J]. International Journal of Public Sector Management, 1998, 11 (5): 414-420.

[261] Ng M K. Property - Led Urban Renewal in Hong Kong: Any Place for the Community? [J]. Sustainable Development, 2002, 10 (3): 140-146

[262] North D C. Institutions, Institutional Change and Economic Performance[M]. Cambridge University Press, 1990.

[263] Porter L, Shaw K. Whose Urban Renaissance? : An International Comparison of Urban Regeneration Strategies[M]. Routledge, 2013.

[264] Raco M, Imrie R. Governmentality and Rights and Responsibilities in Urban Policy[J]. Environment

and Planning A, 2000, 32（12）: 2187-2204.

[265] Racom, Imrie R. Governmentality and Rights and Responsibilities in Urban Policy[J]. Environment and Planning A, 2000, 32（12）: 2187-2204.

[266] Rhodes R A W. Understanding Governance: Policy Networks, Governance, Reflexivity and Cccountability[M]. Open University Press, 1997.

[267] Roberts P, Sykes H. Urban Regeneration: A Handbook[M]. London: SAGE, 2000.

[268] Russell B. Power: A New Social Analysis[M]. Psychology Press, 2004.

[269] Sau K L, Loo L S, Lai C M. Market-Led Policy Measures for Urban Redevelopment in Singapore[J]. Land Use Policy, 2004（21）: 1-19.

[270] Shaw K. UK Urban Regeneration Policies in the Early 21st Century: Continuity or Change? [J]. Town Planning Review, 2010, 81（2）: 132.

[271] Shin H B. Property Based Redevelopment and Gentrification: The Case of Seoul, South Korea[J]. Geoforum, 2009, 40（5）: 906-917.

[272] Smith N. New globalism, New Urbanism: Gentrification as Global Urban Strategy[J]. Antipode, 2002, 34（3）: 427-450.

[273] Strom E. In Search of the Growth Coalition American Urban Theories and the Redevelopment of Berlin[J]. Urban Affairs Review, 1996, 31（4）: 455-481.

[274] Tang S. A General Theory of Institutional Change[M]. Routledge, 2010.

[275] Tawney E. CEOs for Cities: A Vision for the Future Economy[J]. Chicago Policy Review（Online）, 2013, 2: 34-42.

[276] Turok I. Property-led Urban Regeneration: Panacea or Placebo? [J]. Environment and Planning A, 1992, 24（3）: 361-379.

[277] Wu F. State Dominance in Urban Redevelopment Beyond Gentrification in Urban China[J]. Urban Affairs Review, 2015.

[278] Wu F. State Dominance in Urban Redevelopment Beyond Gentrification in Urban China[J]. Urban Affairs Review, 2015, 7: 53-64.

[279] Yang Y R, Chang C. An Urban Regeneration Regime in China: A Case Study of Urban Redevelopment in Shanghai's Taipingqiao Area[J]. Urban Studies, 2007, 44（9）: 1809-1826.

[280] Zhang J, Zhuang D. Governance for City and Region[J]. City Planning Review, 2000（6）: 36-39.

[281] Zhang T. Urban Development and a Socialist Pro-Growth Coalition in Shanghai[J]. Urban Affairs Review, 2002, 37（4）: 475-499.